Einen guten Ankerplatz hat man
selten für sich allein. Wer auf engem
Raum ankert, sollte die Eigenarten
seines Ankergeschirrs kennen

Impressum:

Besser Ankern

Alain Poiraud und Achim Ginsberg-Klemmt, **Gastautor Alain Fraysse**

© 2004 Palstek Verlag, Hamburg

Palstek Verlag, Eppendorfer Weg 57a, 20259 Hamburg

Telefon: 040 - 40196340, Fax 040 - 40196341

E-Mail: info@palstek.de   Internet www.palstek.de

ISBN: 3-931617-20-3

Zeichnungen Ole Pfeiler, Michael Herrmann (136, 137, 148, 149, 158, 159)

Druck: Ortis S.A., Bydgoszcz, Polen

Besser Ankern

Das Buch über
moderne Ankertechnik

Palstek Verlag, Hamburg
www.palstek.de

Inhalt

Inhalt

Ankern gehört eindeutig zu den angenehmen Seiten des Wassersports. Was gibt es Schöneres, als im Sonnenschein seinen Anker in das kristallklare Wasser einer der mittlerweile rar gewordenen einsamen Buchten fallen zu lassen? Liegt das Schiff sicher vor Anker, kann man sich den Freuden des Badens, Tauchens oder Angelns hingeben. Natürlich nicht, ohne dabei das Faulenzen oder die Genüsse der Bordküche zu vernachlässigen.

Ankern wird aber auch mehr und mehr zur Notwendigkeit. Durch die rapide Zunahme der Sportboote sind die Häfen und Marinas – vor allem während der Urlaubszeit – häufig überlastet. Die Hafengelder entsprechen der Nachfrage. Das Ankern wird mit Sicherheit die Bordkasse spürbar entlasten. Durch Einsparung der Tagespreise von über 100 Euro für Boote mit zwölf Metern Länge amortisiert sich selbst das teuerste Ankergeschirr sehr schnell.

Ankern ist aber vor allem eine Frage der Sicherheit. Mit einer guten Ankerausrüstung kann man, entsprechende Erfahrung vorausgesetzt,

- bei Wetterverschlechterung einen geschützten Platz aufsuchen,
- an sicherer Stelle günstige Wetterbedingungen abwarten,
  um ein Kap oder eine Meeresenge passieren zu können und
- im Falle einer Motorpanne oder Havarie sofort die „Notbremse" ziehen.

Es gibt aber kaum ein Gebiet, auf dem es so viele verschiedene „eingegrabene" Meinungen gibt wie über das Ankern und die Auswahl des richtigen Ankergeschirrs. Für die große Mehrheit der Sportschiffer soll ein guter Anker schwer und mit einer langen und möglichst schweren Kette verbunden sein. Ich möchte mir erlauben, das genaue Gegenteil zu behaupten, selbst wenn es viele Skipper enttäuschen wird.

In diesem Buch habe ich meine persönlichen Erfahrungen und die von Skippern zusammengefasst, denen ich auf meinen Segelreisen begegnete. Eine weitere wichtige Rolle spielen die Experimente, Tests und Beobachtungen, die ich zusammen mit der Technischen Universität Ecole Nationale d'Ingénieur de Monastir (E.N.I.M.) und auch in Zusammenarbeit mit international führenden Wassersportmagazinen sammeln konnte. Schonungslos kritische Vergleichstests von PRACTICAL SAILOR, YACHTING MONTHLY, PRACTICAL BOAT OWNER, BATEAUX, VOILE MAGAZINE, LOISIRS NAUTIQUES und VOILES ET VOILIERS halfen über viele Jahre hinweg eine Technologie zu entwickeln, die ein Maximum an Sicherheit und Geborgenheit am Ankerplatz garantiert.

Dieses Buch beschreibt die konventionellen Ankermethoden, befasst sich aber außerdem mit neuen Entdeckungen und der dazugehörigen Technik, selbst wenn diese manchen „guten alten Traditionen" widerspricht.

Der Anker fällt. Ob er hält, hängt von vielen Faktoren ab, auch vom richtigen Ankergrund

Meeresböden

Meeresböden

Unreiner Grund ist fast die Regel

Der Meeresboden, in den sich ein Anker eingraben soll, um ein Schiff zu halten, findet im Allgemeinen nicht die angemessene Beachtung, die ihm eigentlich zusteht. Felsplatten, Meeresböden, die mit großblättrigen Algen und Seetang bewachsen sind oder sehr harter, kompakter Sand widersetzen sich dem Eindringen eines Ankers, während weicher Schlick, Muscheln und Kieselsteine nur schwachen Halt bieten.

Es ist also sehr wichtig, die Beschaffenheit des Meeresbodens zu kennen, in den man seinen Anker eingraben möchte. Neben der Bodenbeschaffenheit lauern aber noch weitere Gefahren, die einem Ankergeschirr schnell zum Verhängnis werden können, wie zum Beispiel:

* Felsbrocken, um die sich Ankerleinen vertörnen oder gar schamfilen können,
* belastete Meeresböden, auf denen Sperrmüll, Schrott, Grundketten oder Wracks aller Art zu finden sind.

Seekarten und Nautische Nachrichten können gute Vorab-Informationen über die Bodenbeschaffenheit eines Ankerplatzes liefern. Ein gutes altes Handlot kann zur Entnahme von Bodenproben verwendet werden, wenn man die untere Ausbuchtung der Bleisonde mit Fett füllt. Trotz aller Umsicht und technischer Hilfsmittel bleibt es jedoch sehr schwierig, die Bodenbeschaffenheit genau zu ermitteln. Selbst auf geringen Distanzen können große Abweichungen auftreten. Leider bietet ein guter Ankergrund noch keine Gewähr für ein sicheres Eingraben. Daher bleibt bei vielen Skippern stets ein Rest Unsicherheit. Da man in der Regel von Bord das Eingraben des Ankers im Grund nicht mitverfolgen kann, ist es umso wichtiger, alles Erforderliche zu tun, um das „Restrisiko" so klein wie möglich zu halten.

Verschiedene Meeresböden

Man kann Meeresböden grob in vier verschiedene Kategorien unterteilen:

Schlick

Geologen definieren Schlick als Meeresboden aus Partikeln, die weniger als 62,5 Mikron im Durchmesser aufweisen. Als Ton bezeichnet man einen Meeresboden mit Partikeln, die kleiner als 4 Mikron, und als Schlamm, wenn sie größer als 4 Mikron sind. In Schlick und Schlamm dringen Anker schnell ein, finden aber nur mäßigen Halt.

Halb eingegrabener Anker auf Sandgrund in klarem Wasser

Sand

Partikel zwischen 62,5 Mikron und 2 Millimetern Durchmesser bezeichnet man als Sand. Je nach Durchmesser unterscheidet man dann zwischen feinem (0,06 bis 0,2), mittlerem (0,2 bis 0,6) und grobem Sand (0,6 bis 2 Millimeter).

Kies

Feiner Kies besteht aus Partikeln zwischen 2 und 6 Millimetern, mittlerer Kies aus Partikeln zwischen 6 und 20 Millimetern und grober Kies aus „Partikeln" zwischen 20 und 60 Millimetern im Durchmesser.

Gestein

Oberhalb von 60 Millimetern Partikeldurchmesser spricht man von Geröll oder Felsen. Meeresböden unterscheiden sich in ihrer Durchdringbarkeit und durch verschieden starke interpartikuläre Kohäsionskräfte, die ein unterschiedlich gutes

Meeresböden

Haltevermögen der einzelnen Bodenarten bewirken. Dies wird kompliziert, wenn Sand Schlick oder einen mehr oder weniger hohen Anteil von Muschelschalen oder Geröll enthält. Alle vorstellbaren Bodenarten können dann auch noch von diversen Algenarten oder Seegraswiesen überwachsen sein.

Vielleicht bietet auch der beste Anker nur einen lächerlich schlechten Halt, da der Ankergrund zu hart zum Eindringen ist oder die Kohäsionskräfte (die Zusammenhaltekräfte) zu schwach sind wie zum Beispiel in weichem Schlick.

Ungefähre Haltekoeffizenten der verschiedenen Bodenarten							
Boden	Dichter Schlick	Dichter Sand	Schlamm	Weicher Schlick	Grober Sand	Kies	Fels
Haltekoeffizient	1,50	1.00	0.65	0,45	0.40	0.35	0.00

Aus der Tabelle ergibt sich: Ein Anker mit einer Tonne Haltekraft in dichtem Sand, hält 1,5 Tonnen in dichtem Schlick, aber nur 400 Kilogramm in grobem Sand

Will man sein Schiff mit einem neuen Ankergeschirr ausrüsten, ist es notwendig, die beschriebenen Parameter in Augenschein zu nehmen, um die richtige Ankergröße zu ermitteln.

Moderne Anker weisen hohe Haltekräfte auf und können deshalb zur Unterdimensionierung eines Ankers verleiten. Ein kleiner Anker kann sehr gute Ergebnisse in einem gut haltenden Ankergrund liefern, während er in einem schlecht haltenden Grund kläglich versagt. Man kann aus der Tabelle entnehmen, dass man einen ungefähr dreimal größeren Anker (und nicht schwereren!) für weichen Schlick braucht, um von gleich gutem Haltevermögen wie in dichtem Schlick zu profitieren.

Wie bereits ausgeführt, kann man sich nicht blind auf die Bodenbeschaffenheit verlassen, selbst wenn man die Angaben direkt aus der aktuellen Seekarte entnimmt. In der Tabelle „Ungefähre Haltekoeffizienten der verschiedenen Bodenarten" wird dichter Sand mit 1,00 angegeben. Es gibt aber auch dichte Sandböden, über die ein Anker rutscht. Ob der Anker hält, weiß man erst nach einem Test. Hat er sich eingegraben und wurde die gesteckte Länge Leine oder Kette im Verhältnis zur Wassertiefe ausgebracht, wird die Leine belegt oder die Kette festgesetzt. Dann setzt man mit halber Kraft zurück, bis die Verbindung steif kommt und die Yacht abstoppt. Hält der Anker dieser Belastungsprobe nicht stand, heißt es „Anker auf". Mehr dazu im Kapitel „Die Kunst des Ankerns".

Allgemeines Ankergebiet
General Anchorage

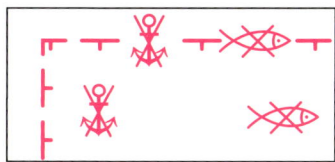

Ankern, Fischen verboten
Anchoring, Fisching
prohibited

**Ankerplatz für Sport-
boote**
Small Craft Anchorage

Empfohlener Ankerplatz
Recommended anchorage

**Tiefe in Metern und
Dezimetern**
Depth in metres and
decimetres

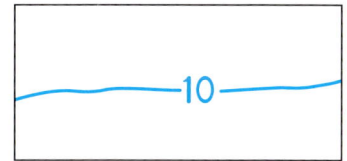

**Tiefenlinie, Angabe in
Metern**
Depth contour, depth in
metres

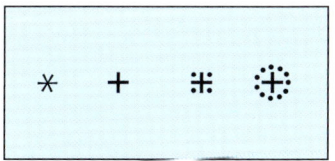

Fels, Klippe
Rock, boulder

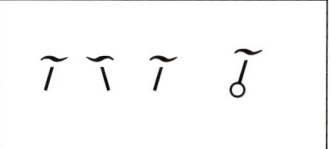

**Pfähle, Rohre unter
Wasser**
Piles, submerged pipes

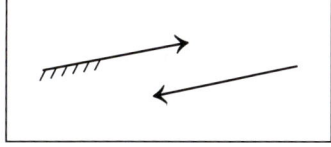

Flutstrom, Ebbstrom
Tidal currents; Ebb and
Food

Unrein
Foul

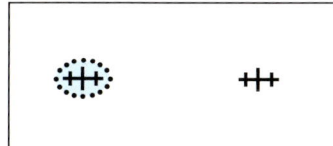

**Gefährliches Wrack;
ungefährliches Wrack**
Dangerous wreck,
harmless wreck

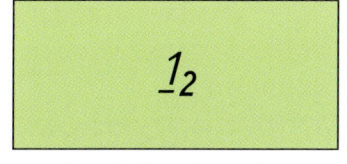

**Trockenfallende Höhe
über Kartennull**
Dry hight above chart
datum

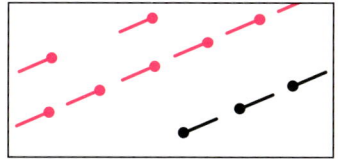

**Unterwasser-Rohrleitung,
Abfluss**
Submerged pipe; sewer

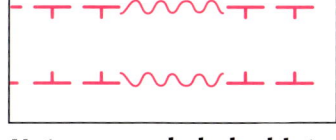

Unterwasserkabelgebiet
Submerged cable area

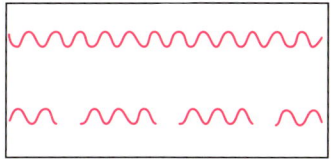

Unterwasserkabel
Submerged cable

15

Grundbezeichnungen in Seekarten nach INT1 / Karte 1

Nr.	Nature of the Seabead	Bodenarten	Bezeichnung Englisch / Deutsch	
1	S	Sd.	Sand / Sand	
2	M	Sk.	Mud / Schlick	
3	Cy	T.	Clay / Ton	
4	Si	Schl.	Silt / Schluff	
5	St	St.	Stones / Steine	
6	G	K.	Gravel / Kies	
7	P	kl. St.	Pebbles / kleine Steine	
8	Cb	gß. St.	Cobbles / große Steine	
9	R	Fls.	Rock / Felsen	
10	Co	Kor.	Coral and Coralline algea / Korallen	
11	Sh	Sch.	Shells (sceletal remains) Schill (Bruchstücke von Muschelschalen)	
12.1	S/M	Sd. / Sd.	Two layers e.g. sand over mud Überlagerung z.B. Sand über Schlick	
12.2	fS.M.Sh	f.Sd.Sk.Sch	Admixtures are shown behind the main constituent Beimengungen werden hinter dem Hauptbestandteil der Ablagerungen angegeben, z.B.: feiner Sand mit Schlick und Schill	
13.1	Wd	Grs.,Stg.	Seaweed (including kelp) / Seegras (einschließlich Seetang)	
13.2			Kelp, Weed / Seetang, Seegras	
14			Sandripples / Sandwellen	
15			Water source in the seafloor Quelle auf dem Meeresboden	
20			Areas with rocks and gravel Gebiete mit Steinen oder Kies	
21			Rocky area, falling dry Felsengebiet, trockenfallend	
22			Coral reff, fallig dry Korallenriff, trockenfallend	
30	f	f.	fine / feinkörnig	**Used solely to describe sand**
31	m	m.	medium / mittelkörnig	**nur in Verbindung mit Sand**
32	c	gb.	coarse / grobkörnig	

16

Grundbezeichnungen in Seekarten nach INT1 / Karte 1

Nr.	Nature of the Seabead	Bodenarten	Bezeichnung Englisch / Deutsch
33	bk	zbr.	broken / zerbrochen
34	sy	z.	sticky / zäh
35	so	wch.	soft / weich
36	sf	z.	stiff / steif
37	v	v.	volcanic / vulkanisch
38	ca	k.	calcareous / kalkig
39	h	ht.	hard / hart

Einrichtungen für die Sportschifffahrt

Nr.	Pictogramm	Benennung Englisch / Deutsch
1.1		Bootshafen, Sportboothafen, Marina, Anlegeplatz für Sportboote Boat harbor, Marina, Yacht berth without facitilities
2		Gastliegeplatz Visitor's berth
3		Club, Verein Sailing Club
4		Hafenamt Port authority
5		Gesundheitsamt Public Health Department
7		Zollamt Customs Building
10		Postamt Post office
17		Wasserzapfstelle Water tap
18		Tankstelle (Benzin, Diesel) Fuel Station (Gasoline, Diesel)
19		Stromanschluss Electricity
28	(3 t) 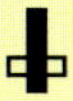(50 t)	Kran mit Tragfähigkeit Crane or Travellift with maximum load
31		Wasserschutzpolizei Harbor Police

Ankern ist für viele Skipper Labsal für die Seele und eine der großen Freuden des Fahrtensegelns

Kraftein-wirkungen

Krafteinwirkungen

Krafteinwirkung auf das Ankergeschirr

Um die verschiedenen Komponenten zu verstehen, aus denen sich ein Anker-geschirr zusammensetzt, ist es unerlässlich, sich mit den Kräften zu befassen, die auf das Ankergeschirr wirken. Die Krafteinwirkung durch den Wind lässt sich noch relativ einfach berechnen. Sehr schwer zu ermitteln sind die Kräfte, die durch die Stampfbewegungen des Schiffes im Seegang auf die einzelnen Komponenten des Geschirrs einwirken. Sie dürften schon bei Yachten mittlerer Größe im Bereich von einigen Tonnen liegen und erklären so die Phänomene aufgebrochener Kettenglieder und verdrehter Ankerschäfte.

Beim Ankern wirken hauptsächlich drei verschiedene Arten von Kräften:

- Kräfte durch Windeinwirkung
- Kräfte durch Wellen
- Kräfte durch Strömungen.

Kräfte durch Windeinwirkung:

Die Kräfte durch Windeinwirkung hängen von zwei Faktoren ab:

- Der Windgeschwindigkeit
- Der dem Wind ausgesetzten Oberfläche

Um verschiedene Oberflächenformen und ihre unterschiedlich starke Abweichung von einer ebenen Fläche, wie auf Seite 23 gezeigt, mathematisch beschreiben zu können, verwendet man den Luftwiderstandsbeiwert „Cw". Es wäre prima, den Luftwiderstandsbeiwert Cw seiner Yacht aus allen Richtungen ganz genau zu kennen. Leider würde dies umfangreiche wissenschaftliche Windkanalstudien erfordern, weshalb wir uns hier mit angenäherten Schätzwerten begnügen wollen. Für Yachten können wir, von vorn angeströmt, grob geschätzt folgende Werte einsetzen: Rumpf mit Aufbauten: 0,7 bei Segelyachten und 0,8 bei Motoryachten. Aufbauten mit zirka 30 Grad geneigten Flächen und die dem Wind ausgesetzte Oberfläche des Riggs sollen einen Wert von 1,2 bekommen. Diverses Deckszubehör wollen wir mit 1.5 bewerten. Nicht jedem Fahrtenskipper steht schließlich ein America's-Cupper-Budget zur Verfügung.

Der auf eine Fläche wirkende Winddruck nimmt im Quadrat zur Windgeschwindigkeit zu. Doppelte Windgeschwindigkeit erzeugt also vierfachen, dreifache bereits neun-fachen Winddruck und so weiter. Mehrrumpfboote neigen zum lebhaften Schwoien auf dem Ankerplatz, da ihre wesentlich größeren Seitenflächen sehr viel mehr Windwiderstand bieten. Sie werden deshalb grundsätzlich mit einer Hahnepot-

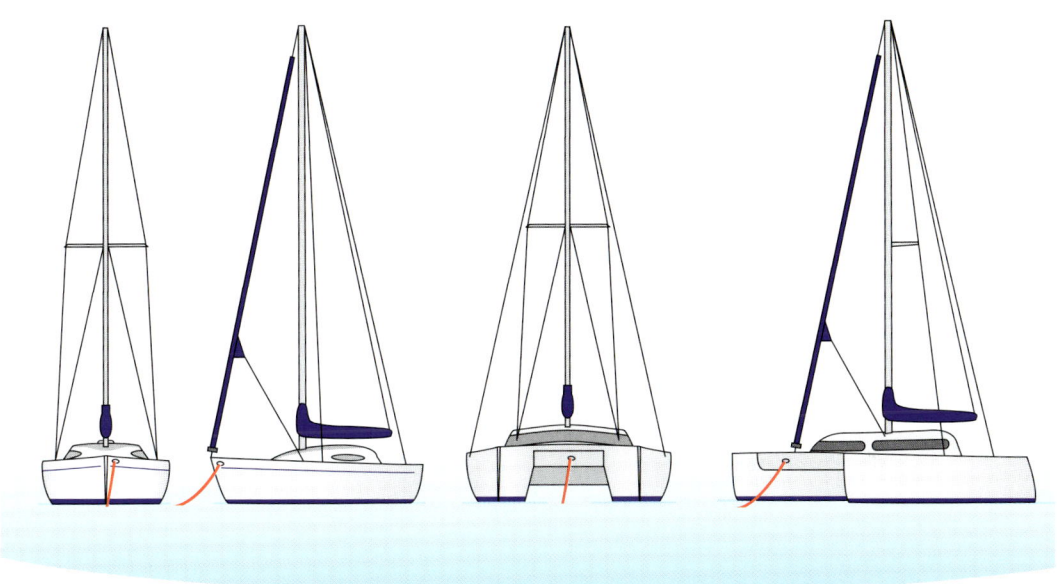

Monohull im Wind und beim Schwoien

Multihull im Wind und beim Schwoien

Profilvergleich Monohull und Multihull. Seitenflächen im Wind liegend und beim Schwoien auf dem Ankerplatz

Konstruktion vor Anker liegen. Die Hahnepot-Konstruktion sollte dabei so lang wie möglich ausgelegt werden, um die Schwoineigung so effizient wie möglich einzudämmen. Je kleiner der Winkel zwischen den beiden Hahnepot-Leinen, desto ausgeprägter ist der Dämpfungseffekt auf die Schwoibewegungen.

Ganz anders eine Yacht mit wenig Aufbauten und langem Kiel. Sie wird sich stabiler und behäbiger verhalten, da der Lateralplan des Unterwasserschiffes für eine gewisse Stabilität sorgt. Zwischen diesen beiden Extremen kann man Hubkieler mit einem jollenähnlichen Unterwasserschiff ansetzen.

Ein wichtiger Faktor, der zur Schwoineigung einer Yacht vor Anker beiträgt, ist der Hebelarm zwischen dem Lateralschwerpunkt des Unterwasserschiffes und dem Segeldruckpunkt des Schiffes bei geborgenen Segeln und seitlich auftreffendem Wind.

Bei einer Kielyacht mit Schonerrigg liegt der Segeldruckpunkt bei nicht gesetzten Segeln durch den hohen, weit hinten stehenden Großmast ein gutes Stück hinter dem Lateralschwerpunkt des Unterwasserschiffes. Eine seitlich auftreffende Windböe dreht deshalb den Bug des ankernden Schiffes nach Luv in den Wind, was die unerwünschten Schwoibewegungen verringert.

Krafteinwirkungen

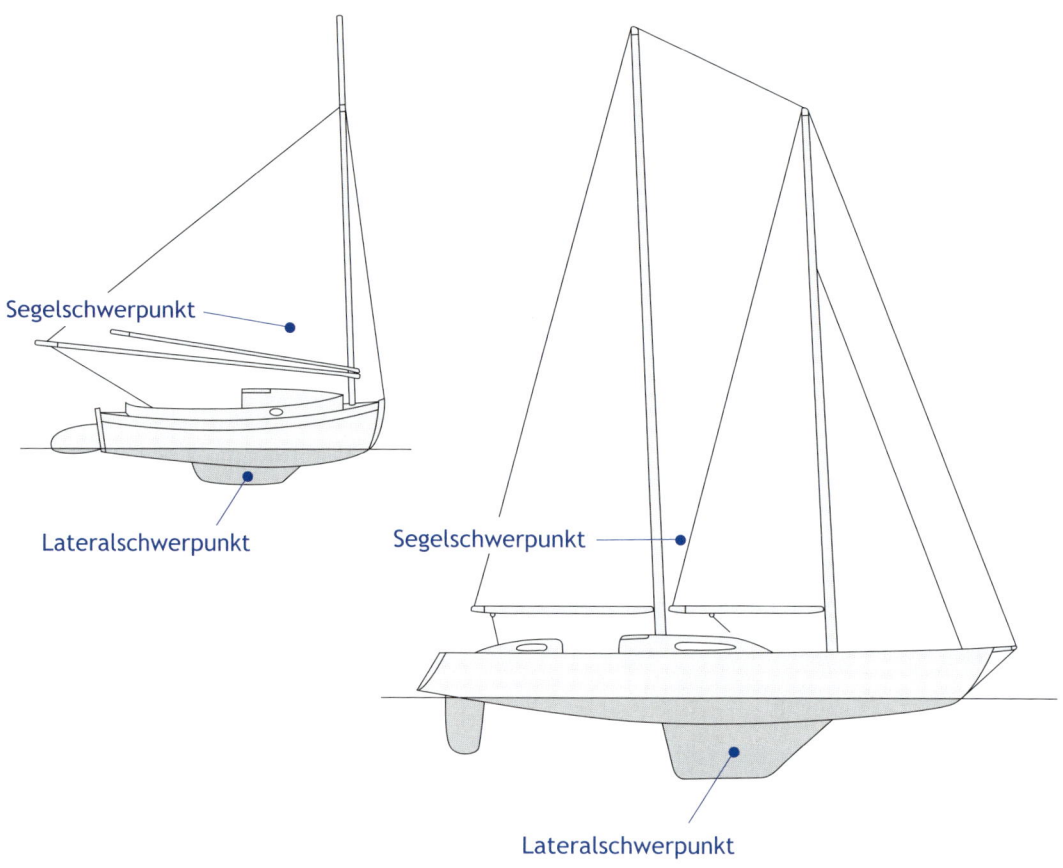

Segelschwerpunkt

Lateralschwerpunkt

Segelschwerpunkt

Lateralschwerpunkt

Auf Yachten mit Katrigg, aber auch auf vielen modernen Yachten mit Slooprigg, steht der Mast weit vorn an Deck, was bei nicht gesetzten Segeln den Segeldruckpunkt in den Bereich des Vorschiffes verschiebt. Oftmals ist das Unterwasserschiff so geformt, dass der Lateralschwerpunkt deutlich hinter dem Segeldruckpunkt beim Ankern liegt. Bei seitlichen Böen fallen solche Schiffe vor Anker ab, sie drehen also den Bug aus dem Wind, was die großen Seitenflächen des Rumpfes dem Wind aussetzt. Dieses Verhalten verstärkt die Schwoibewegungen und führt deshalb zu zusätzlichen Belastungen auf dem Ankergeschirr.

Durch Setzen eines kleinen Stützsegels am Heck des Schiffes vor Anker lässt sich der Segelschwerpunkt oftmals hinter den Lateralschwerpunkt des Unterwasserschiffes verschieben. Yachten mit Ketchrigg haben es besonders leicht, denn sie brauchen oft nur das gereffte Besansegel zu setzen, um damit den Schwoibewegungen vor Anker wirkungsvoll entgegenzuwirken.

Krafteinwirkungen auf das Ankergeschirr durch Wind

Abmessung des Schiffes in Metern			Kraft (daN)		
Länge über Alles in m	Breite Motoryacht	Breite Segelyacht	Windstärke 7 30 Knoten	Windstärke 9 45 Knoten	Windstärke 11 60 Knoten
4,50	1,80	1,50	110	225	450
6,00	2,40	2,20	165	325	650
7,50	2,75	2,40	225	445	890
9,00	3,35	2,75	320	635	1.275
10,50	3,95	3,00	410	820	1.640
12,00	4,26	3,35	550	1.100	2.200
15,00	5,00	**3,95**	730	**1.450**	2.910
18,00	5,50	4,50	910	1.800	3.640
21,00	6,00	5,20	1225	2.500	4.910
25,00	6,70	5,80	1600	3.250	6.400

Ohne Schwoien geht es vor Anker nicht. Ein vom Wind angeströmter Schiffskörper wird immer seitlich „ausbrechen" und durch den Winddruck wieder zurückgesetzt. Je kleiner die Fläche des Unterwasserschiffes, desto geringer die Bremswirkung des Rumpfes bei seitlichen Schwoibewegungen. Wenig bekannt ist, dass man Schiffe mit einem Kettenfanghaken ruhig stellen kann (siehe Kapitel „Ankerzubehör"). Mit der Gleichung $F = 1/2 \times \rho \times Cw \times A \times V^2$ lässt sich die durch Windeinwirkung hervorgerufene Kraft einfach bestimmen. „Fw" ist die durch den Wind hervorgerufene Kraft und „Cw" der Faktor, der durch die äußere Form des Schiffes beeinflusst wird. Dabei entspricht ein Wert von 0,7 dem Rumpf und Aufbauten einer durchschnittlichen von vorne angeströmten Segelyacht. „ρ" ist die Dichte von Luft (1,3 kg/m³), „A" entspricht der dem Wind ausgesetzten Oberfläche in Quadratmetern (m²) und „V" entspricht der Windgeschwindigkeit.
Beispiel: Sie wollen die Zugkraft für Ihr Schiff (12 Meter lang und 3,95 Meter breit) auf das Geschirr bei Windstärke 9 (entsprechend 45 Knoten) ermitteln. Statt zwischen den Werten für die Schiffslängen zu kumulieren, entnehmen Sie der Tabelle einfach den nächsthöheren Wert, den, der einem 15 Meter langen Schiff entspricht: 1.450 DaN.

Krafteinwirkungen

Foto links:
Verbogener Ankerschaft mit
100 Prozent Ankerkette ...

Foto rechts:
Der Anker slipte und konnte
sich nicht neu eingraben. Die
Yacht trieb auf die Felsen

Kräfte durch Wellen:

Ein idealer Ankerplatz sollte Schutz vor Wind und Wellen aus allen Richtungen bieten. Ist man dem Wind ausgesetzt und lediglich vor Wellenschlag geschützt, so ist dies meistens akzeptabel. Ein dem Schwell ausgesetzter Ankerplatz wird jedoch schnell unhaltbar; entweder verliert der Anker seinen Halt und beginnt zu driften oder es bricht sogar die Ankertrosse ... Sobald man bemerkt, dass Schwell in die Ankerbucht hineinläuft, sollte man lieber ankerauf gehen, um einen geschützten Platz zu finden oder vorübergehend auf das offene Meer hinausfahren, bis die Wellen abgeklungen sind.

Stellen wir uns einmal vor, was passieren könnte, wenn wir den schweren Ruckbelastungen durch Schwell nicht rechtzeitg entkommen: Wir ankern mit 100 Prozent Kette auf einem überwiegend geschützten Ankerplatz, das Wetter wird schlechter und ein unangenehmer Schwell kommt auf. Zuerst dämpft die Ankerkette die ruckartigen Bewegungen des Rumpfes, aber der Wind dreht und bläst nun ebenfalls direkt in den vorher geschützten Ankerplatz hinein, während sich die Wellen immer höher und höher auftürmen. Die Ankerkette ist nun straff gespannt und ihr Eigengewicht reicht nicht mehr aus um die starken Ruckbewegungen des Schiffes zu besänftigen. Die Crew an Bord wird hin- und hergerissen, als ob das Schiff immer wieder mit zwei Knoten Fahrt rückwärts gegen eine Hafenmauer prallen würde. Wie stark die Kräfte auf der Ankerkette wohl jetzt sind? Im schlimmsten Fall können sie die Bruchlast der Kette übersteigen oder auch Klampe oder Poller aus dem Vordeck herausreißen. Oder der Ankerschaft verbiegt und der Anker verliert seinen Halt im Meeresboden.

Hastig starten wir den Motor, um im Vorwärtsgang die Zugbelastungen auf der Ankerkette zu reduzieren. Durch die wilden Schlingerbewegungen werden über einen langen Zeitraum angesammelte Schwebstoffe im Dieseltank aufgewirbelt oder der Festmacher des Beibootes vertörnt sich im Propeller und die sonst so zuverlässige Hauptmaschine versagt plötzlich den Dienst ... Leider befindet sich unser Schiff durch die Winddrehung auf Legewall und in null Komma nichts werden wir von einem kräftigen Brecher auf die spitzen Klippen am Ufer gespült.

Nach wenigen angsterfüllten Minuten verringern sich die lauten Kratzgeräusche auf den Felsen zusammen mit den Schlingerbewegungen des Rumpfes, während der Wasserspiegel in der Kajüte stetig ansteigt ...

Wie eben bereits erwähnt wird durch den Aufprall von Wellen der Schiffsrumpf in gefährliche Ruck- und Schlingerbewegungen versetzt. Aus diesem wichtigen Grund wollen wir hier versuchen, uns ein wenig an die, vielleicht seit langer Zeit verdrängten, Physikstunden in der Schule zu erinnern: Energie, die aus der

Kinetische Energie E (in Joule)				
Schiffsgewicht	0,5 kn	1 kn	1,5 kn	2 kn
3 t	100	397	895	1.591
5 t	155	662	1.490	2.650
10 t	332	1.326	2.980	5.300
15 t	497	1.987	4.470	7.950

Krafteinwirkungen

Bewegung eines Körpers resultiert, nennt man kinetische Energie. Sie ist abhängig von der Masse und auch von der Geschwindigkeit des betreffenden Körpers.

$$E = 0,5 \times M \times V^2$$

„M" repräsentiert das Gewicht (Masse) in Kilogramm und „V" repräsentiert die Geschwindigkeit in Meter pro Sekunde. (Ein Knoten = 0,515 m/s)

Halt! Bitte nicht gleich dieses Kapitel überspringen. Mathematische Gleichungen sind nicht „esoterisch" oder „mysteriös" und lassen sich in diesem Fall leicht erklären.

Eine Welle prallt auf ein ankerndes Schiff und beschleunigt den Rumpf. Die Ankertrosse strafft sich und muss in der Lage sein, die kinetische Energie des Schiffes zu absorbieren, um die rückwärts aufgenommene Fahrt des Schiffes abzustoppen. Eine Ankerkette kann die kinetische Energie nur absorbieren, wenn sie nicht bereits vollkommen straff gespannt ist. Sollte der Ankerkettenvorläufer bereits unter schwerer Last straff gespannt sein, dann eignet sich eine mit dem Kettenvorläufer verbundene elastische Ankerleine dafür.

Einige Skipper (und Klassifizierungsbehörden?) unterschätzen, wie wichtig es ist, die gefährlichen Spitzenkräfte auf ihrem Ankergeschirr zu reduzieren und glauben, dass die Ruckdämpfung durch das Eigengewicht ihrer Ankerkette ausreichende Sicherheit bietet.

In dem folgenden vereinfachten Beispiel wollen wir daher verdeutlichen, wie die kinetische Energie des Schiffes mit der Zuglast der Ankertrosse zusammenhängt und wie effektiv sich elastische Ankerleinen auf die Glättung der entstehenden Spitzenkräfte auswirken.

Kinetische Energie (Joule) = Kraft (N) × Weg (m)

Ein großer Brecher trifft auf ein vor Anker liegendes 15 Tonnen schweres Schiff auf und beschleunigt es auf eine Geschwindigkeit von zwei Knoten. Das Schiff hat also eine kinetische Energie von 7.950 Joule (E = 0,5 × M × V²) aufgenommen. Die Ankerleine dehnt sich und bremst die Fahrt des Schiffes vollständig ab. Kann sich die Ankerleine um zwei Meter dehnen, dann wirkt während des Bremsvorganges eine durchschnittliche Bremskraft von 3.975 Newton.

Kinetische Energie (Joule) / Dehnungsweg (m) = Kraft (N)
7950 (Joule) / 2 (m) = 3975 (N) = 397.5 (DaN)
entspricht 405 kg (895lb) Zuglast

Kann sich die elastische Leine nur halb so lang, um nur einen Meter dehnen, dann ist die wirkende Kraft auf der Ankerleine doppelt so hoch.

$$7950 \text{ (Joule)} / 1 \text{ (m)} = 7950 \text{ (N)} = 795 \text{ (DaN)}$$
$$\text{entspricht } 811 \text{kg } (1792 \text{lb) Zuglast}$$

Wie wir im Kapitel „Statische und dynamische Belastungen des Ankergeschirrs" auf den nächsten Seiten ausführlich zeigen werden, kann die gespeicherte kinetische Energie eines Schiffes zu Zuglastspitzen von mehreren Tonnen führen.

Kräfte durch Strömungen:

Die Kräfte, die durch Wasserströmung auf das Ankergeschirr wirken, sind nicht sehr ausgeprägt. Selbst bei einer Strömungsgeschwindigkeit von fünf Knoten (sehr selten auf Ankerplätzen) wirkt lediglich eine Kraft von ungefähr 150 DaN auf ein durchschnittliches Schiff von 12 Metern Länge.

Es ist trotzdem wichtig, diese Kräfte nicht zu vernachlässigen, besonders wenn man sich in einer Flussmündung oder einem Tidengewässer befindet. Je nach Ebbe oder Flut wird das Boot hin- und herschwoien und man sollte besonders beim Kentern des Stromes auf genügend Platz und ausreichende Wassertiefe achten. Verschiedene Ankertypen reagieren erwartungsgemäß unterschiedlich auf einen Richtungswechsel der Zugkraft. Einige klappen in die neue Richtung, ohne sich auszugraben und richten sich der neuen Zugrichtung folgend selbstständig aus, andere reißen sich los, um sich in der neuen Zugrichtung wieder einzugraben (oder auch nicht). Sollte der Strom kentern, ist es wichtig zu erkennen, dass sich einige Ankertypen in der eigenen Leine vertörnen und deshalb in der neuen Zugrichtung keinen Halt mehr finden können.

Einige Besonderheiten verlangt das Ankern im Wattenmeer, wo die Strömungen durch auf- oder ablaufendes Wasser erheblich sein können. Wer länger als eine Tide vor Anker liegen möchte, sollte zwei Anker ausbringen. Mehr über diese Technik des Ankerns in Tidengewässern und über Ankern in Schären lesen Sie im Kapitel „Die Kunst des Ankerns". Speziell in den skandinavischen Schären können sich die Strömungen erheblich verändern. Der Wind wird hier durch Landzungen und Einschnitte oft sehr stark abgelenkt. Eine Änderung der Wind-richtung kann somit erhebliche Strömungsunterschiede verursachen, was zu einer neuen Situation führen kann. Meistens sind die Ankergründe felsig, also ohne große Haltekraft. Die Yacht wird deshalb zusätzlich mit Landleinen fixiert.

Auf Bergseen sind die Strömungen zu vernachlässigen, selbst wenn Fallwinde in Sturmstärke auf die Yacht einwirken.

Krafteinwirkungen

Der Schaft vom CQR wird mit einem (nutzlosen!) Gelenk am Pflug befestigt. Was wie drei Schichten zusammengeschweißt aussieht, ist die Bohrungstelle für den Gelenkbolzen durch den Pflug dieser schlechten CQR-Kopie. Eine unvorhergesehene „Sollbruchstelle"

Statisches und dynamisches Verhalten von Ankertrossen

Von Alain Fraysse

Praktische Ratschläge und erklärende Einführungen in die Ankertechnik sind in Segelliteratur und Fachpresse keine Mangelware. Manche Artikel stammen sogar aus der Feder von bekannten Persönlichkeiten der Segelszene und befassen sich zum überwiegenden Teil mit der Frage „wie" und weniger mit der Frage „warum". Ist es denn nicht wichtig, eine Kunst wirklich zu verstehen, um sie meisterhaft zu beherrschen? Lässt es sich ernsthaft bestreiten, dass man bessere Entscheidungen treffen kann, wenn man auf ein tiefes Verständnis der Zusammenhänge zurückgreifen kann?

Das Verhalten von Ankerketten und Ankerleinen folgt relativ einfachen physikalischen Prinzipien. Wer diese Prinzipien wirklich versteht, der wird während so mancher ungemütlichen Nacht vor Anker mit voller Berechtigung einen ruhigen Schlaf finden.

Statisches Verhalten
100 Prozent Kette, 100 Prozent Leine

1. Anforderungen

Anforderung 1: Die Zuglast der Trosse sollte möglichst parallel zum Meeresboden am Ankerschaft ansetzen.

Anforderung 2: Die Trosse sollte leicht zu verstauen sein und problemlos ausgebracht und wieder eingeholt werden können.

Anforderung 3: Die Trosse sollte die Zugbelastungen durch Windböen und Wellen auf Anker und Deckbeschläge wirksam reduzieren.

Zuerst wollen wir uns mit den Anforderungen 1 und 2 befassen (Anforderung 3 werden wir später im Abschnitt „Dynamisches Verhalten" untersuchen).

Offensichtlich können starre Verbindungen (zum Beispiel Eisenstangen) diese Anforderungen nicht erfüllen. Drahtseile kommen deshalb ebenfalls nicht in Betracht. Es bleiben also: Ketten, Tauwerk aus Textilfasern (zum Beispiel Nylon), Kohlefasern oder Kombinationen aus Textil- und Kohlefasern. In den meisten Fällen sind die Materialien homogen, das heißt, ihre physikalischen Eigenschaften (spezifisches Gewicht, Elastizität, Bruchlast etc.) sind auf der gesamten Länge konstant.

2. Theoretischer Verlauf der Kettenlinie

Wenn man eine homogene, nicht elastische, aber flexible Kette zwischen zwei Punkten befestigt, dann bildet sich im Gleichgewichtszustand durch die Schwerkraft die so genannte „Kettenlinie". Diese berühmte mathematische Kurvengleichung ähnelt einer Parabel, ist aber im unteren Teil etwas flacher (Bild 1.1). Die mathematische Gleichung dieser Kurve wurde bereits vor mehr als dreihundert Jahren beschrieben.

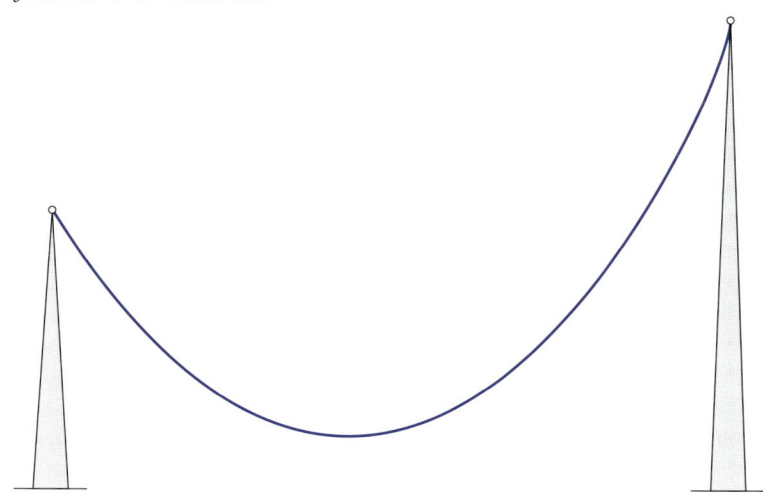

Bild 1.1 - Kettenlinie zwischen zwei festen Punkten

Krafteinwirkungen

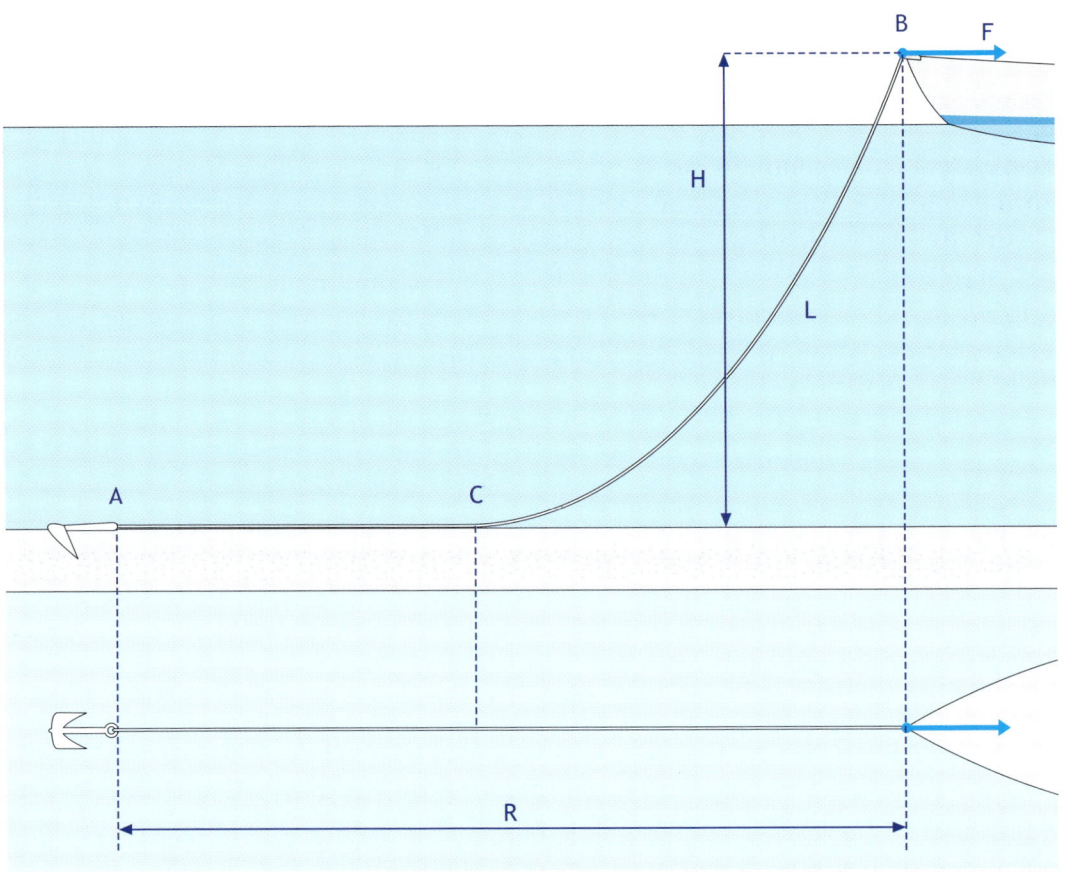

Bild 1.2 - Typischer Verlauf einer Ankerkette

3. Tatsächlicher Verlauf homogener Ketten oder Leinen

Beim Ankern ist der tatsächliche Verlauf die Kette aus mehreren Gründen etwas anders:

• Der Befestigungspunkt „B" am Bugbeschlag ist mobil und wird von der horizontal wirkenden Kraft „F" durch den Winddruck gegen das Boot beeinflusst.

• Der zweite Befestigungspunkt „A" am Schaft des Ankers ist am Meeresboden fixiert, sodass die Kette nicht weiter nach unten hängen kann (Bild. 1.2).

Um die mathematische Beschreibung etwas einfacher zu halten, machen wir folgende Annahmen:

• Der Anker hat sich auf ideale Weise in den Meeresboden eingegraben,

• die Ankertrosse verläuft auf einer vertikalen Fläche; („R" ist der Schwoiradius),

• die elastische Dehnung ist vernachlässigbar gering,

• die Reibung am Meeresboden ist ebenfalls vernachlässigbar,

• weder das Boot noch die Trosse werden durch die Trägheit der Masse beeinflusst,
• die Zugkraft „F" ist konstant und wirkt in der vertikalen Fläche des Ankerketten-verlaufs.
• Das System hat den Gleichgewichtszustand erreicht, das heißt, die Kraft „F" durch den Winddruck wird exakt durch die Gewichtskraft der Ankerkette/Trosse in der entgegengesetzten Richtung kompensiert.

Dank der Erdanziehungskraft verhält sich die Ankertrosse wie eine „Pseudo-Springleine", obwohl wir gerade festgelegt haben, dass sie keine eigene Elastizität besitzt (Bei einer echten Nylonleine ist das nicht korrekt, aber dafür fast richtig bei Stahlketten – aber davon mehr auf den nächsten Seiten.).

Selbstverständlich muss die Länge „L" der gesteckten Ankerleine länger als die Höhe „H" zwischen Meeresboden und Bugbeschlag sein, denn sonst könnte der Anker gar nicht den Grund berühren. Bitte auch hier beachten, dass H = Was-sertiefe plus Freibord am Bug des Bootes entspricht. Auf flachen Ankerplätzen kann dies von Bedeutung sein: Zum Beispiel wenn das Wasser zwei Meter tief ist und das Freibord einen Meter beträgt, dann ist die effektive Höhe drei Meter!

Bei diesen Bedingungen verändert sich der Kettenverlauf nach den folgenden vier Parametern:
• Der Höhe „H",
• der Länge der gesteckten Kette „L",
• mit einer Gewichtskraft pro Längeneinheit von „w" = 2,5 daN/m,
• der Zugkraft „F".

Hier ein Rechenbeispiel mit Kette: Für H = 5 Meter und L = 15 Meter mit 11-Millimeter-Kette, mit einem Gewichtskraft pro Längeneinheit von w = 2.5 daN/m im Seewasser, wollen wir untersuchen was passiert wenn die Zugkraft F von 0 bis auf sehr hohe Werte gebracht wird (Bild 1.3):

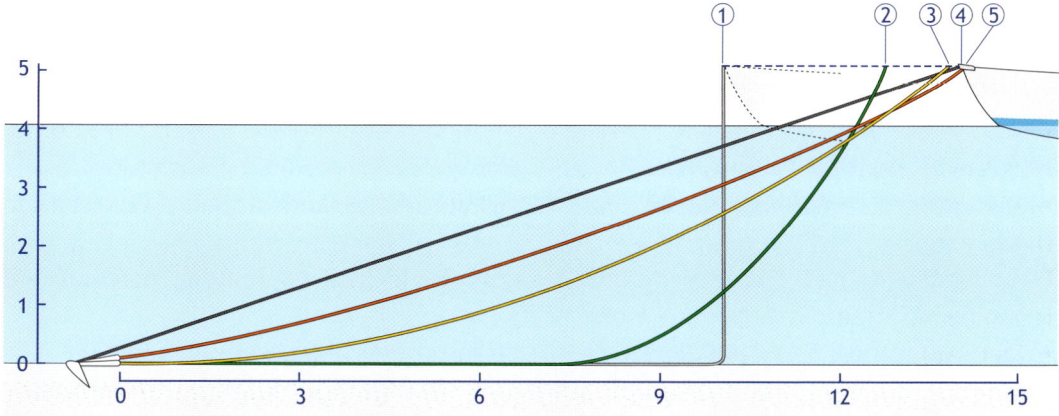

Bild 1.3 - Homogene Kettenprofile für verschiedene Zugkräfte

Krafteinwirkungen

1. Für F = 0 (0 daN, graue Kurve) nimmt die Kette eine L-Form an: Der obere Teil hängt senkrecht vom Bug hinab bis auf den Meeresboden, während der Rest, auf dem Boden liegend, bis zum Ankerschaft reicht.

2. Sobald „F" zunimmt (10 daN, grüne Kurve), bewegt sich das Boot rückwärts und hebt dabei die auf dem Meeresboden liegende Kette an. Der Abschnitt zwischen dem Bug „B" und dem Kontaktpunkt „C" auf dem Meeresboden folgt dem Verlauf der Kettenlinie. Die Zugkraft am Ankerschaft wirkt in horizontaler Richtung und ist daher gleich „F". Der Ankerschaft liegt ebenfalls in horizontaler Richtung parallel zum Meeresboden und das Haltevermögen des Ankers bleibt unbeeinträchtigt.

3. Sobald „F" den kritischen Wert „F_c" (52 daN, orange Kurve) erreicht, hat sich die gesamte Kette vom Meeresboden gehoben; das heißt der Kontaktpunkt „C" hat den Punkt „A" am Ankerschaft erreicht. Die Kette verläuft tangential zum Meeresboden und die Haltekraft des Ankers bleibt weiterhin unverändert.

4. Sobald die Zugkraft „F" den kritischen Wert „F_c" (zum Beispiel 100 daN, rote Kurve) überschreitet, wirkt sie nicht mehr horizontal am Ankerschaft. Der Schaft des Ankers beginnt sich anzuheben und das Haltevermögen verringert sich.

5. Wenn „F" weiterhin steigt, reduziert sich der Bauch der Kettenlinie fast auf eine Gerade. Der Winkel zwischen Ankerschaft und Meeresboden vergrößert sich, und der Anker verliert früher oder später seinen Halt (schwarze Kurve).

Was passiert, wenn wir eine Ankerleine aus Nylon anstatt der Ankerkette verwenden? Bei einer gleich langen Nylonleine mit 22 Millimetern Durchmesser verringert sich der kritische Wert „F_c" auf nur 0,5 daN! Dies ergibt sich aus dem 90prozentigen, scheinbaren Gewichtsverlust von Nylon im Seewasser. Selbst bei 45 Metern Länge erreicht „F_c" nur einen Wert von 6 daN. Dies erklärt, warum es praktisch unmöglich ist, den Ankerschaft mit einer Ankerleine horizontal zum Meeresboden zu halten, sobald die Windgeschwindigkeit wenige Knoten übersteigt.

4. Fundamentale Gleichungen bei 100 Prozent Kette oder Leine

Bei einer Gewichtkraft pro Längeneinheit „w" und einer Höhe „H", hebt eine wirkende Zugkraft „F" die Länge „L_{up}" vom Meeresboden:

$$(1.1) \qquad L_{up} = \sqrt{H^2 + 2\,\frac{F}{w}\,H}$$

„L_{up}" ist die minimale Länge bei einer wirkenden Zugkraft „F", um den Ankerschaft horizontal ohne Verlust des Haltevermögens auf dem Meeresboden zu halten. Die Umstellung dieser Formel ergibt die kritische Kraft „F_c", die die gesamte Länge „L" vom Meeresboden anhebt:

$$(1.2) \qquad F_c = w \, \frac{L^2 - H^2}{2 \, H}$$

„F_c" ist die maximale Zugkraft, bei einer gegebenen Länge „L", die den Ankerschaft parallel zum Meeresboden belässt. „F_c" ist außerdem der Hauptfaktor, was die Sicherheit anbelangt. Er hängt von den drei Parametern „H", „L" und „w" wie folgt ab:

1. Die kritische Zugkraft „F_c" ist proportional zu „w", der Gewichtskraft pro Längeneinheit. Deshalb erhöht sich „F_c" um 44 Prozent, wenn man eine 10-Millimeter-Kette anstatt einer 8-Millimeter-Kette verwendet. Der Hauptnachteil ist dabei der Gewichtszuwachs an Bord.

2. „F_c" ist ungefähr proportional zum Quadrat der Länge „L". Was bedeutet, dass ein Zuwachs von „L" um 41 Prozent die kritische Zugkraft „F_c" verdoppelt. Leider nehmen aber auch der Schwoiradius und das zusätzliche Gewicht an Bord um 41 Prozent zu.

Die Gleichung am Anfang können wir umstellen, um das minimale Verhältnis „N" (Länge zur Höhe „L/H") bei einer wirkenden Kraft „F" berechnen zu können, bei dem der Ankerschaft in der Horizontalen verbleibt:

$$(1.3) \qquad N = \sqrt{1 + 2 \, \frac{F}{w} \, \frac{1}{H}}$$

Diese Gleichung zeigt, dass das minimale Verhältnis zwischen der Länge der ausgebrachten Ankerkette und der Höhe (Wassertiefe plus Freibord) sowohl von der Zugkraft „F" als auch von der Höhe „H" selbst abhängt. Hier ein sehr überzeugendes Beispiel: Wie viel 8-Millimeter-Kette sollte gesteckt werden, um einer Zugkraft F = 89 daN widerstehen zu können?

Ein Verhältnis von Länge zu Höhe von N = 4 ist also ausreichend bei einer Höhe (Wassertiefe plus Freibord) von zehn Metern, aber es ist ungenügend bei fünf Metern, und mehr als ausreichend bei einem Wert von 20 Metern!

Zugkraftverhältnis einer 8-Millimeter-Kette		
Höhe H	Minimales Verhältnis N	Minimale Kettenlänge Lc
4.6 m	5.6:1	26 m
9 m	4.0:1	37 m
18 m	2.9:1	54 m

Krafteinwirkungen

Generell gilt also, dass man mit 100 Prozent Ankerkette auf flachen Ankerplätzen ein relativ hohes Tiefenverhältnis „N" benötigt, während man in tieferem Wasser mit einem geringeren Verhältnis genauso gut bedient ist.

Wenn wir die Kettenlänge „L" und die Zugkraft „F" kennen, können wir die Gleichung (1.1) umstellen, um die Höhe „H" für die kritische Kraft „Fc" zu berechnen, bei der sich der Ankerschaft noch nicht vom Meeresboden abhebt (1.4).

$$(1.4) \qquad H = \sqrt{L^2 + \left(\frac{F}{w}\right)^2} - \frac{F}{w}$$

5. Zugwinkel

Wenn die Zugkraft „F" den kritischen Wert „Fc" übersteigt, greift die Zugkraft nicht mehr tangential am Ankerschaft an. Der Zugwinkel α kann mithilfe der folgenden Gleichung berechnet werden:

$$(1.5) \qquad F(\alpha) = F_c \ \frac{\cos \alpha}{1 - \dfrac{L}{H} \ \sin \alpha}$$

In der dargestellten Form lässt sich die Zugkraft bei einem maximal akzeptablen Zugwinkel berechnen (Die meisten Ankertypen tolerieren einen kleinen Zugwinkel,

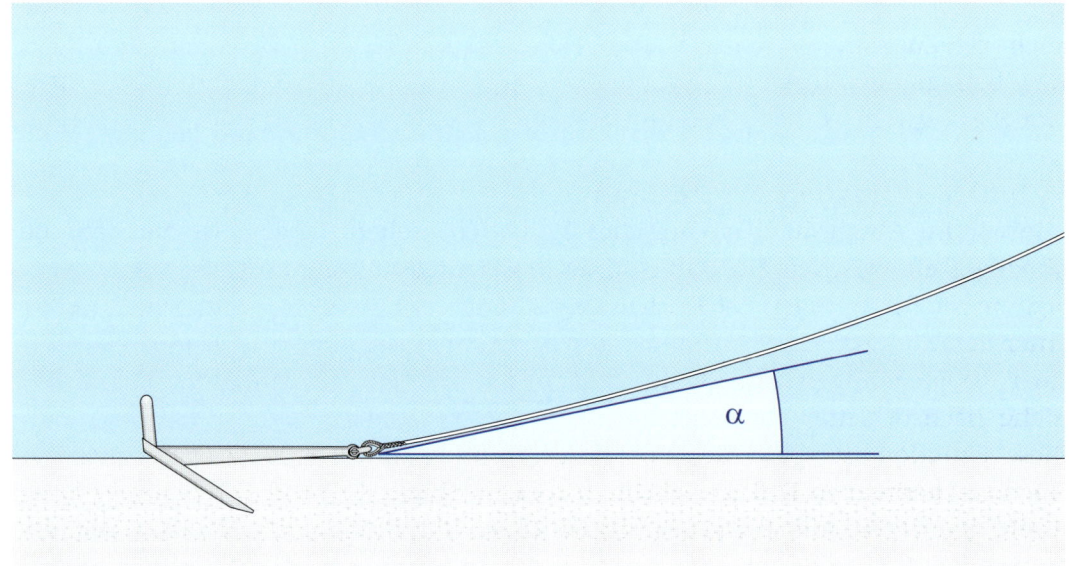

Bild 1.4a – Zugwinkel

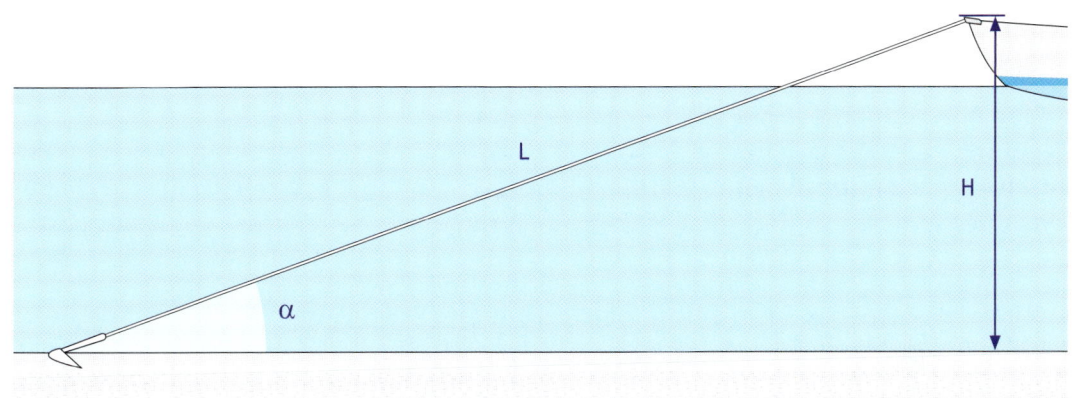

Bild 1.4b – 100 Prozent Ankerleine unter hoher Zugkraft

der aber zu Lasten der maximalen Haltekraft geht.). Bei einem Zugwinkel von 0 Grad gilt $F(0) = F_c$. In dem Beispiel mit 100 Prozent Kette in Bild (1.3) würde ein erlaubter Zugwinkel von 6 Grad anstelle von 0 Grad die maximal akzeptable Zugkraft um 46 Prozent erhöhen.

Bei 100 Prozent Ankerleine ist ein von 0 Grad abweichender Zugwinkel am Anker praktisch unvermeidbar. Man benötigt deshalb ein sehr hohes Tiefenverhältnis „N", um den Zugwinkel möglichst klein halten zu können. Da der Verlauf einer 100prozentigen Ankerleine fast einer Geraden ähnelt (Bild 1.4b), unterscheidet sich die Steigung dann nur unwesentlich vom Tiefenverhältnis N = L/H. Egal wie hoch die Zugkraft „F" auch ist, bei einem gebräuchlichen Tiefenverhältnis von 10:1 beträgt der Zugwinkel immer 5,7 Grad, was bei einigen modernen Anker-modellen durchaus akzeptabel ist.

6. Drift als Funktion der Zugkraft

Wie wir im Abschnitt „Dynamisches Verhalten" sehen werden, ist die statische Abhängigkeit zwischen Zugkraft und der horizontalen Position des Bootes notwendig, um die Bewegungen des Bootes und die Belastungskräfte auf dem Ankergeschirr unter dem Einfluss einer Windböe vorausberechnen zu können. Für unser Beispiel einer 100prozentigen Ankerkette (Bild 1.3) haben wir die Funktion in Bild 1.5 (siehe nächste Seite) abgebildet:

Diese Funktion ist stark nichtlinear: Änderungen unter hoher Zuglast bewirken einen viel geringeren Driftweg als unter niedriger Zuglast. Wenn sich die Ankerkette strafft, dann geht die Pseudo-Elastizität durch die Schwerkraft verloren und die notwendige Kraft, die notwendig ist, um das Boot weiter nach hinten zu bewegen, steigt asymptotisch an.

Krafteinwirkungen

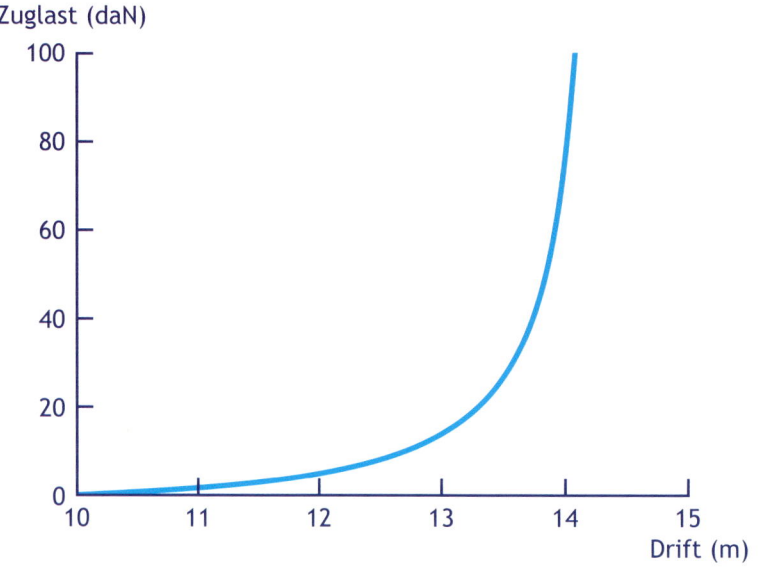

Bild 1.5 - Drift als Funktion der Zugkraft

7. Schlussfolgerungen

Fassen wir zusammen, inwieweit Anforderungen 1 und 2 erfüllt werden können: Außer bei moderaten Wetterbedingungen führen weder 100 Prozent Kette noch 100 Prozent Leine zu vollständig befriedigenden Ergebnissen. Deshalb wollen wir im folgenden Abschnitt das statische Verhalten verschieden konfigurierter Kombinationen aus Kette und Leine untersuchen.

Anforderung für 100 Prozent Kette oder Leine		
Anforderung	**100% Kette**	**100% Leine**
Wirkt die Zuglast parallel zum Meeresboden am Ankerschaft?	Ja	Nein; nur mit extrem langer Leine möglich
Leicht zu verstauen?	Ja, aber sehr hohes Gewicht	Ja
Leicht auszubringen und einzuholen?	Ja, mit motorisierter Ankerwinde	Ja

Statisches Verhalten
Kombinationen aus Kette und Leine

1. Einleitung

Rein intuitiv kann man sich leicht vorstellen, dass eine Nylonleine am unteren Ende keine positiven Auswirkungen auf die Minimierung des Zugwinkels am Ankerschaft hat, weil es ihr einfach an Gewicht fehlt, während der obere Teil einer Ankerkette ineffektiv erscheint und nur dazu dient, den Bug des Schiffes senkrecht unter die Wasseroberfläche zu ziehen. Anstatt also das Gewicht gleichmäßig auf die ganze Länge zu verteilen, scheint es eine gute Idee zu sein, mehr Gewicht im unteren Teil und weniger Gewicht im oberen Teil des Ankergeschirrs zu platzieren.

Zwei gebräuchliche   Methoden wollen wir hier vorstellen:

• Reitgewicht: Ein zusätzliches schweres Gewicht wird mit einer Rolle und einer Sorgeleine an der Ankerkette (oder Leine) herabgelassen.

• Kettenvorläufer: Ein Stück Kette, am unteren Ende mit dem Anker verbunden und am oberen Ende mit einer Nylonleine, die wiederum bis zum Bug des Schiffes reicht (Ankerleine mit Kettenvorläufer).

2. Reitgewicht

Im vorherigen Abschnitt ergab sich bereits aus Gleichung 1.2 die kritische Kraft „F_c", die eine homogene Kette oder Leine vollständig vom Meeresboden hebt:

$$(1.2) \qquad F_c = w \, \frac{L^2 - H^2}{2 \, H}$$

Wenn wir nun das Gewicht „K" in der Entfernung „L_k" vom Bug entfernt anbringen (Bild 1.6), dann stellt sich die Frage, welche Verbesserung wir erwarten können, wenn „F_c" überschritten wird.

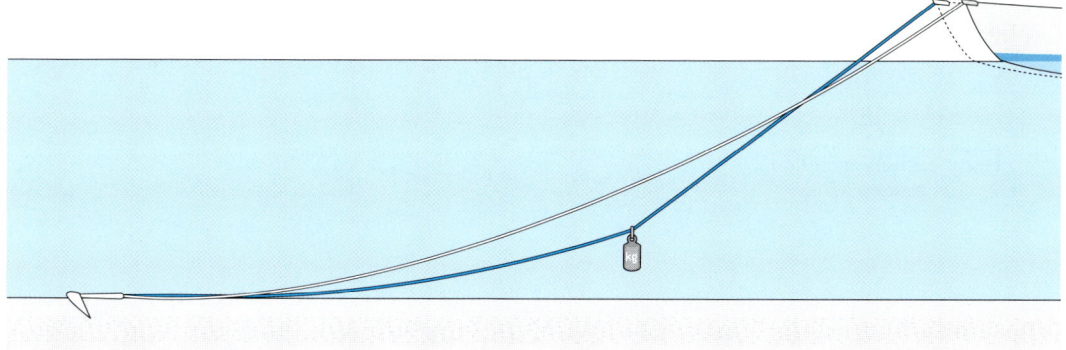

Bild 1.6 - Reitgewicht

Krafteinwirkungen

Wenn wir annehmen, dass das Tiefenverhältnis „N" größer als 3:1 ist, dann lassen sich die Auswirkungen des Reitgewichts mit der folgenden Gleichung näherungsweise (bei weniger als sechs Prozent Abweichung) mit folgender Gleichung beschreiben:

$$(1.6) \qquad F_k \approx F_c + K \frac{L_k}{H} = F_c + KN \left(\frac{L_k}{L} \right)$$

Diese Gleichungen zeigen, dass die Kraftverbesserung mit der Masse des Reitgewichts multipliziert mit dem Verhältnis „L_k/H" zunimmt. Daraus leiten wir ab, dass es zu einem optimalen Ergebnis führt, Reitgewichte möglichst direkt in der Nähe des Ankers zu platzieren. Dort entspricht die Verbesserung der Reitgewichtmasse „K" multipliziert mit dem Tiefenverhältnis „N". Mit dem gleichen Reitgewicht wäre der Verbesserungseffekt in der Mitte der Ankerleine lediglich halb so groß. Eine Ankerleine mit Reitgewicht in der Nähe des Ankers kommt im Vergleich mit dem Kettenvorläufer und Leine mit einem halb so großen Gesamtgewicht aus, um einen vergleichbaren Effekt zu erzielen.

Leider ist diese Erkenntnis nur von rein akademischer Bedeutung, weil die obere Gewichtsgrenze von Reitgewichten bei ungefähr 22 Kilogramm liegt, da sie sonst zu unhandlich werden. 22 Kilogramm sind leider bei schwerem Wetter zu wenig, es sei denn, man kann sehr viel Ankerleine stecken, um das Tiefenverhältnis „N" auf einen sehr hohen Wert zu bringen. Hinzu kommt, dass Reitgewichte den Schwoiradius des Schiffes nur unwesentlich verbessern. Ein Kettenvorläufer mit vergleichbarem Eigengewicht ist daher einem Reitgewicht vorzuziehen.

3. Ankerleine mit Kettenvorläufer

Eine Ankerleine mit Kettenvorläufer ist die bessere Alternative, obwohl sie theoretisch weniger effektiv als die Reitgewichtmethode bei gleichem Gesamtgewicht des Geschirrs ist. Aus Gründen, die wir etwas später im Abschnitt „Dynamisches Verhalten" untersuchen wollen, sollten flexible Leinen aus Polyamid (Nylon) anderen Materialien vorgezogen werden.

Da das Eigengewicht von Nylonleinen in Seewasser sehr gering ist, nehmen sie die Form einer geraden Linie an, sobald die Zuglast wenige „daN" übersteigt. Man kann deshalb die zusätzliche Leine als passive Erweiterung des Kettenvorläufers betrachten, der zum Einsatz kommen soll, wenn die vorhandene Kettenlänge bei gegebener Wassertiefe und gegebenen Windbedingungen nicht mehr in der Lage sein sollte, den Anker flach auf dem Meeresboden zu halten.

Es ist hoch interessant, den Gewinn an Höhe abschätzen zu können, der bei einer

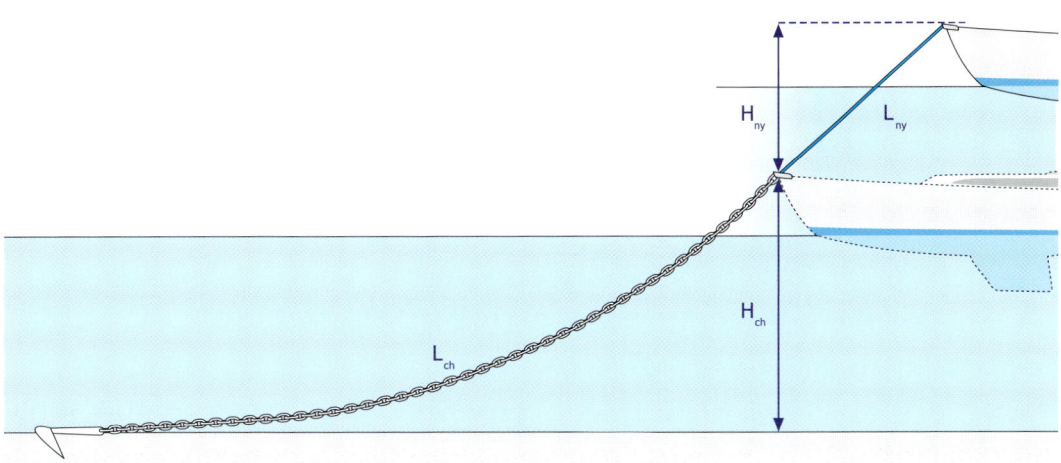

Bild 1.7 – Ankerleine mit Kettenvorläufer

gegebenen Zugkraft „F" erzielt werden kann. Nehmen wir an, dass unser Kettenvorläufer (Länge „L_{ch}") bei einer Höhe „H_{ch}" vollständig angehoben wird. Wenn wir eine Nylonleine (Länge „L_{ny}") zwischen Bug und Kettenvorläufer einfügen, dann vergrößert sich die maximal zulässige Höhe um „H_{ny}" (Bild 1.7).
„H_{ny}" wird näherungsweise von folgender Gleichung beschrieben:

$$(1.7) \qquad H_{ny} \approx L_{ny} \ \frac{2 L_{ch} H_{ch}}{L_{ch}^{2} - H_{ch}^{2}}$$

Wenn ein 25 Meter langer Kettenvorläufer 5 Meter Höhe ermöglicht, dann kann man mit 12 Metern zusätzlicher Nylonleine einen Höhengewinn von 10 Metern erzielen. Um den gleichen Effekt bei 100 Prozent Kette zu erzielen, bräuchten wir 11 Meter mehr Kette. Im Vergleich mit 12 Metern Nylonleine werden wir also mit dem sehr viel höheren Gewicht der Kette bestraft, während sich der Schwoiradius nur um einen mageren Meter verringert.
Diese Berechnung bestätigt, dass 100 Prozent Ankerkette unnötig schwer sind und ebenso gut durch eine etwas längere Ankerleine mit Kettenvorläufer ersetzt werden können.
An dieser Stelle stellt sich natürlich die Frage: Wie liegt das optimale Verhältnis Leine/Kettenvorläufer? Leider gibt es auf diese Frage keine allgemein gültige Antwort, da ein Kompromiss zwischen vielen Kriterien gesucht werden muss, die je nach Booten und Skippern verschieden ausfallen können.
Da wir unseren Kettenvorläufer aber aussuchen müssen, bevor wir in See stechen, lautet die Frage also: Wie lang sollte ein Kettenvorläufer sein und wie stark der Kettendurchmesser?

Krafteinwirkungen

In einigen Ländern lassen die gültigen Ausrüstungsrichtlinien keinen Spielraum und die minimalen Kettenlängen, Durchmesser sowie das geringste zulässige „Gewicht" der Anker ist je nach Verdrängung des Bootes vorgeschrieben.

Wenn, zum Beispiel bei schnellen Mehrrumpfbooten, das Gewicht Priorität hat, dann darf man den legal zulässigen Minimalwert wählen. Wenn höhere Effektivität eine Rolle spielt, dann empfiehlt es sich, Durchmesser und Länge zu vergrößern. Eine motorisierte Ankerwinde kann einem dabei das Leben erleichtern. Egal, welche Kettenlänge man auch auswählt, ein Stück elastisches Polyamidtauwerk kann auch aus anderen Gründen sehr nützlich sein. Aber davon mehr im Abschnitt „Dynamisches Verhalten".

4. Elastische Ankerleine

Bisher haben wir angenommen, dass unser Leinenmaterial sich nicht dehnen kann, was ganz offensichtlich nicht zutreffend ist: Alle verfügbaren Materialien haben eine mehr oder weniger stark ausgeprägte Elastizität. Vom bisherigen, statischen Standpunkt aus gesehen können wir vor allem eine deutliche Vergrößerung des Schwoiradius verzeichnen. Wenn die Zugkräfte sehr hoch werden, dann kann die Elastizität aber auch noch weitere signifikante Effekte haben. Auch davon mehr im Abschnitt „Dynamisches Verhalten".

Es ist deshalb wichtig, die elastische Ausdehnung einer Ankerleine oder Kette als Funktion der wirkenden Zugkraft „T" zu untersuchen und mathematisch zu beschreiben.

Solange die Kraft „T" eines Metallstabes nicht den Grenzwert der reversiblen Verformung übersteigt (das heißt, bei dem das Material beim Nachlassen der Zugkraft nicht wieder die ursprüngliche Länge annimmt), ist die Dehnung proportional zur Zugkraft „T". Wenn „L_0" die Länge des Stabes bei einer Zugkraft T = 0 darstellt, die Querschnittsfläche des Stabes und „E" den materialspezifischen Elastizitätsmodul, dann kann die Länge des Stabes mit der folgenden Gleichung beschrieben werden:

$$(1.8) \qquad L = L_0 \left(1 + \frac{T}{EA} \right)$$

Bei gewöhnlichem Stahl hat der Elastizitätsmodul einen typischen Wert von 21.000 daN/mm². Unter 1.000 daN Zuglast dehnt sich ein runder Metallstab mit 10 Millimetern Durchmesser also um lediglich 0,06 Prozent, also um 0,6 Millimeter/Meter. Eine Kette mit gleichem Durchmesser ist etwas weniger steif und kann sich etwa 20 Prozent mehr dehnen.

40

Nylonleinen sind sogar 200 mal elastischer, aber ihre Dehnung ist besonders unter hoher Last nicht genau proportional zur wirkenden Zugkraft. Aber so tief wollen wir an dieser Stelle lieber nicht ins Detail gehen.

5. Drift als Funktion der Zugkraft

Wie wir bereits festgestellt haben, ist es wichtig, die statische Abhängigkeit zwischen der wirkenden Zugkraft und der horizontalen Position des Bootes zu kennen, um die Bewegungen und die Belastungen auf der Ankerleine unter Einwirkung einer Windböe berechnen zu können (siehe Abschnitt „Dynamisches Verhalten"). Selbstverständlich muss die elastische Dehnung beim folgenden Vergleich mit einbezogen werden:
• Wassertiefe plus Freibord beträgt 10 Meter
• Blaue Kurve: 36 Meter 10-Millimeter-Kette
• Grüne Kurve: 25 Meter 10-Millimeter-Kette mit 12 Metern 22-Millimeter-Nylonleine (Bild. 1.8):

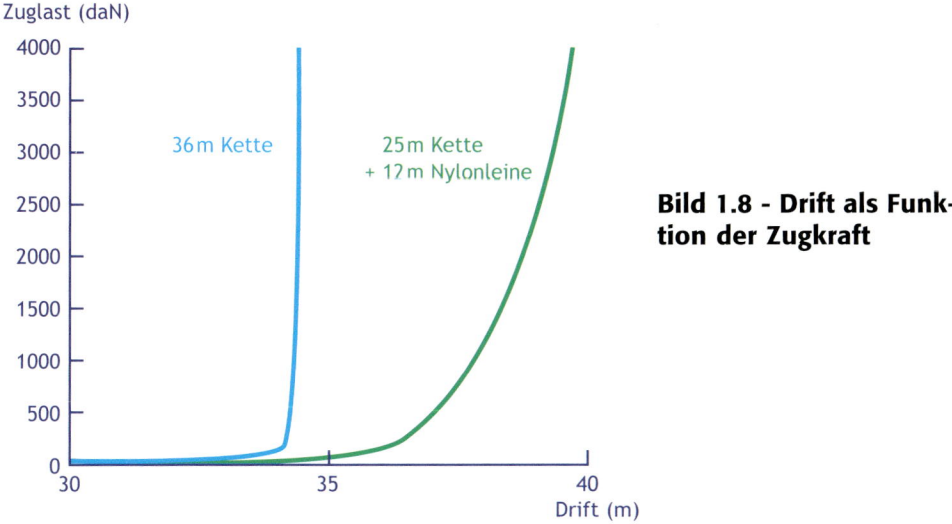

Bild 1.8 - Drift als Funktion der Zugkraft

Dank der elastischen Nylonleine zeigt die Kombination aus Kette und Leine ein sehr viel progressiveres Verhalten unter hoher Zuglast. Dies verringert die Belastungskräfte unter dem Einfluss schwerer Windböen (siehe „Dynamisches Verhalten")

6. Schlussfolgerungen

Fassen wir zusammen inwieweit Anforderungen 1 und 2 erfüllt werden können (siehe dazu Tabelle „Vergleich Reitgewicht - Kettenvorläufer" auf der nächsten Seite): Theoretisch kann man mit einer Kombination aus Reitgewicht und Anker-

Krafteinwirkungen

Vergleich Reitgewicht - Kettenvorläufer		
Anforderung	**Reitgewicht**	**Ankerleine mit Kettenvorläufer**
Wirkt die Zuglast parallel zum Meeresboden am Ankerschaft?	Ja, leider begrenzt durch die Masse des Reitgewichts	Ja
Leicht zu verstauen?	Nein (Reitgewicht)	Ja
Leicht auszubringen und wieder einzuholen?	Nein (Ausbringen und Einholen des Reitgewichts)	Ja

leine ein optimales Verhältnis von Effektivität und Gewicht erzielen, wenn das Reitgewicht in der Nähe des Ankers platziert werden kann. Diese Erkenntnis ist aber leider nur von akademischer Bedeutung, da schwere Reitgewichte schwierig zu handhaben sind und nur unter Gefahr bei schwerem Wetter ausgebracht werden können. Außerdem können Reitgewichte nur bei hohem Tiefenverhältnis ihre volle Wirkung entfalten. Bei gleichem Gewicht ist eine Kombination aus Ankerleine und Kettenvorläufer fast so effektiv, ohne dass die Nachteile von Reitgewichten in Kauf genommen werden müssen. Übrigens, es ist nicht verboten, Reitgewichte zusammen mit einer Kombination aus Leine und Kettenvorläufer einzusetzen.

Nachdem wir nun das statische Verhalten von Ankertrossen kennen gelernt haben, können wir mithilfe der gewonnenen Erkenntnisse die Auswirkungen von Windböen studieren, die in den meisten Fällen die Verantwortung tragen, wenn Anker ihren Halt im Meeresboden verlieren.

Keine Hilfe wenn es eng wird: Reitgewichte

Dynamisches Verhalten
100 Prozent Kette, 100 Prozent Leine

1. Anforderungen

Anforderung 1: Die Zuglast der Trosse sollte möglichst parallel zum Meeresboden am Ankerschaft ansetzen.

Anforderung 2: Die Trosse sollte leicht zu verstauen sein und problemlos ausgebracht und wieder eingeholt werden können.

Anforderung 3: Die Trosse sollte die Zugbelastungen durch Windböen und Wellen auf Anker und Decksbeschläge wirksam reduzieren.

Anforderung 1 und 2 haben wir im Abschnitt „Statisches Verhalten" studiert. Hier wollen wir uns auf Anforderung 3 konzentrieren.

Wie wir bereits festgestellt haben, können starre Verbindungen (zum Beispiel Metallstangen) die Anforderungen 1 und 2 nicht erfüllen; es kommen deshalb nur flexible Verbindungen in Betracht. Bei Verwendung von flexiblen Materialien (zum Beispiel Ketten oder Leinen aus synthetischen Fasern) geraten ankernde Wasserfahrzeuge unter dem wechselhaften Einfluss von Windböen in Bewegung. Diese so genannten Schwoibewegungen bewirken durch die aufgenommene kinetische Energie der bewegten Schiffsmasse hohe dynamische Zuglastspitzen auf dem Ankergeschirr, die sehr viel höher sein können als die statische Kraft des Winddruckes, der diese Bewegungen ursprünglich hervorgerufen hat. Je nach materieller Beschaffenheit der Ankerkette oder Leine variiert die Zugkraft als Funktion der Zeit. Vereinfachend wollen wir uns an dieser Stelle auf die Hin- und Herbewegungen des Schiffes in der Längsrichtung des Rumpfes beschränken.

2. Die „ideale Springleine"

Bevor wir verschiedene Arten von realem Tauwerk und ihre Eigenschaften untersuchen wollen, ist es interessant das theoretische Verhalten einer „idealen Springleine" zu untersuchen, mit der wir ein Boot zum Beispiel an einer Kaimauer befestigen wollen. Diese „ideale Spring" dehnt sich proportional zur Zugkraft „T". Wenn „L_0" die Länge bei einer Zugkraft T = 0 ist, und σ die Steifheit, dann variiert die Länge „L" linear mit der Zugkraft „T" nach der Gleichung:

$$L = L_0 + \frac{T}{\sigma}$$

Daraus folgt eine Verlängerung von:

$$\Delta L = \frac{T}{\sigma}$$

Krafteinwirkungen

Eine Springleine mit einer Steifheit von 1.000 daN/m dehnt sich zum Beispiel um einen Meter unter einer Zuglast von 1.000 daN. Jetzt wollen wir ein fünf Tonnen schweres Boot (die Masse beträgt M = 5.000 Kilogramm) mit dieser Spring an einer Kaimauer vertäuen. Wir starten in der statischen Gleichgewichtsposition: $L = L_0$, Zuglast T = 0 bei Flaute (F = 0).

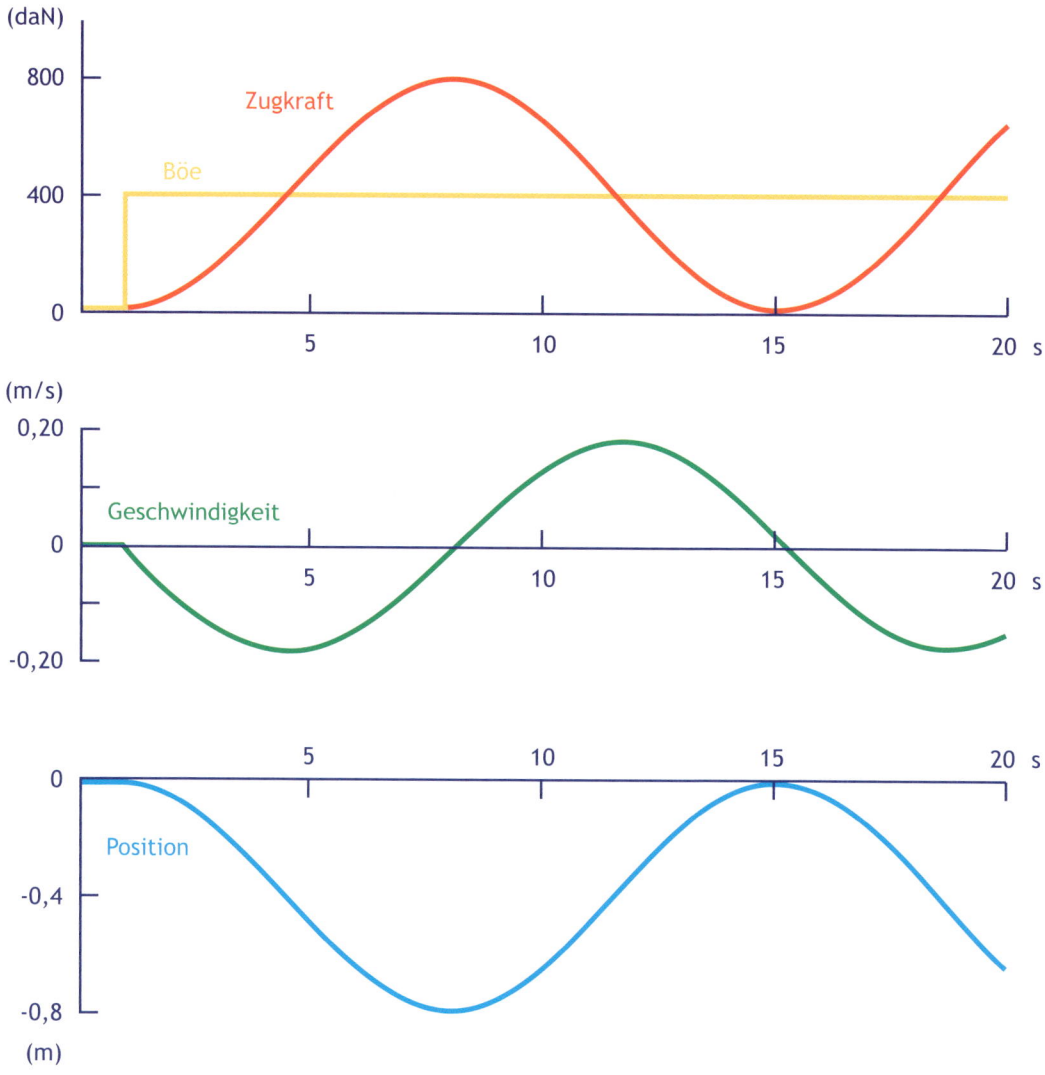

Bild 2.1.1 – Dynamisches Verhalten einer „idealen Springleine" (steil ansteigende Windböe)

2.1. Steil ansteigende Windböe

Was passiert, wenn plötzlich eine steil ansteigende Windböe, die durch den Winddruck hervorgerufene Kraft „F" auf F_g = 400 daN ansteigen lässt? γ zeigt die Schwankungen der Zugkraft auf der Springleine sowie die Geschwindigkeit und die Position des Schiffes relativ zur Startposition. Das Boot bewegt sich nach achtern und folgt dabei den Newtonschen Gesetzen der klassischen Mechanik mit einer Beschleunigung von

$$\gamma = \frac{(T - F)}{M}$$

Je stärker sich die Springleine dehnt, desto höher steigt die Zuglast „T" auf der Springleine an, bis der Betrag der, durch den Winddruck hervorgerufenen, Kraft „F_g" erreicht ist. In diesem Moment befindet sich das Boot in der statischen Gleichgewichtsposition der Kraft „F_g", und

$$\Delta L_g = \frac{F_g}{\sigma}$$

(0,4 Meter) hinter der Startposition. An diesem Punkt erreicht das Schiff während der Rückwärtsbewegung seine maximale Geschwindigkeit

$$V_{max} = \frac{F_g}{\sqrt{\sigma M}}$$

(0,18 m/s = 0,34 Knoten). Die Beschleunigungsphase endet hier und die Bremsphase beginnt, bis schließlich der Wendepunkt bei

$$\Delta L_{max} = 2\,\frac{F_g}{\sigma} = 2\,\Delta L_g$$

(0,8 m) mit einer Geschwindigkeit von 0 m/s und einer maximalen Zuglast auf der Springleine von

$$T_{max} = 2\,F_g$$

(800 daN) erreicht ist.

An dieser Stelle beginnt das Boot, vorwärts zu beschleunigen, überquert die Position des statischen Gleichgewichts und kommt an der Startposition wieder zum Stillstand. Der beschriebene Schwoivorgang wiederholt sich zyklisch, wobei sich die Parameter (Position, Geschwindigkeit, Beschleunigung und Zuglast) sinusförmig mit einer Periode von

$$2\pi\,\sqrt{\frac{M}{\sigma}}$$

Krafteinwirkungen

(14 s) verändern. Wenn man den Reibungsverlust im Wasser berücksichtigt, dann wird die oszillierende Bewegung gedämpft. Diese Dämpfung im Wasser ist aber sehr schwach ausgeprägt, weil die Geschwindigkeit sehr niedrig ist.

Eventuellen intuitiven Erwartungen zum Trotz hängt weder die maximale Zuglast „T_{max}" (doppelt so hoch wie die statische Winddruckkraft „F_g") noch die Entfernung des Wendepunktes von der Masse (Verdrängung) des Bootes ab. Schwere Schiffe sind hier also nicht benachteiligt.

Ein noch wichtigerer Punkt ist – obwohl dies aus den oben gezeigten Gleichungen nicht ersichtlich ist – die Tatsache, dass eine „ideale Springleine" besser als alle existenten elastischen Konstruktionen dynamische Spannungsspitzen begrenzen kann. In anderen Worten: Nichtlineare, elastische Leinen und Ketten in der Praxis werden immer Spannungsspitzen ausgesetzt, die einen ungefähr doppelt so hohen Betrag erreichen, wie die durch den Winddruck hervorgerufene Kraft „F_g". Mehr davon später.

Wenn die Winddruckkraft „F_0" beim Start nicht gleich null ist, dann ist das generelle Verhalten ähnlich; es reduziert sich lediglich die maximale Zuglast um „F_0" auf einen Wert von

$$T_{max} = 2\,F_g - F_0$$

Wenn zum Beispiel eine kontinuierliche Windlast von 100 daN auf ein Schiff wirkt, dann entstehen bei einer Windböe mit 400 daN statischer Winddruckkraft Zuglastspitzen auf der Ankertrosse von ungefähr 700 daN.

2.2. Rampenförmig ansteigende Windböe

In Wirklichkeit kann die Windgeschwindigkeit einer Böe nicht sprungartig von 0 auf den Maximalwert ansteigen und sie kann außerdem nicht unendlich lange auf dem hohen Niveau bleiben – sonst wäre es ja auch keine Windböe! Ein trapezförmiger Anstieg ist realistischer: Wir können die Anstiegszeit, die Zeitdauer der Böe und die Abklingzeit definiert festhalten. Da uns aber hauptsächlich die Zuglastspitzen interessieren, können wir vernachlässigen, was nach der Anstiegszeit passiert.

Auf Bild 2.1.2 steigt die Kraft durch eine Windböe von 0 auf 400 daN in fünf Sekunden an. In diesem Fall sind die Zuglastspitzen im Vergleich mit der sprungartig ansteigenden Windböe um 10 Prozent reduziert und die Masse (Verdrängung) des Schiffes gewinnt an Bedeutung: Die Zuglastspitzen sind höher bei schweren Booten, die Abweichungen schwanken jedoch nur in einem Bereich von 20 Prozent.

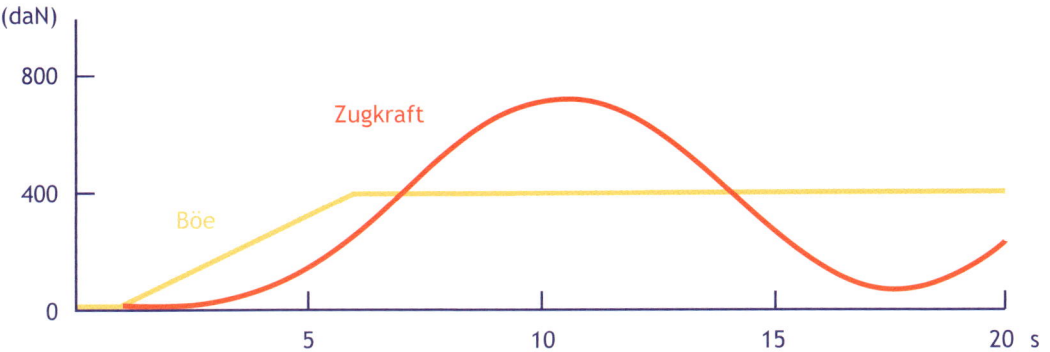

Bild 2.1.2 – Dynamisches Verhalten einer „idealen Springleine" (rampenförmig ansteigende Windböe)

3. 100 Prozent Ankerkette

Dasselbe fünf Tonnen schwere Boot ankert nun auf fünf Meter Wassertiefe plus Freibord mit einer 55 Meter langen und 8 Millimeter starken Ankerkette.

Nehmen wir einmal an, dass eine kontinuierliche Winddruckkraft von 100 daN auf das ankerndes Schiff einwirkt. Es werden Windböen mit doppelter Windgeschwindigkeit erwartet, die eine viermal so hohe Winddruckkraft bewirken. Vorsichtshalber wurden deshalb 55 Meter Kette gesteckt! Die kritische Zuglast, die die gesamte Kette vom Meeresboden anhebt, ist 393 daN (siehe Abschnitt „Statisches Verhalten"). Ein idealer Zugwinkel am Ankerschaft von fast 0 Grad kann also unter einer statischen Zuglast von 400 daN gerade noch gehalten werden. Die dynamische Realität ist völlig anders, wie wir in Bild 2.1.3. auf der nächsten Seite erkennen können:

Auf den ersten Blick fällt auf, dass sich die Parameter durch die starke nichtlineare Drift in Abhängigkeit von der Zuglast bei Ketten nicht mehr sinusförmig verändern. Außerdem sind die Zuglastspitzen aus dem gleichen Grund sehr viel höher als bei einer Verbindung mit linearer Charakteristik (einer „idealen Springleine"): In diesem Beispiel werden fast 1.600 daN erreicht; das heißt, die Zuglastspitzen sind fast viermal so hoch wie die ursprüngliche statische Winddruckkraft, die diese Lastspitzen verursacht hat. 1.600 daN ist übrigens auch die maximal zulässige Arbeitslast einer typischen 8-Millimeter-Ankerkette, bevor sie beginnt sich irreversibel zu verformen und nach der Dehnung nicht mehr auf ihre ursprüngliche Länge zurückschrumpfen kann.

Es ist außerdem möglich, dass der Anker unter dieser hohen Zuglast mit dem erhöhten Zugwinkel von vier Grad seinen Halt im Meeresboden verliert. Und das Stecken von mehr Kette hilft in diesem Fall nicht mehr viel! Fast 100 Meter wären nötig um den Ankerschaft flach auf dem Meeresboden zu halten, wobei trotzdem noch Zuglastspitzen von 1.100 daN erreicht werden können.

Krafteinwirkungen

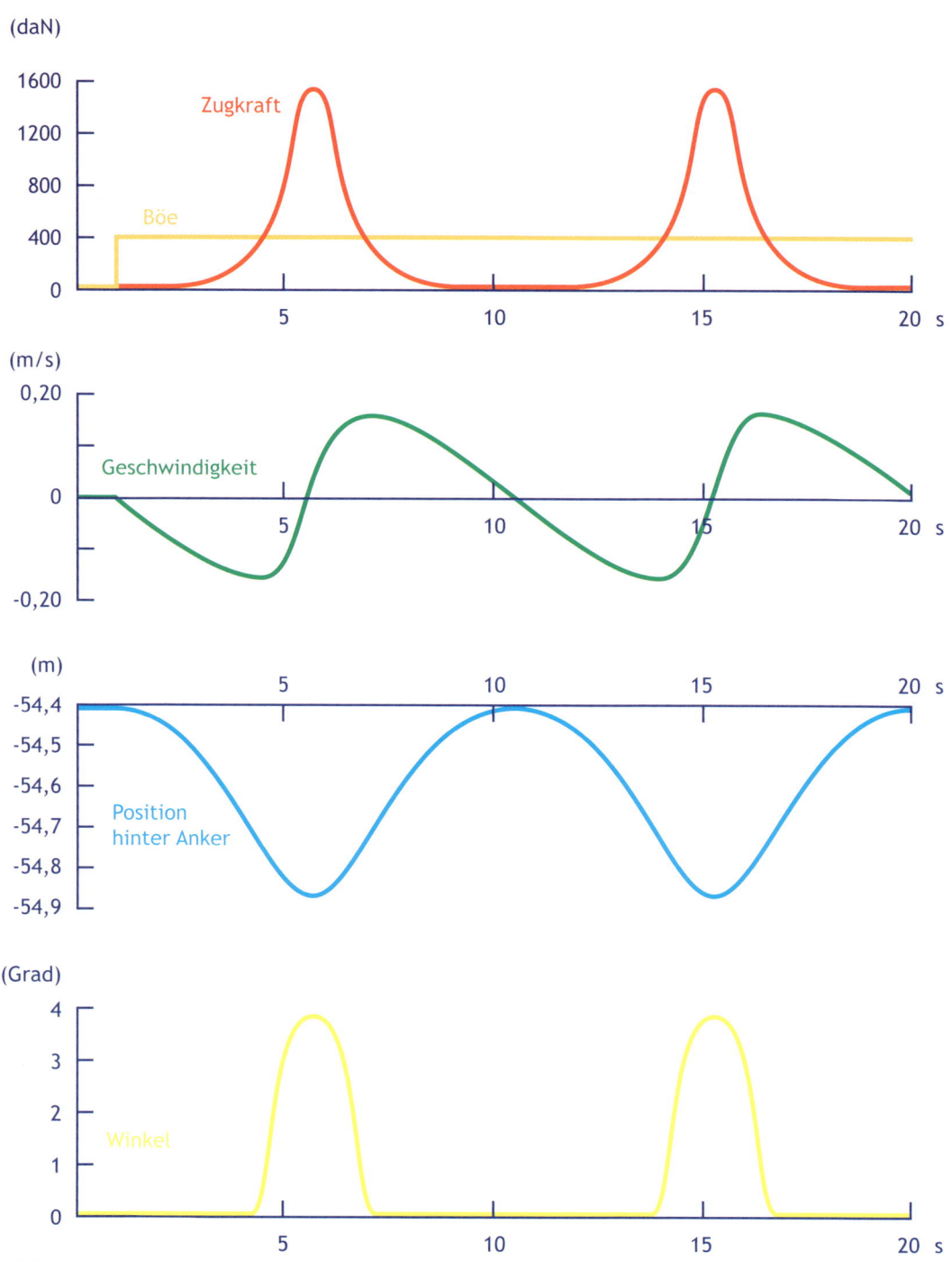

Bild 2.1.3 – 100 Prozent Kette (sprungartig ansteigende Windböe)

Wie auch bereits im Beispiel der „idealen Springleine" hat die Masse (Verdrängung) des Bootes keinen Einfluss auf das Ergebnis. Bei einer rampenförmig ansteigenden Windböe würden die Zuglastspitzen immer noch 1.350 daN erreichen, und der Zugwinkel würde sich ebenfalls nicht deutlich verkleinern. Ein Boot mit 10 Tonnen Verdrängung müsste zusätzlich mit 10 Prozent höheren Spannungsspitzen rechnen.

4. 100 Prozent Ankerleine aus Nylon

Jetzt wollen wir das genaue Gegenteil versuchen: Wir tauschen die Ankerkette gegen eine 18 Millimeter starke und 55 Meter lange Nylonleine aus. Das Resultat können wir in Bild 2.1.4 auf der nächsten Seite begutachten:

Wie man sieht, ähnelt das Verhalten stark einer „idealen Springleine" mit moderater Steifheit. Leider ergibt sich trotz des sehr hohen Tiefenverhältnisses von (11:1) ein Zugwinkel um 4.5 Grad, egal welche Zuglast auf den Anker einwirkt: Die Ankerleine bleibt fast immer straff gespannt. Auf gutem Ankergrund sollten Ankermodelle, die für diese Bedingungen konstruiert sind, trotzdem guten Halt finden.

5. Schwoidämpfer

Wenn sich ein elastisches (Nylon) oder ein quasielastisches Material (Kette, durch die Schwerkraft) „ausdehnt", dann speichert es Energie in potentieller Form. Wenn es wieder schrumpft, dann gibt es die gespeicherte Energie zurück an das schwingende System in kinetischer Form, aber in entgegengesetzter Richtung. Daher die sinusförmigen Schwoibewegungen. Um diesen Bewegungen entgegenzuwirken, ist es sinnvoll, einen Stoßdämpfer zu verwenden, der die mechanische Energie in eine andere Form umwandelt (zum Beispiel Wärme bei Kfz-Stoßdämpfern). Es wäre denkbar, Wasserfallschirme auszubringen oder Kettenstücke über den Meeresboden zu schleifen. Aufgrund der zu geringen relativen Geschwindigkeit zwischen Booten und ihrer Umgebung erscheint dies wenig praktikabel, denn effektive „Schwoidämpfer" würden sehr große Ausmaße annehmen. Aus diesem Grund scheinen Schwoibewegungen vor Anker in Längsrichtung des Rumpfes unvermeidbar zu sein.

6. Schlussfolgerungen

Fassen wir zusammen inwieweit Anforderungen 1, 2 und 3 erfüllt werden können (siehe Tabelle „Vergleich Kette - Nylonleine" auf der nächsten Seite):

Ein Ankergeschirr mit 100 Prozent Kette ist also gefährlich, weil es zu starken mechanischen Belastungen führt und negative Auswirkungen auf den Halt des Ankers im Meeresboden hat. Ein Ankergeschirr aus 100 Prozent Leine ist zwar sicher, aber man benötigt ein sehr hohes Tiefenverhältnis, also einen extrem großen Schwoiradius beim Ankern, um den Ankerschaft möglichst flach auf dem Meeresboden zu halten.

Krafteinwirkungen

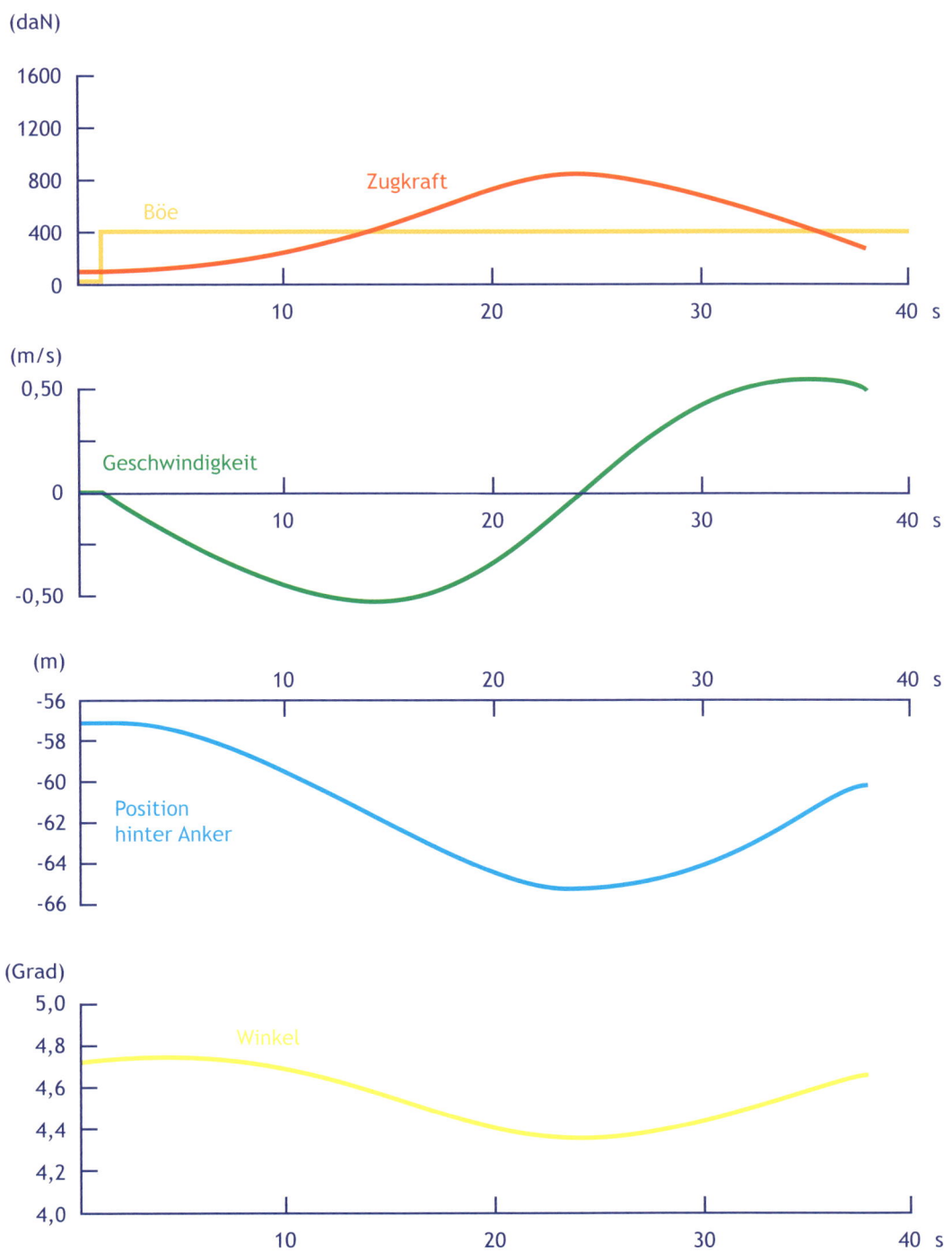

Bild 2.1.4 – 100 Prozent Ankerleine aus Nylon (sprungartig ansteigende Windböe)

Vergleich Kette -Nylonleine		
Anforderung	**100% Kette**	**100% Nylonleine**
Wirkt die Zuglast parallel zum Meeresboden am Ankerschaft?	Ja	Nein, nur mit sehr langer Ankerleine möglich
Leicht zu verstauen?	Ja, aber sehr schwer	Ja
Leicht auszubringen und einzuholen?	Ja (mit motorisierter Ankerwinde)	Ja
Reduziert Belastungen durch Zuglastspitzen?	Nein	Ja

Dynamisches Verhalten
Kombinationen aus Kette und Leine

1. Einleitung

Die Untersuchungsergebnisse des dynamischen Verhaltens von homogenen Ankerketten und Ankerleinen haben die Ergebnisse aus dem Studium des statischen Verhaltens bestätigt:

• Eine Ankerleine aus 100 Prozent Nylon kann den Zugwinkel am Ankerschaft nicht optimal verringern, da es ihr an Gewicht im unteren Abschnitt fehlt.

• Das Gewicht von 100 Prozent Ankerkette kann gefährliche Zuglastspitzen bei Windböen nicht verhindern, weil es der Kette an Elastizität fehlt und weil ihr Gewicht im oberen Teil nutzlos ist.

Deshalb wollen wir die Methoden, die wir im Abschnitt „Statisches Verhalten" bereits untersucht haben, noch einmal näher betrachten:

• Reitgewicht: Ein zusätzliches schweres Gewicht wird mit einer Rolle und einer Sorgeleine an der Ankerleine (oder Kette) herabgelassen.

• Kettenvorläufer: Eine Stück Kette, am unteren Ende mit dem Anker verbunden und am oberen Ende mit einer Nylonleine, die wiederum bis zum Bug des Schiffes reicht (Ankerleine mit Kettenvorläufer).

Aus praktischen Gesichtspunkten unterteilen wir die letztgenannte Methode noch einmal in zwei weitere Kategorien:

• Ein Kettenvorläufer mit konstanter Länge, die permanent mit einer langen Nylonleine verspleißt ist: Egal wie tief der Ankerplatz ist, es wird immer der gesamte Kettenvorläufer ausgebracht, und dann die notwendige Länge an Ankerleine.

• Eine lange Ankerkette, die je nach Wassertiefe plus Freibord wie gewohnt ausgebracht wird und dann mittels einer moderaten Länge Nylonleine an einem festen Punkt an Bord befestigt wird.

Krafteinwirkungen

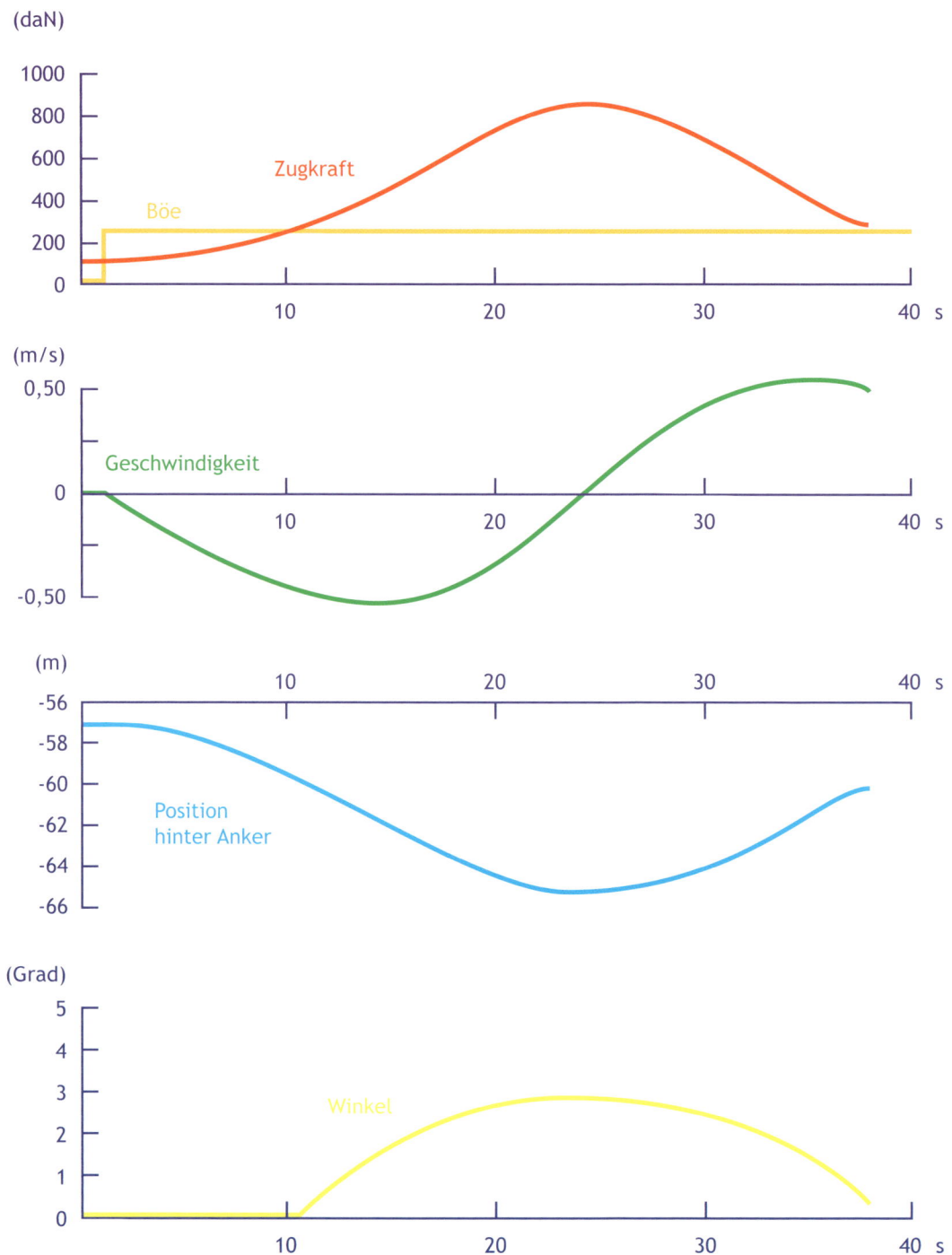

Bild 2.2.1 - Ankerleine plus Reitgewicht (sprungartig ansteigende Windböe)

52

Kann man auf einem Ankerplatz aus Rücksicht auf den Schwoikreis nicht die erforderliche Leinenlänge zur Wassertiefe stecken können, sollte man einen anderen aufsuchen

Anmerkung: In den folgenden Beispielen behalten wir die gleiche Wassertiefe (fünf Meter) und das gleiche Tiefenverhältnis (11:1) bei.

2. Länge Ankerleine plus Reitgewicht

Während der Untersuchungen des statischen Verhaltens haben wir herausgefunden, dass Reitgewichte in der Nähe des Ankers besonders effektiv platziert sind. Zuglast, Geschwindigkeit und die Position des Bootes verhalten sich aber so, als ob das Reitgewicht gar nicht vorhanden wäre. Lediglich der Zugwinkel der Ankerleine am Schaft des Ankers verringert sich: Mit einem 25 Kilogramm schweren Reitgewicht, 55 Meter vom Bug entfernt bei einer 18 Millimeter starken Ankerleine, beträgt der maximale Zugwinkel 3 Grad (siehe Bild 2.2.1). Um den Zugwinkel auf 0 Grad zu halten, wäre ein 73 Kilogramm schweres Reitgewicht nötig!

3. Kurzer Kettenvorläufer plus lange Ankerleine

Man kann diese Konfiguration als eine Variation von Ankerleine plus Reitgewicht ansehen, bei der das Reitgewicht durch einen kurzen Kettenvorläufer ausgetauscht wird. Bei gleichem Kettengewicht ist ein kurzer schwerer Kettenvorläufer besser

Krafteinwirkungen

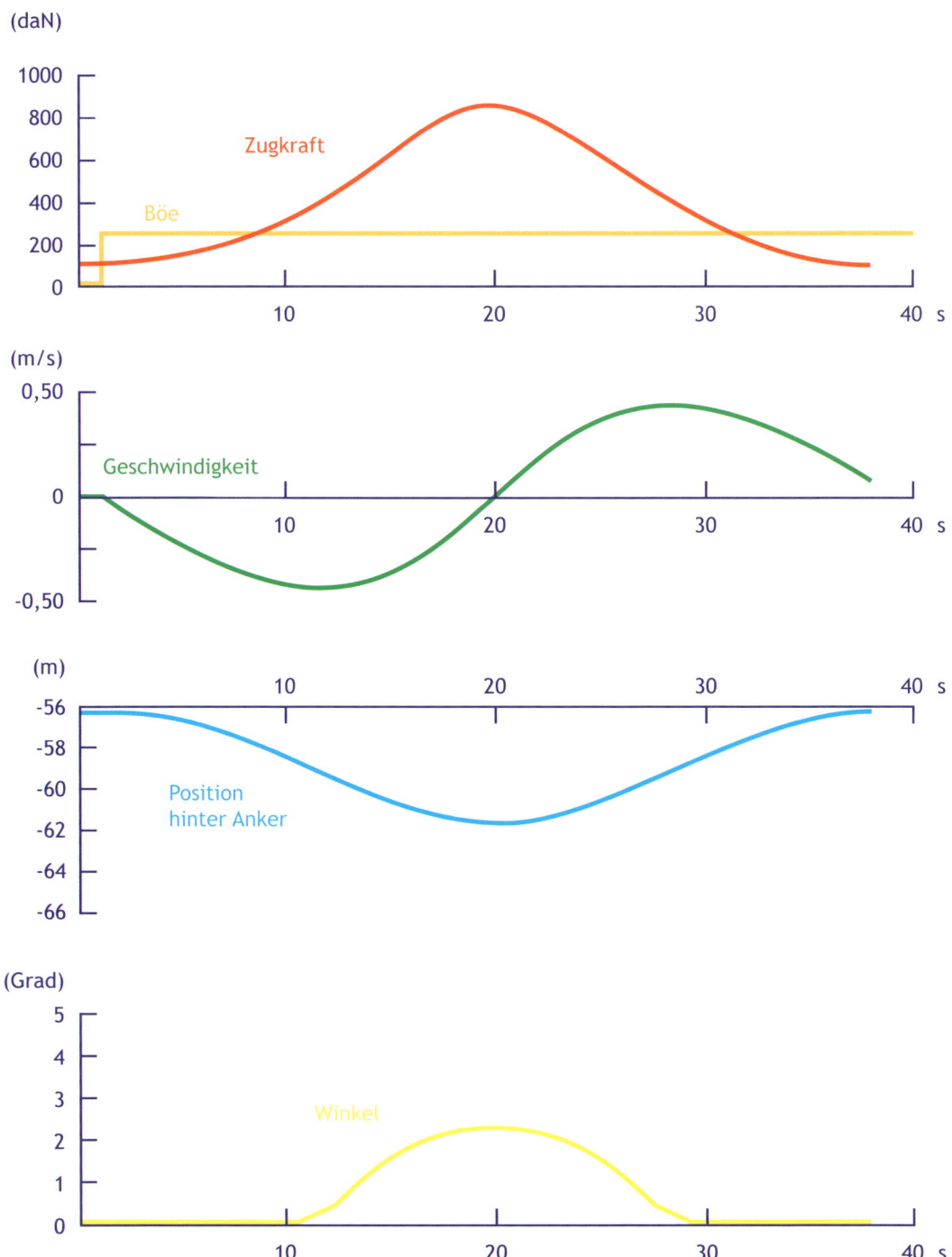

Bild 2.2.2 – Kurzer Kettenvorläufer plus lange Leine (sprunghaft ansteigende Windböe)

als ein längerer und leichterer, da das Gewicht näher am Anker platziert ist. In unserem Beispiel wollen wir es mit einem 20 Meter langen und 10 Millimeter starken Kettenvorläufer versuchen, der mit einer 35 Meter langen Nylonleine mit 18 Millimetern Durchmesser verspleißt wird (siehe nächste Seite Bild 2.2.2 – gleicher Maßstab wie Bild 2.1.6):

Von der etwas kürzeren Schwingperiode einmal abgesehen, verhalten sich die Zuglast und die Geschwindigkeit ähnlich wie bei der langen Leine mit Reitgewicht. Die Schwoidistanz des Bootes und der Zugwinkel sind jedoch deutlich geringer. Kurz gesagt: Bei einem geringen zusätzlichen Gewicht an Bord ist ein Kettenvorläufer effizienter als ein Reitgewicht und außerdem leichter zu handhaben. Ein Kettenvorläufer ist zusätzlich resistenter gegen mechanische Beschädigungen am Meeresboden unter aggressiven Umweltbedingungen in der Nähe des Ankers als eine Nylonleine (zum Beispiel Schrott, scharfe Wrackteile oder Steine).

4. Lange Ankerkette plus kurze Leine

Das Problem mit den eben untersuchten Kombinationen aus Kette und Leine ist ihr Einholen bei widrigen Wetterverhältnissen – obwohl einige Ankerwindenhersteller behaupten, dass ihre Modelle speziell konstruiert sind, um Ankerleinen mit Kettenvorläufern ohne Unterbrechung des Ankermanövers zu „schlucken". Andererseits wäre eine lange Ankerkette mit passender motorisierter Ankerwinde ideal. Wie wir aber bereits feststellen mussten, bieten lange Ankerketten keinen Schutz vor gefährlichen Zuglastspitzen durch ihre mangelhafte Elastizität.

Wir nehmen einmal an, dass alle Parameter der vorherigen Versuche gleich bleiben und stecken dann 45 Meter Ankerkette. An dieser Stelle haken wir einen ausreichend dimensionierten Kettenhaken in die Ankerkette ein, der mit einer 10 Meter langen Nylonleine verbunden ist. Das andere Ende der Nylonleine befestigen wir an einem kräftigen Poller auf dem Vorschiff, um die Zuglast von der Ankerwinde zu nehmen. Wir haben also immer noch 55 Meter „Kette" gesteckt, diesmal aber zusammen mit einem elastischen Stück Nylonleine (siehe nächste Seite Bild 2.2.3. – mit gleichem Maßstab wie bisher):

Die Schwoibewegungen sind doppelt so schnell, während die Lastspitzen und der Zugwinkel am Ankerschaft kaum zunehmen. Die Geschwindigkeit des Bootes und der Schwoiradius reduzieren sich deutlich. Der Preis für mehr Komfort und Sicherheit beim Ankermanöver: 16 Kilogramm höheres Gewicht im Vergleich mit dem kurzen Kettenvorläufer an einer langen Leine.

Zusätzlich ist dies eine gute Lösung für große Wassertiefen, wenn die verfügbare Länge an Ankerkette mit einer Verlängerung aus elastischem Nylontauwerk verspleißt wird.

Wenn Sie zum Beispiel 55 Meter Ankerkette gekauft haben, dann können Sie die

Krafteinwirkungen

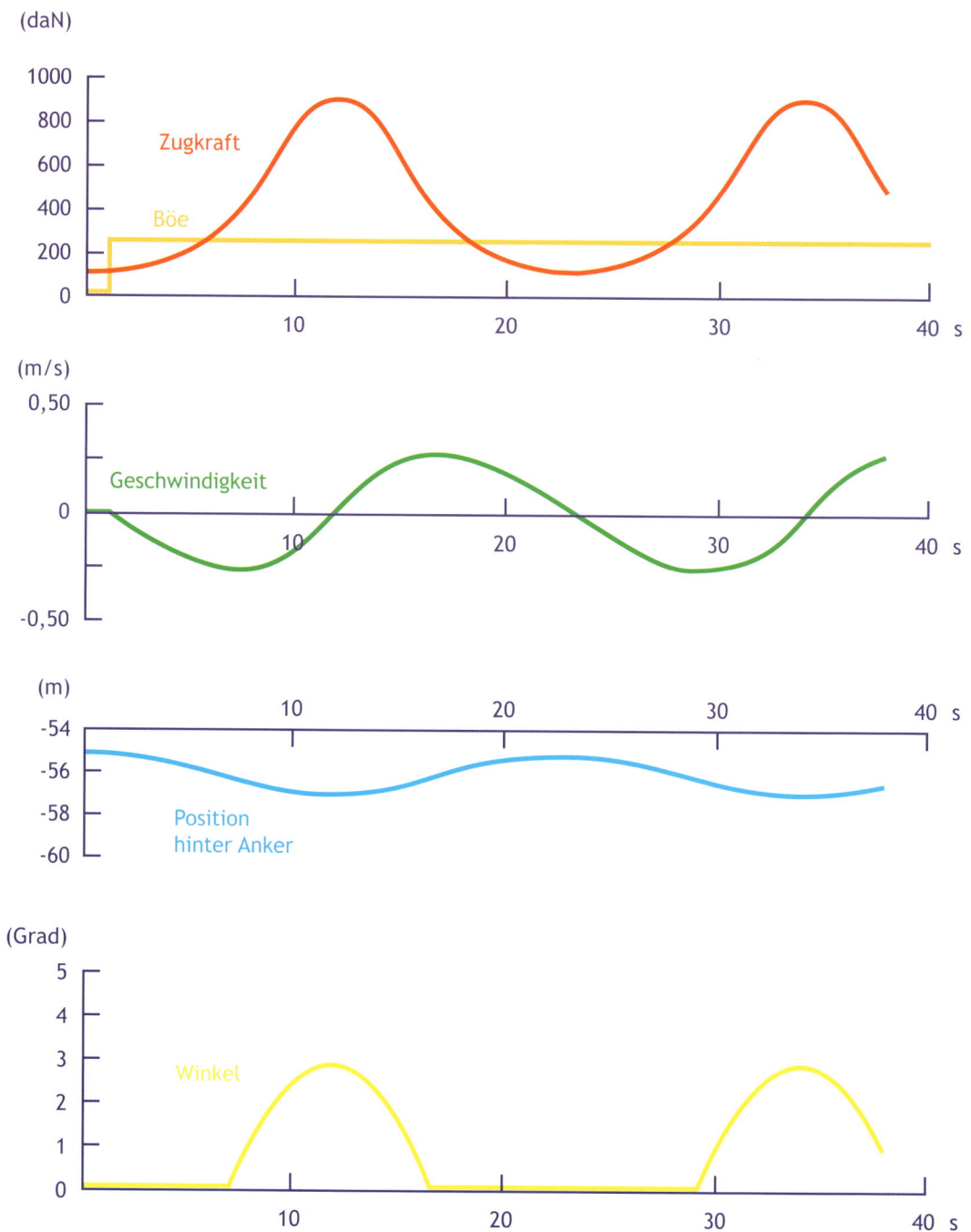

Bild 2.2.3 – Lange Kette plus kurze Leine (sprunghaft ansteigende Windböe)

gleiche Länge Nylontauwerk dranspleissen um ein sehr langes Ankergeschirr für besonders tiefe Ankerplätze zu erhalten. Bei geringer Wassertiefe verwenden Sie die Kette zusammen mit einem Kettenhaken und einer kurzen 10 Meter langen Nylonleine, während Sie auf den tieferen Ankerplätzen einfach so viel Kette/Leine des Ankergeschirrs ausbringen, wie Sie benötigen – bis zu 110 Meter.

5. Schlussfolgerung

Untersuchen wir, ob Anforderungen 1, 2 und 3 sowie einige weitere Kriterien erfüllt werden können:

Zusammenfassung der Anforderungen			
Anforderung	Lange Leine plus Reitgewicht	Kurze Kette plus lange Leine	Lange Kette plus kurze Leine
Wirkt die Zuglast parallel zum Meeresboden am Ankerschaft?	Ja, begrenzt durch das Gewicht des Reitgewichts	Ja	Ja
Leicht zu verstauen?	Nein (Reitgewicht)	Ja	Ja, aber sehr schwer
Leicht auszubringen und einzuholen?	Nein (Ausbringen und Einholen des Reitgewichts)	Moderat (Verbindung zwischen Kette und Ankerleine)	Ja (mit motorisierter Ankerwinde)
Reduziert Belastungen durch Zuglastspitzen?	Ja	Ja	Ja
Minimiert den Schwoiradius?	Nein	Moderat	Ja
Widerstandsfähig gegen Abnutzung?	Nein	Meistens	Immer

Offensichtlich ist die lange Kette mit der kurzen Nylonleine der Gewinner, ausgenommen bei kleinen Booten mit Gewichtsproblemen. Tatsächlich gibt es keine wirkliche Grenze zwischen den verschiedenen Kette/Leine-Kombinationen und man kann jede Kombination in einem weiten Bereich zwischen 40/60 und 80/20 wählen, ohne nennenswerte Performanceunterschiede beobachten zu können.

In der Praxis sollten mindestens zwei Ausrüstungselemente an Bord zur Verfügung stehen, bevor ein Ankerversuch unternommen wird:

• Eine Kombination aus einem langen Kettenvorläufer mit einer fest verspleißten Nylonleine; typisch in einem Verhältnis von 50/50. Die Nylonleine sollte mit den

Krafteinwirkungen

Bild 2.2.4 – Verbindung Kette – Nylonleine

letzten Kettengliedern, wie bereits im Kapitel „Ankerleine - Ankerkette" beschrieben, verspleißt sein, damit sie problemlos durch die Ankerwinde und den Decksdurchlass hindurchlaufen kann. (Bild 2.2.4).

• Eine zusätzliche 10 bis 15 Meter lange Nylonleine mit einem Kettenhaken (Bild 2.2.5). Dieses Teil der Ausrüstung wird ausschließlich benutzt, um die Ankerkette zu befestigen, wenn es aufgrund der Wassertiefe und der Wetterbedingungen nicht notwendig ist, die gesamte Kettenlänge zu stecken.

Auf jeden Fall sollten mindestens 10 Meter Nylonleine im aktiven Bereich des Ankergeschirrs zum Einsatz kommen – genauer gesagt zwischen dem Befestigungspoller auf dem Vordeck und dem Kettenvorläufer. Wenn Sie den Kettenhaken nicht unter der Wasseroberfläche einhaken möchten, dann können Sie auch einen elastischen „Snubber" aus Gummi in das Taustück einfügen, der auch bei Festmachern verwendet wird. Stellen Sie aber sicher, dass er für den zu erwartenden Zuglastbereich geeignet ist.

Bild 2.2.5 - Kettenhaken

Technik unter Deck
Das Standardwerk für Bootseigner

Das Fachbuch „Technik unter Deck" von Michael Herrmann ist einzigartig. Aus über 15 Jahren intensiver Palstek-
Leserberatung ist ein Werk entstanden, das jeder Bootseigner an Bord haben sollte. Hier findet er die ganze Welt
der Technik unter Deck.

Alles ist einfach und verständlich erklärt und mit über
1.200 farbigen 3-D-Zeichnungen anschaulich illustriert. Der
Bootseigner hat erstmals alle technischen Ausrüstungs-
gegenstände in einem Werk: vom kompletten Antriebs-
strang (Motor bis Propeller) über Ruder- und Elektroan-
lagen bis hin zu Heizungen, Lenzanlagen und Trinkwasser-
systemen.

**ISBN 3-931617-18-1, 288 Seiten DIN A4,
gebunden**
38 Euro + 2 Euro Porto

333 Skipper-Tipps
Das Buch für Skipper

Ein wahre Fundgrube für Segler. Die Tipps sind in 30
Rubriken eingeteilt und zusätzlich im Stichwortverzeichnis
aufgelistet, um ein schnelles Auffinden zu ermöglichen.
Das Buch ist reich bebildert und mit Hunderten von
Zeichnungen illustriert.

ISBN 3-931-1617-X, 240 Seiten, gebunden
24 Euro + 2 Euro Porto

**In Ihrer Buchhandlung
oder direkt unter dieser Adresse:**

Palstek Verlag GmbH
Eppendorfer Weg 57a
20259 Hamburg
Tel: 040 - 40 19 63 40
Fax: 040 - 40 19 63 41
E-Mail: birthe.feddersen@palstek.de
Internet: www.palstek.de

Ankertypen

Für Fahrtensegler ist das Liegen vor Anker die beste Möglichkeit den vollen Marinas zu entgehen und die Bordkasse zu schonen

Ankertypen

Geschichte

Die ersten Anker, die man in phönizischen, ägyptischen sowie in polynesischen Ausgrabungen gefunden hat, bestanden aus einem durchbohrten Stein. Durch das Loch konnte eine Ankerleine gezogen werden, die dann gleichfalls am Schiff befestigt wurde. Das Haltevermögen eines Ankers war proportional zu seinem Gewicht; je schwerer ein Anker war, desto besser hielt er auch. Es ist überraschend, dass sich diese Denkweise bis in heute gültige Klassifizierungsbestimmungen der Schifffahrt fortgepflanzt hat (siehe Richtlinien, Regeln und Gesetze). Überraschend deshalb, weil ein moderner Anker aus Aluminium mit einem Eigengewicht von nur sieben Kilogramm genauso viel Halt bietet – wenn er sich in einem guten Ankergrund vollständig eingegraben hat – wie ein Betonklotz mit einem Gewicht von zirka 1,5 Tonnen.

Die Phönizier waren große Seefahrer. Sie ergriffen nach unseren heutigen Erkenntnissen die ersten Versuche, das Haltevermögen ihrer Anker zu verbessern. Erfolgreich erwies sich spitze Holzstäbe durch zusätzliche Bohrungen in den Ankerstein zu stecken. Diese Anker konnten leichter sein, denn sie bezogen ihre Haltekraft nicht mehr ausschließlich aus ihrem Eigengewicht, sondern auch teilweise durch das Verhaken im Grund.

Die spitzen Holzstäbe waren sozusagen die Urväter der Flunken. Mit der Zunahme der Schiffsgröße mussten die Anker effizienter werden, wollte man nicht mit riesigen Steinen zur See fahren. Leichtere, handlichere und wirkungsvollere Anker waren gefragt. Später wurden die Holzstäbe durch eiserne Haken ersetzt.

Abbildung oben:
Polynesischer Anker

Abbildung rechts:
Phönizischer Anker

Seit diesen historischen Anfängen haben viele verschiedene Konstruktionen das Tageslicht erblickt. Alle mit dem Ziel, einen Anker mit maximalem Haltevermögen für alle Meeresböden zu finden: den perfekten Allzweckanker. Einige Kreationen erwiesen sich als nicht sehr wirkungsvoll, andere hingegen konnten gute Ergebnisse aufweisen. „Gebastelt" wurde aber immer nur in zwei Richtungen: Den klassischen Gewichtsanker mit besseren Flunken zu bestücken, um das Eingrabeverhalten zu erhöhen oder die Gruppe der Leichtgewichtsanker schneller zum Eingraben zu bewegen. Bevor wir zur Gruppe der modernen Anker kommen, möchte ich aber einige Klassiker vorstellen.

Stockanker

Er stammt aus den Zeiten der Griechen und Römer. Seine heutige Form erinnert noch stark an die mit Blei beschwerten Holzanker und an die Anker aus Eisen, die man in Schiffswracks aus diesen Epochen fand. Der Stock, der die Handhabung und das Stauen an Deck erschwerte, konnte bei einigen neueren Modellen bereits herausgenommen werden. Auch die Form der Flunken wurde ständig verbessert, die aus unserer Zeit sind fast immer schaufelförmig ausgebildet. Trotz aller Verbesserungen muss der Anker sehr schwer sein, um die Flunken zum Eingraben zu zwingen, was ihn immer unbeliebter werden lässt. Der Stockanker hat im Verhältnis zum Gewicht eine geringe Haltekraft, wenn man ihn mit modernen Ankern vergleicht.

**Abbildung links:
der Stockanker**

**Abbildung rechts:
Porter-Anker**

Ankertypen

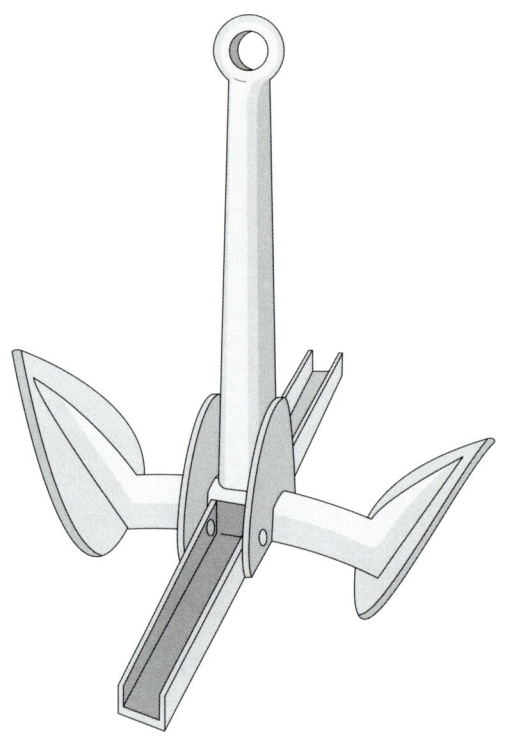

Mehrere Varianten wurden entwickelt, um sowohl das Eindring- und Haltevermögen zu verbessern wie auch den Stockanker besser an Bord verstauen zu können.

Einige Beispiele: Der **Porter-Anker** (oder **Trotman** (1846)) wurde konzipiert, um zu verhindern, dass sich eine senkrecht aufragende Ankerflunke bei ablaufendem Wasser durch den Rumpf eines darüber schwimmenden Schiffes bohrt. Der **Herreshoff-Anker** ist mit klappbaren Flunken ausgerüstet, während der **Luke-Anker** komplett demontierbar ist, um ihn leichter verstauen zu können. Der **Northill** (Danforth Utility) und später der **Pekny-Anker**, beide aus den USA, sind klapp- beziehungsweise demontierbare Weiterentwicklungen des Stockankers.

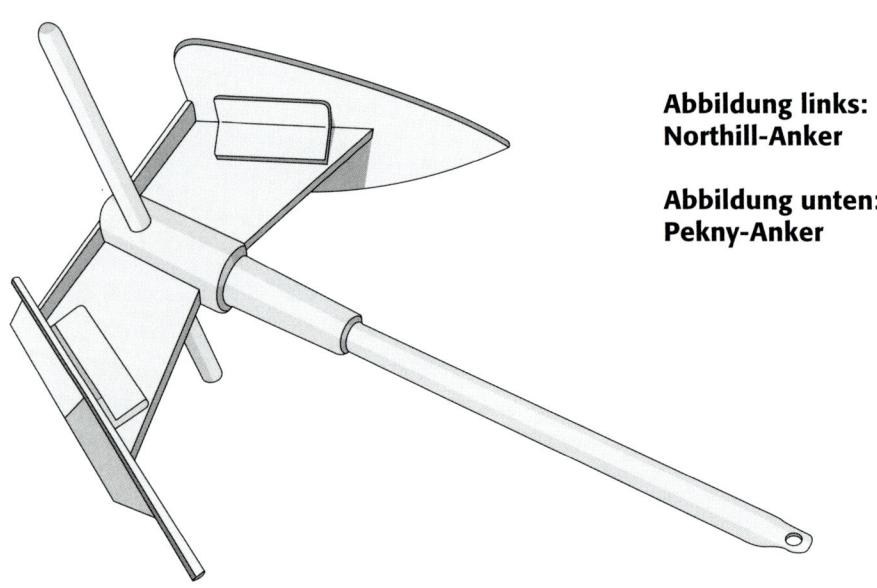

Abbildung links:
Northill-Anker

Abbildung unten:
Pekny-Anker

Klappanker:

Der erste Klappanker wurde in den Vereinigten Staaten im Jahre 1821 von Mister Hawkins erfunden und trägt den Namen „Navy-Stockless". Seitdem sind unzählbare Varianten dieses Ankers entstanden. Der Navy-Stockless ist heutzutage auf sehr großen Schiffen in Gebrauch, hauptsächlich als Variante **Hall-Anker** oder **Pool-Anker**.

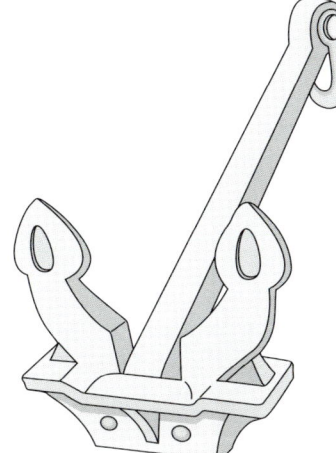
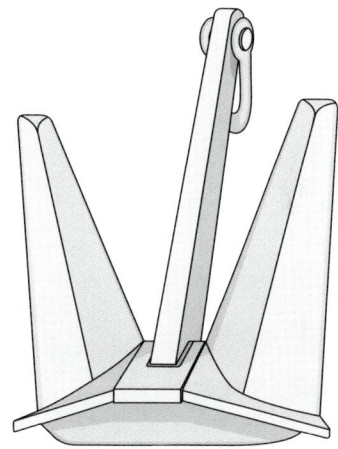

Hall-Anker **Pool-Anker**

Der hauptsächliche Vorteil dieses weit verbreiteten Ankertyps tritt beim Einholen des Ankers mittels hydraulischer oder elektrischer Ankerwinden und beim Verstauen am Steven des Schiffes hervor. Hall- und Pool-Anker wirken lediglich an der Oberfläche des Meeresbodens und bieten nur ein relativ schwach ausgeprägtes Haltevermögen, welches hauptsächlich auf dem Eigengewicht des Ankers beruht. Ihre Hauptrolle besteht darin, große Längen von Ankerketten an einem Ende zu fixieren.

Danforth-Anker:

Die bekannteste Weiterentwicklung des Navy-Stockless-Ankers wurde 1939 von Richard S. Danforth und Bob Ogg aus der Taufe gehoben, um während der D-Day-Invasion der Alliierten Truppen in der Normandie auf den Landefahrzeugen zum Einsatz zu kommen. Die leichteren Modelle konnten mit der Hand im „Omaha-Beach"-Sand ausgebracht werden.
Die beiden hauptsächlichen Verbesserungen bestehen aus den relativ dünnen, aber großflächigen Schaufeln aus Stahlblech und einem dahinter angeordneten Querstab

Ankertypen

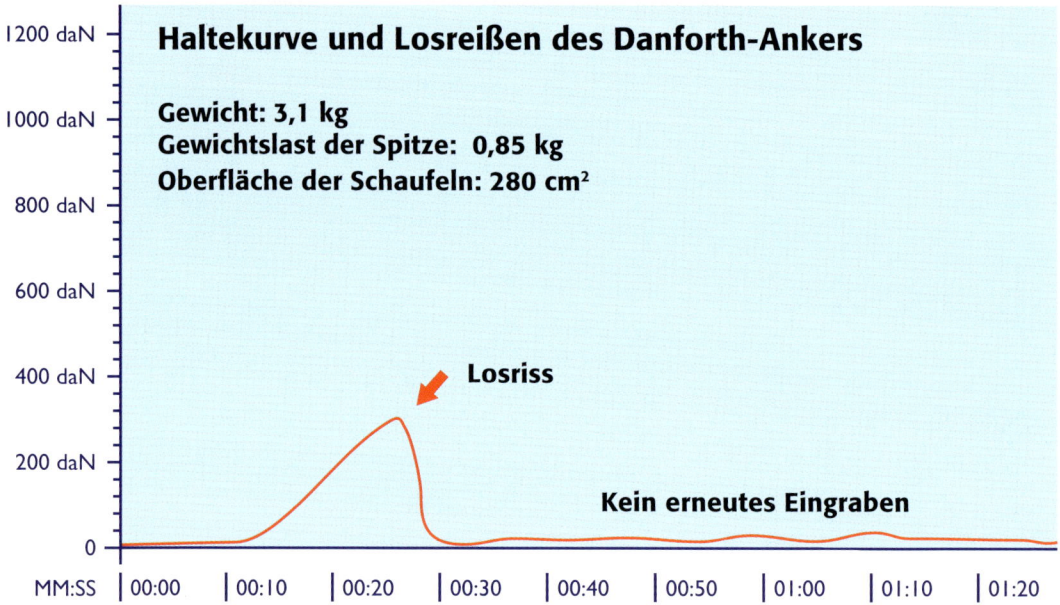

Haltekurve und Losreißen des Danforth-Ankers

Gewicht: 3,1 kg
Gewichtslast der Spitze: 0,85 kg
Oberfläche der Schaufeln: 280 cm²

Losriss

Kein erneutes Eingraben

1200 daN
1000 daN
800 daN
600 daN
400 daN
200 daN
0

MM:SS | 00:00 | 00:10 | 00:20 | 00:30 | 00:40 | 00:50 | 01:00 | 01:10 | 01:20

(der die Funktion des Stocks übernahm), der etwaige Rotationsbewegungen des Ankers beim Eingraben verhindern soll. Da die beiden Schaufelplatten des Ankers eine relativ zum Gesamtgewicht große Oberfläche aufweisen, sind Danforth-Anker besonders wirkungsvoll in Sandböden.

Leider machen sich aber folgende Nachteile bemerkbar:
- Im Falle einer Winddrehung oder Strömungsänderung ist es leicht möglich, dass sich der Danforth in der eigenen Ankerleine verheddert.
- Bereits ein kleiner Kieselstein, der sich zwischen den Flunken verklemmt, reicht aus, um den Anker in einer Position zu blockieren. Dadurch wird ein erneutes Eingraben des Danforth-Ankers zum Beispiel nach Änderung der Zugrichtung verhindert.
- Der größte Nachteil liegt jedoch in der Tatsache, dass der Querstab den Grenzbereich, bevor der Anker anfängt um seine eigene Achse zu rotieren, zwar nach hinten verschiebt, er sich dann aber trotz des Querstabes herumdreht. Dabei hat er die Tendenz, sich

Danforth-Anker

Ein Klappanker mit einem massiven Hinterteil

wie ein Dreibock aufzustellen: auf dem Ende des Schaftes, auf einem Ende des Stockes und auf der Spitze einer seiner Flunken. Der Danforth-Anker reißt sich abrupt los, ohne dass er eine Position findet, aus der er sich von allein wieder eingraben könnte.

Durch das Auslaufen des Danforth-Patentes hat eine Vielzahl von Abwandlungen dieser Konstruktion das Licht der Welt erblickt. Die erste französische Variante stammt aus dem Jahre 1956 von Armand Colin und der Firma Forges et Outillages (FOB) aus der Bretagne. Im Jahre 1963 verschwand der Stab. Das Nachfolgemodell ist bis zum heutigen Tage im Handel erhältlich.

Der einzige Vorteil liegt in seinem geringen Verkaufspreis. Ein massives Hinterteil verhindert, dass sich der Anker zu tief eingraben kann. Dadurch bietet der Anker nur schwachen Halt an der Oberfläche des Meeresbodens. Unter starker Zugkraft arbeitet er sich langsam nach oben, dreht seine Flunken senkrecht und kämmt dann wie eine Gartenharke durch den Ankergrund.

Ankertypen

Ein FOB älterer Bauart mit massivem Hinterteil

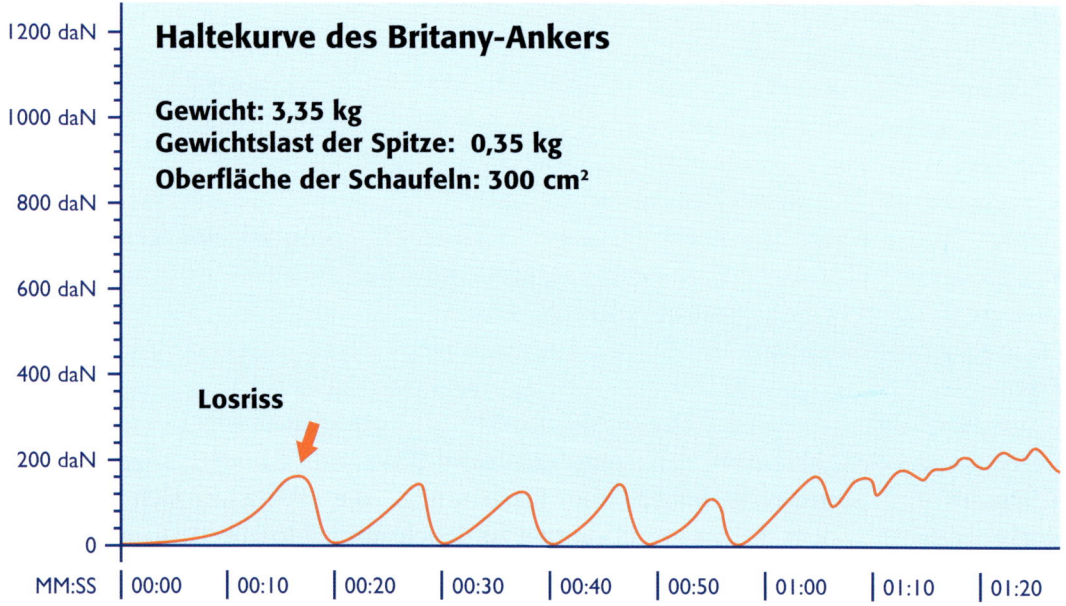

Haltekurve des Britany-Ankers

**Gewicht: 3,35 kg
Gewichtslast der Spitze: 0,35 kg
Oberfläche der Schaufeln: 300 cm²**

Die rote Linie zeigt den Wert der Haltekraft in daN auf dem Zeitstrahl. Der Anker greift, reißt sich los, greift, reißt sich los ... instabiles „Korkenzieherverhalten"

Die zweite Abwandlung stammt ebenfalls von Armand Colin. Auf den Trigrip-Anker (1961) folgte sehr schnell der Bigrip-Anker im Jahre 1962. Die Form der Flunken des Bigrip verhindert, dass ein einfacher Kieselstein den Anker blockieren kann. 1972 wandelt sich der Bigrip zum Britany-Anker, der heutzutage noch im Handel erhältlich ist. Der Unterschied zwischen Bigrip und Britany ist jedoch unwesentlich. Der FOB HP von Guy Royer zeichnet sich durch eine kleine Hacke aus und durch speziell geformte Flunken, die das Festsetzen von Kieselsteinen verhindern sollen. 1999 wurde der Anker zum FOB THP weiterentwickelt. Er erhielt eine ausgehöhlte Hacke und angeschliffene Flunken, um das Eindringen in den Meeresboden zu erleichtern.

Leichte Anker:

Die bekannteste Weiterentwicklung des Danforth-Ankers ist mit Sicherheit der Fortress-Anker aus einer Aluminium-Magnesium-Legierung mit einer Gewichtsersparnis von zirka 60 Prozent.

Das Konzept des Aluminium-Ankers wurde Ende der achtziger Jahre bei der Einführung des Viking-Ankers wieder aufgegriffen. In einer groß angelegten Marketingkampagne wurden Vergleichstests mit Stahlankern bei gleichem Gewicht veröffentlicht. Heute ist allgemein bekannt, dass das Gewicht eines Ankers nur einen minimalen Einfluss auf sein Haltevermögen hat.

Das Haltevermögen hängt eindeutig von der Größe der Oberfläche und der Geometrie eines Ankers ab. Bei gleichem Gewicht ist die Oberfläche eines Aluminium-Ankers etwa dreimal so groß wie die eines Ankers aus Stahl; es ist daher keineswegs Zauberei, wenn man ein sehr viel besseres Haltevermögen beobachten kann.

Der Guardian-Anker, der von demselben Hersteller stammt, ist eine vereinfachte Kosten sparende Variante des Fortress-Ankers. Der FOBlight aus Frankreich ist eine Weiterentwicklung des Fortress und des FOB HP.

Ob Stahl oder Aluminium, Platten- und Klappanker, sie haben allesamt die gleichen Probleme:
• Durch den kleinen Angriffswinkel der Platten gegenüber dem Ankergrund haben sie große Schwierigkeiten, in harte oder mit Algen bewachsene Böden einzudringen.
• Durch ihre Symmetrie haben alle Plattenanker die Tendenz, sich wie ein Korkenzieher aus dem Boden zu schrauben und sich abrupt loszureißen, ohne dass unter Einwirkung starker Zugkräfte eine reelle Chance auf ein erneutes Eingraben besteht. Dieser Ankertyp gibt ein falsches Gefühl der Sicherheit, da er bei angenehmen Wetterbedingungen und beim Setzen des Ankers mit rückwärts laufender Maschine ausreichendes Haltevermögen vortäuscht.

Ankertypen

• Bei schlechten Wetterbedingungen können diese Anker sich ohne vorherige Warnung losreißen, ohne sich eventuell wieder einzugraben. Man sollte Plattenanker lediglich bei schönem Wetter verwenden – und wenn man nicht gedenkt, sein Boot zu verlassen.

Leichte Anker müssen aber nicht unbedingt in eine besondere Form gebracht werden. Der Spade aus Aluminium gleicht dem Modell aus verzinktem Stahl. Viele Vergleichstests in den USA, Deutschland und Frankreich haben gezeigt, dass das Haltevermögen des Aluminium-Ankers dem eines gleich großen Modells aus Stahl entspricht.

Pflugschar-Anker

Der Legende nach wurde dieser Anker vom Schiffbauingenieur Sir Geoffrey Taylor im Jahre 1933 entwickelt, um Heißluftballons im Zweiten Weltkrieg auszurüsten. Den „Secure-Anchor" kürzte er einfach auf die ähnlich klingende Abkürzung „CQR" ein. Oder bedeutet CQR „Costal Quick Release" wie die Engländer sagen? Dieser Anker mit doppelter, symmetrischer Pflugschar stellte eine wichtige Verbesserung in seiner Epoche dar. Er gräbt sich besser in für Klappanker schwierige Böden ein, hat nicht deren zyklisches Verhalten, reißt sich nicht plötzlich los und driftet auf relativ geregelte Weise. Dieser Anker und seine zahlreichen Kopien (nicht immer genauso wirkungsvoll) zählen auch heute immer noch zur Ausrüstung vieler Yachten. Pflugschar-Anker weisen gutes Haltevermögen in Sand und Schlick auf, während sie Schwierigkeiten haben, in mit Algen bewachsenen Meeresboden einzudringen. Ihr hauptsächlicher Vorteil gegenüber den Plattenankern liegt darin, dass sie sich nicht abrupt losreißen, sondern sanft und gleichmäßig driften. Dies kann zu Problemen mit anderen Booten auf dem Ankerplatz führen oder gar mit eventuell auf der Leeseite befindlichen Felsklippen.

Diverse Anker:

Die Versuche, einen idealen Mehrzweckanker zu konstruieren, sind so zahlreich, dass es hier nicht möglich ist, alle Ankertypen zu erwähnen. Zwei weitere Modelle sind heutzutage ebenfalls noch gebräuchlich: Der **Bruce-Anker** ist seit Ablauf des Patentes zum „public domain"-Anker geworden, genauso wie seine zahlreichen Kopien. Er wurde aus einer Ankerkonstruktion entwickelt, die auf Bohrinseln

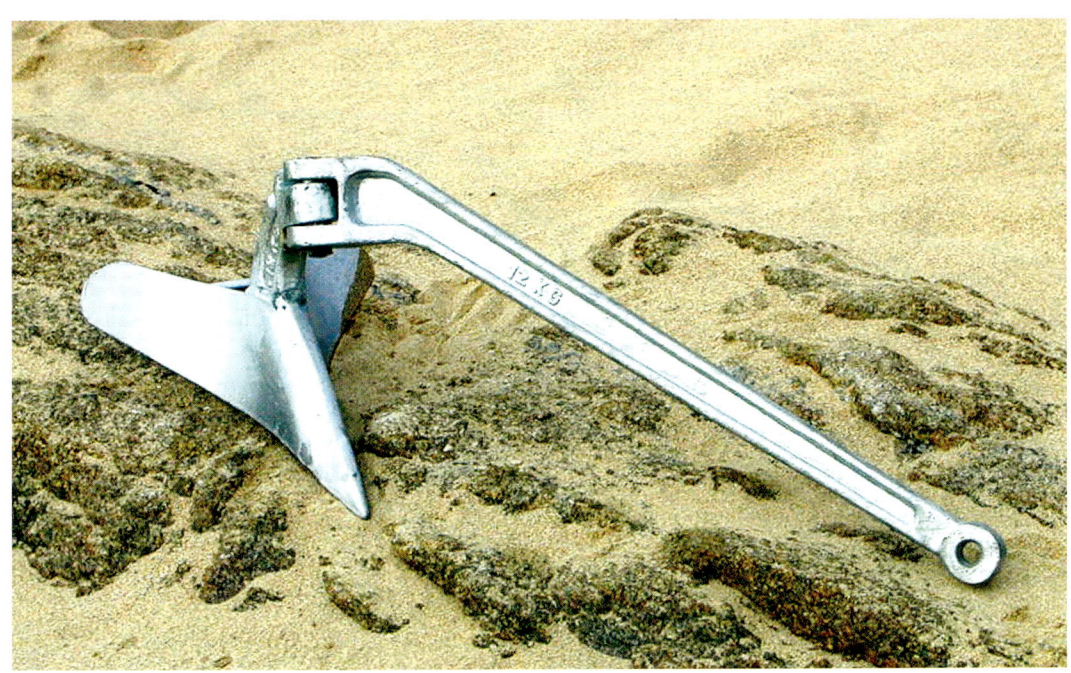

Pflugschar-Anker

CQR-Anker

Ankertypen

Modifizierter CQR-Anker

Tipp von Horst Wolf aus Palstek 1998:

Nach einer Atlantiküberquerung in beiden Richtungen leben wir nun auf unserem Schiff im Mittelmeer. Wir lieben es zu ankern. Es ist ruhiger und billiger. Fünf Ankertypen sind an Bord; bestückt mit 80 Metern Kette, zweimal 100 Metern Trosse und zweimal 20 Metern Trosse mit Kettenvorlauf. In einem Jahr ankerten wir auf mehr als 150 Plätzen mit unterschiedlichen Gründen. Der Hauptanker ist ein 25-Kilogramm-Original-CQR-Anker. In der Vergangenheit setzten wir teilweise drei Anker und mussten Ankermanöver mehrmals fahren, bis der Haken endlich griff.

Vor zwei Jahren verloren wir fast unser Schiff. Nach über 24 Stunden starken bis stürmischen Winden fing der Anker an zu slippen. An der Ankertechnik konnte es nicht liegen. Genügend Kette war ausgerauscht, und die Anker wurden zusätzlich unter Motor eingegraben.

Dieses einschneidende Erlebnis machte uns klar: Eines der wichtigsten Ausrüstungsteile ist ein sicheres Ankergeschirr. Leicht im Handling, schwer genug, um in Kraut und Gras auf den Grund zu kommen und spitz, um Grasfelder zu durchdringen und um irgendwo zwischen Steinplatten und Felsen ein Loch zu finden. Da auf dem Markt kein entsprechendes Eisen zu finden war, baute ich meinen CQR entsprechend um. Zwei Drittel der Flunke, von der Spitze gerechnet, wurden auf der Unterseite zugeschweißt und durch ein Loch mit Blei gefüllt. Darunter ist ein 22-Zentimeter-Kreuzmeißel angeschweißt, dessen Spitze zirka zehn Zentimeter herausschaut.

Fazit: Mit diesem Anker haben wir mehr als 180 Mal im östlichen Mittelmeer geankert. Kein einziges Mal musste das Manöver wiederholt werden. Der Haken fasste auf Anhieb, selbst im dicksten Seegras und ließ sich jedes Mal ohne Komplikationen ausbrechen. Wir sind überzeugt, nun den idealen Anker zu haben.

verwendet wird und besteht aus einem festen Schaft und einer Schaufel mit drei „Fingern". Seine Form verleiht ihm zwei Vorteile:

• Er gräbt sich sehr schnell in die meisten Meeresböden ein.

• Er lässt sich perfekt am Bugbeschlag verstauen. Leider ist sein Haltevermögen in vielen Bodenarten relativ schwach ausgeprägt.

Der **Barnacle-Anker** stammt vom Wishbone-Anker ab, bei dem eine Hälfte des doppelten Schaftes einfach weggelassen wurde. Er wird auch heute noch in den Korallenriffen der US Virgin Islands verwendet.

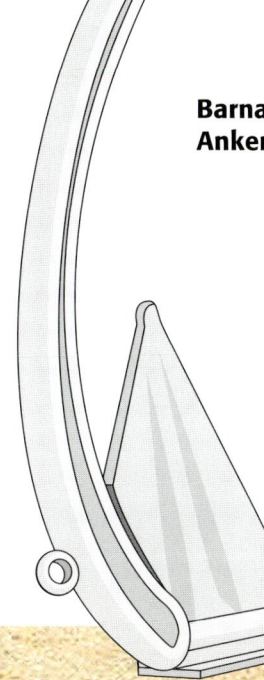

Barnacle-Anker

Bruce-Anker

Ankertypen

Ankerstudien und Eigenschaften

Ein guter Anker sollte im Prinzip halten. Wenn die Zugkraft das Haltevermögen des Meeresbodens übersteigt, in dem er sich eingegraben hat, sollte er langsam, aber kontrolliert driften und dabei einen maximalen Widerstand bieten, ohne dass er sich aus dem Grund herausreißt. Bevor ein Anker aber halten kann, muss er sich zuerst möglichst tief in den Meeresboden eingraben, auf den er gefallen ist.

Das Eingraben des Ankers

Man unterscheidet zwischen statischem und dynamischem Eingraben.

Statisches Eingraben

Auf statisches Eingraben setzt man bei den Klappankern der Großschifffahrt, wo bisher keinerlei nennenswerte Untersuchungen im Hinblick auf effizientes Eingraben unternommen wurden. Man vertraut dort auf das Eigengewicht (von vielen Kilogramm bis zu mehreren Tonnen) das den Anker in den Meeresboden treibt. Meistens folgt auf ein statisches auch ein dynamisches Eingraben des Ankers. Bei der Sportschifffahrt verfährt man oft auf ähnliche Weise. Zum Beispiel werden Pflugschar-Anker nicht unter einem Gewicht von sieben Kilogramm verkauft, da sie unterhalb dieser Gewichtsgrenze gar nicht funktionieren. Anker, die nicht schwer genug sind, greifen oftmals nur oberflächlich auf schwierigem Ankergrund wie in festem Sand, Korallen oder Algen. In weichem Schlick können sie aber trotzdem volle Wirkung entfalten.

Dynamisches Eingraben

Die Zugkraft der Ankerleine hilft dem Anker, sich einzugraben. Das Eingraben ist umso einfacher, wenn sich der Anker bereits durch sein Eigengewicht statisch eingegraben hat. Aber auch leichte Anker schaffen es, sich einzugraben. Es genügt, wenn die Spitze des Ankers in einer Bodenwelle, hinter einem Stein oder in einer weicheren Stelle hängen bleibt, damit er sich danach mithilfe der Zugkraft der Ankerleine tiefer in den Meeresboden eingraben kann. In diesem Fall und auch

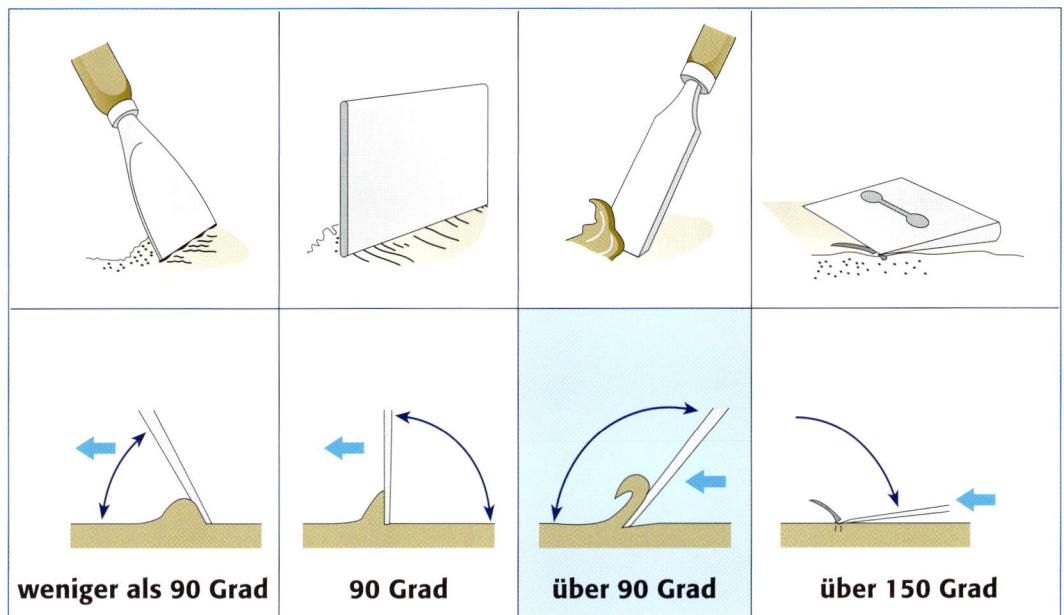

| weniger als 90 Grad | 90 Grad | über 90 Grad | über 150 Grad |

Verhältnis zwischen Angriffswinkel und Eindringvermögen

auf festen oder bewachsenen Böden neigen leichte Anker dazu, relativ lange über die Oberfläche des Meeresbodens zu schleifen, bevor es ihnen gelingt, sich erfolgreich einzugraben.

Um ein schnelles Eingraben sicherstellen zu können, ist es wichtig, einige physikalische Gegebenheiten zu respektieren. Egal mit welchem Werkzeug und mit welchem Material man es zu tun hat. Ein erfolgreiches Eindringen hängt von zwei Parametern ab:

• dem richtigen Eindringwinkel,
• einer möglichst großen Eindring- oder Andruckkraft.

Den besten Winkel zum Eindringen eines Ankers bezeichnet man als „Stemmeisen-Winkel".

Spachtelprofil

Auf festem Meeresboden liegen Pflugschar-Anker mit einem Spachtelwinkel an. Auf weicherem Ankergrund schafft es die Spitze, sich durch ihr Gewicht in den Boden hineinzugraben, bis der obere Teil des Pflugschars mit seinem Stemmeisenwinkel dem Anker beim Eingraben hilft. Aufgrund des ungünstigen Spachtelwinkels gelingt es Pflugschar-Ankern auf hartem Sand oder auf bewachsenen Böden oftmals nicht, sich ausreichend tief einzugraben.

Ankertypen

Schaberprofil

FOB-Anker älterer Bauart mit massivem Hinterteil neigen dazu, sich auf ihrer Schaufel aufzustellen. Dabei beträgt der Angriffswinkel fast 90 Grad (Schaber). Dieser Ankertyp schabt dann über den Meeresgrund, ohne jemals zu greifen.

Stemmeisenprofil

Drei prinzipielle Beispiele sind der Bruce-, Spade- und Bügelanker, die alle am Meeresboden mit einem Angriffswinkel von über 90 Grad (ungefähr 120 Grad) anliegen. Diese Anker haben alle drei den guten Ruf, sich sehr schnell in die meisten Meeresböden einzugraben. Ein Beispiel: Nebenstehendes Diagramm der Haltekraft als Funktion der Zeit lässt einen steilen Anstieg der Haltekurve beobachten, was auf ein wirkungsvolles Eindringen in den Boden schließen lässt. Das „Driften" erfolgt ohne abruptes Losreißen, was einen Gewinn an Sicherheit bringt.

Rasierklingenprofil

Dies ist das Profil der Platten- und der Klappanker. Der Angriffswinkel am Meeresboden ist größer als 150 Grad, womit diese Anker sich nicht eingraben können. Um in den Boden einzudringen, müssen sie auf eine Unebenheit treffen, damit sich der Anker auf seinen Schaufeln aufstellen kann. Nachdem die Schaufeln nun in den richtigen Stemmeisenwinkel geklappt sind, kann sich der Anker endlich eingraben. Auf harten oder bewachsenen Böden können Anker dieser Bauart nicht greifen.

Druck zum Eindringen

Druck definiert man in N/mm². Man steht hier also vor zwei verschiedenen Größen: Der Gewichtskraft (daN) und der Oberfläche in Quadratmillimetern. Die Gewichtskraft sollte so groß wie möglich, und die Oberfläche sollte so klein wie möglich gehalten werden. Viele Ankertypen haben angeschliffene Kanten, um das Eindringen im Grund zu erleichtern. Zum Beispiel: Fortress, FOB THP, Bügel, Spade und auch Océane.

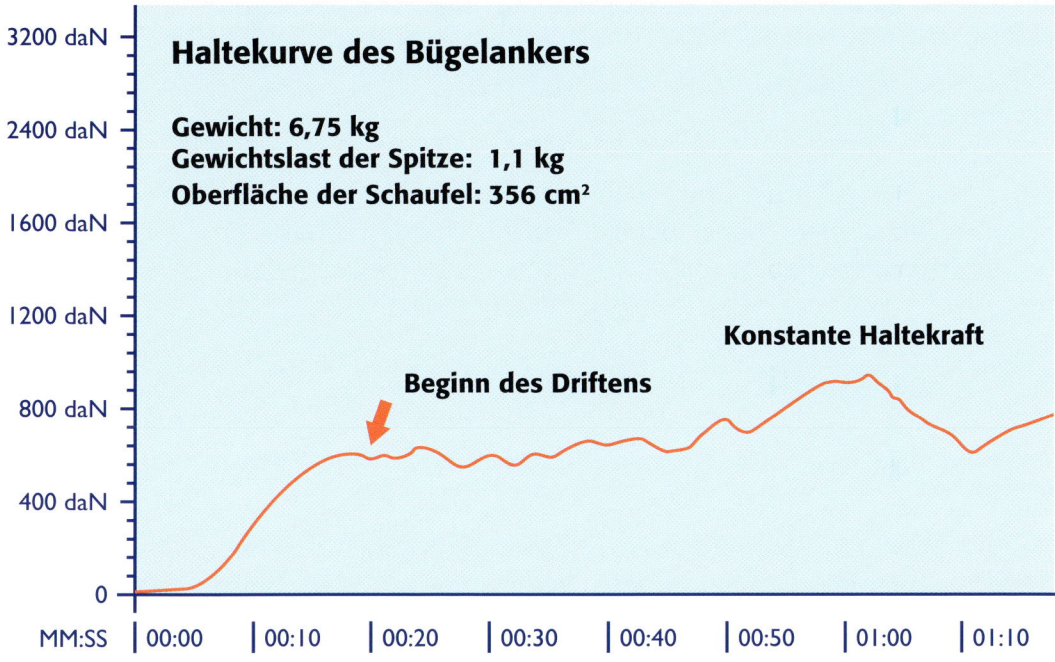

Haltekurve des Bügelankers

Gewicht: 6,75 kg
Gewichtslast der Spitze: 1,1 kg
Oberfläche der Schaufel: 356 cm²

Konstante Haltekraft

Beginn des Driftens

Die Gewichtsverteilung zwischen Spitze und Schaufeln eines Ankers hängt von seiner Konzeption und Anordnung eines eventuell vorhandenen Ballastanteils ab. Vor allem sind ein guter Angriffswinkel und ein möglichst hoher Druck auf der Ankerspitze wichtig, damit sich ein Anker leicht in möglichst vielen Böden eingraben kann. Hier lassen sich sehr große Unterschiede zwischen den verschiedenen Typen feststellen. Bei Klappankern und beim CQR lasten etwa zwölf Prozent des Gesamtgewichtes auf der Spitze, während es beim Delta mit seiner Bleispitze 28 Prozent sind. Die beste Gewichtsverteilung hat der Spade-Anker mit 47 Prozent des Gesamtgewichtes in und an der Spitze.

Das Haltevermögen des Ankers

Das Haltevermögen eines Ankers hängt von drei Parametern ab: der Stabilität des Ankers, das heißt seiner Fähigkeit fest im Meeresboden eingegraben zu bleiben, der Größe seiner Oberfläche und der Form dieser Oberfläche. Plattenanker ohne stabilisierenden Querstab (Britany, FOB) bieten generell nur schwachen Halt. Sobald die Zugkraft auf den Anker größer wird, schneiden sie sich mit senkrecht gerichteten Schaufeln in den Boden und können sich abrupt losreißen.
Plattenanker mit stabilisierendem Querstab (Danforth, Fortress) bleiben länger stabil, denn der Querstab verschiebt den Grenzbereich nach hinten. Unter starker Zugkraft

Ankertypen

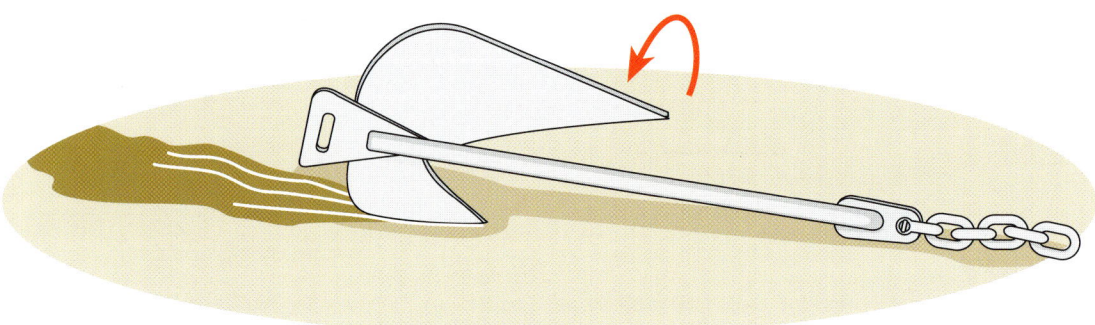

Plattenanker ohne stabilisierenden Querstab durchziehen den Boden mit senkrecht gerichteten Schaufeln und können sich abrupt losreißen

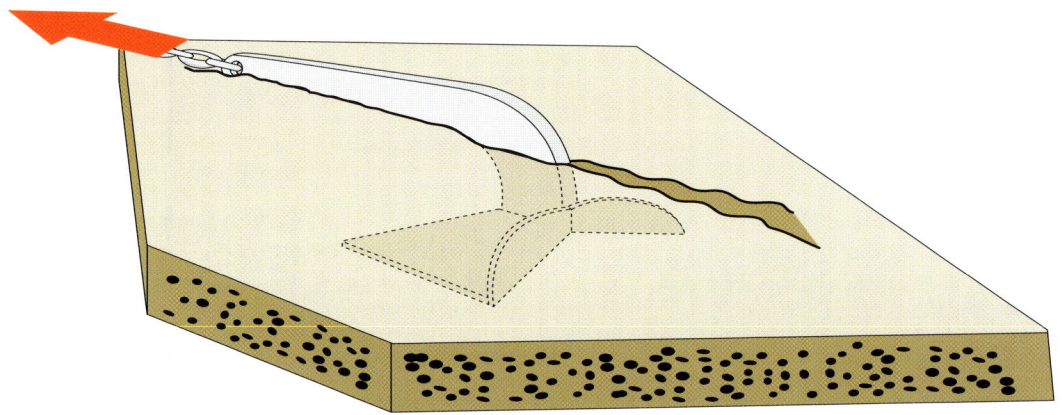

Selbststabilisierende Anker bleiben eingegraben, auch wenn sie den Grenzbereich ihres Haltevermögens überschreiten

stellen auch diese Anker ihre Schaufeln senkrecht, bevor sie abrupt ausbrechen. Selbststabilisierende Anker (Bügel, Delta, Kobra, Océane und Spade) verbleiben eingegraben in aufrechter Position – auch wenn sie den Grenzbereich ihres Haltevermögens überschreiten. Unter sehr starker Zugkraft beginnen sie langsam zu wandern, ohne sich jemals aus dem Meeresboden herauszureißen (siehe Haltekurve Bügelanker Seite 42). Mit Vergrößerung der eingegrabenen Oberfläche nimmt auch sein Haltevermögen zu. Bei gleichem Gewicht hat ein Fortress-Anker aus Aluminium eine dreimal größere Oberfläche und damit ein besseres Haltevermögen als ein Danforth-Anker aus Stahl. Der letzte Parameter ist genauso wichtig bei der Bestimmung des Haltevermögens eines Ankers: die Form der eingegrabenen Oberfläche.

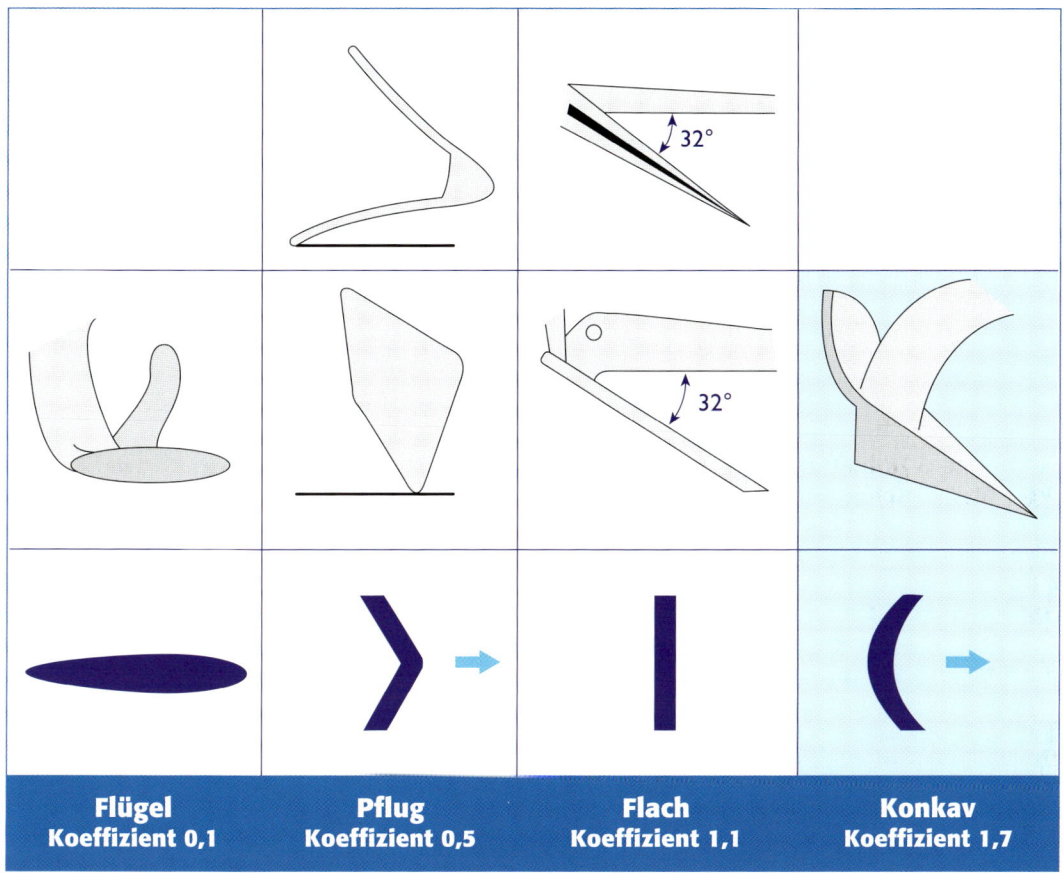

Verschiedene Formen und ihr Haltekoeffizient. Je höher der Haltekoeffizient, desto besser ist das Haltevermögen einer Oberflächenform. Konkave Oberflächen sind demnach am wirkungsvollsten

Haltevermögen bei Richtungsänderungen von Wind oder Strom

Bei einigen Ankern (Danforth, Fortress) besteht die Gefahr, dass sich die Ankerleine bei Änderung der Zugrichtung im Querstab verfangen kann. Einige Anker reißen sich dabei los, ohne sich wieder erneut einzugraben. Die meisten Anker graben sich jedoch nach dem Losreißen in der neuen Zugrichtung von allein wieder ein. Das amerikanische Segelmagazin PRACTICAL SAILOR hat 18 verschiedene Ankermodelle getestet. Lediglich zwei verblieben nach Änderung der Zugrichtung auf der Stelle, ohne sich loszureißen oder den Halt zu verlieren: der Supermax und der Spade.

Ankertypen

Von links nach rechts: Fortress, Guardian, FOB HP, FOB THP und Britany

Moderne Anker

In Anbetracht der zahlreichen Ankermodelle und ihrer Varianten, die heutzutage auf dem Markt sind, habe ich mich entschieden, diese in zwei Kategorien zu unterteilen: in instabile und selbststabilisierende Anker. Kandidaten der Gruppe „Instabile Anker" können sich plötzlich und unkontrolliert aus dem Meeresboden herausreißen, während die Anker der Gruppe „Selbststabilisierende Anker" unter starker Zuglast lediglich langsam abdriften – ohne sich loszureißen (vergleiche dazu auch die beiden Diagramme Britany-Anker Seite 34 und Bügelanker Seite 42). Einige instabile Anker wie zum Beispiel der leichte Fortress-Anker aus einer Aluminium-Magnesium-Legierung finden ihre Anwendung als Schönwetteranker, wenn man nicht gedenkt sein Schiff zu verlassen. Oder als Lateralanker, der mit dem Beiboot per Hand ausgebracht werden kann um seitlich einen zusätzlichen Anker zu setzen. Die Wahl eines Plattenankers kann ebenfalls von ökonomischen Erwägungen geprägt sein, wenn man bewusst in Kauf nimmt, nur in Ausnahme-fällen von der Möglichkeit des Ankerns Gebrauch zu machen. Man muss sich allerdings des hohen Risikos bewusst sein, einen unzureichenden Anker an Bord zu haben! Wenn man bei unvorhergesehenen Ereignissen (Motorpanne in starkem Strom) oder plötzlicher Wetterverschlechterung genötigt sein sollte, seinen „Haken zu werfen", kann es böse Folgen haben.

Die selbststabilisierenden Anker der neuen Generation haben ein konstantes Haltevermögen ohne plötzliches Losreißen bewiesen und somit ihre haushohe Überlegenheit gegenüber den instabilen Ankern – unabhängig von der Beschaffenheit des Ankergrundes – unter Beweis gestellt. Sie sollten die erste Wahl für jeden Skipper sein, der Wert auf Sicherheit legt oder die Absicht hat, öfter zu ankern, selbst wenn die Wetterbedingungen nicht immer optimal sind.

Es bleibt festzustellen, dass beim Neukauf eines Bootes in den meisten Fällen die Auswahl der Ausrüstung, und somit auch die Auswahl des Ankergeschirrs, von ökonomischen Erwägungen dominiert wird. Beim Kauf eines gebrauchten Bootes sollte man bedenken, dass der Voreigner möglicherweise nicht den Anker, in den er das größte Vertrauen gewonnen hat, zusammen mit seinem alten Schiff verkauft.

Instabile Anker

Britany, CQR, Danforth, FOB HP, FOB THP, FOBlight, Fortress, Guardian etc.

Die hier genannten Anker sind zwar heutzutage noch weitläufig in Gebrauch, basieren aber auf Konzepten der Vergangenheit. Zur Erinnerung: Der CQR wurde 1933 und der Danforth 1939 entwickelt. Die neuesten Modelle dieser Serie sind der Fortress aus Aluminium-Magnesium-Legierung und der FOBlight aus Aluminium. Beide sind lediglich Abwandlungen des Danforth-Ankers.

Filmstreifen: Eingrabesequenz eines Bügelankers. Ganz oben liegt der Anker nach dem Fallen auf dem Grund. Zweites Bild: Sobald Zug auf die Kette kommt, dreht sich der Anker mit der Spitze in den Grund. Drittes Bild: Während des Eingrabens stellt sich der Anker so, dass der Bügel nach oben zeigt. Vier und fünf: Mit zunehmendem Zug auf die Kette verschwindet der Kopf im Grund

Ankertypen

Selbststabilisierende Anker

Bruce, Bügelanker, Bulwagga, Delta, FOB-Rock, Kobra, Spade, Océane, Supermax, Topguard. In dieser Kategorie befinden sich die Anker, die nicht das im Britany-Diagramm, Seite 34, dokumentierte zyklische Funktionsverhalten zeigen. Die genannten Anker graben sich unter erhöhter Zuglast tief ein und bleiben eingegraben, ohne sich abrupt loszureißen (siehe Bügelanker-Diagramm, Seite 42). Mit Ausnahme des Bruce-Ankers, der aus einer älteren Konzeption hervorgegangen ist, stammen die selbststabilisierenden Anker alle aus der neuen Ankergeneration.

Bügelanker

Konzipiert von Rolf Kaczirek aus Deutschland. Dieser Anker vereint Einfachheit und Effizienz. Ein Mangel an Gewichtslast auf der Spitze (18 Prozent des Gesamtgewichtes) wird durch einen perfekt abgestimmten Stemmeisen-Angriffs-winkel kompensiert. Der gut erkennbare „Bügel" verhindert, dass der Anker falsch herum auf dem Meeresboden zu liegen kommt. Dieser Anker gräbt sich sehr schnell in praktisch alle Böden ein, besitzt ein überlegenes Haltevermögen gegenüber instabilen Ankern und driftet sanft, wenn sein Grenzbereich überschritten wird, ohne sich dabei loszureißen (siehe Diagramm Seite 42).

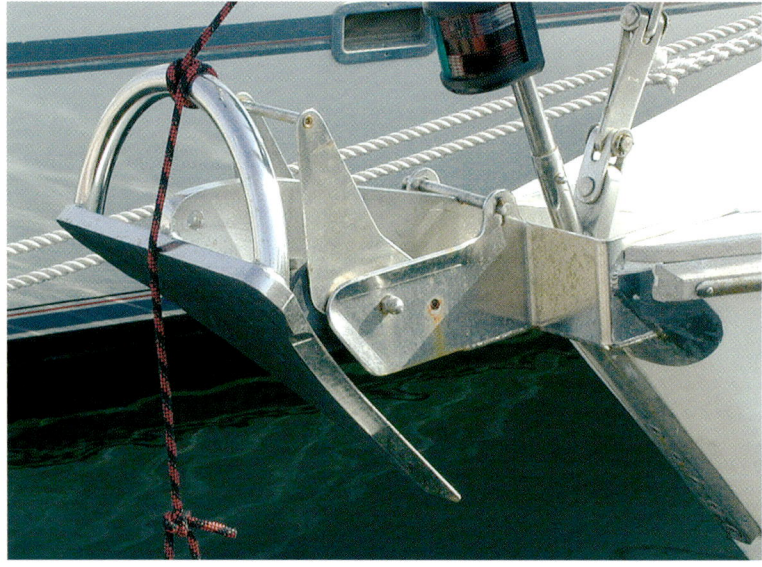

Bügelanker

Die einfache und klare Form des Bügelankers hat nicht nur Vorteile. Der große Nachteil ist, dass eine große Anzahl schlechter Kopien auf dem Markt ist. Diese werden oftmals von kleinen Handwerksbetrieben mit Bordmitteln eher schlecht als recht hergestellt. Zum Beispiel wird weicher Stahl an Stelle von gehärtetem Werkzeugstahl verwendet; oder es werden mehrere aufeinander geschichtete, dünne Stahlplatten benutzt, um die nötige Schichtdicke zu erreichen (speziell beim Schaft der Modelle aus rostfreiem Edelstahl). Beim Kauf eines Bügelankers ist es daher besonders wichtig, darauf zu achten, sich nicht mit einer billigen Kopie abspeisen zu lassen. Um sicherzugehen, dass man ein Original kauft, lohnt es sich, Kontakt mit dem Hersteller aufzunehmen, der gerne lizensierte Betriebe und Händler nennt (siehe Adressteil im Anhang). Der Bügelanker ist in feuerverzinkter Ausführung und aus nicht rostendem Stahl in vielen unterschiedlichen Größen lieferbar. Jeder sollte also seinen passenden Anker finden können.

Bulwagga

Von dem amerikanischen Ingenieur Peter Mele wurde dieser fremdartige, aber intelligente Anker entwickelt. Er profitiert von der Tendenz aller Plattenanker, wie ein „Korkenzieher" durch den Meeresboden zu driften. Die Lösung ist einfach und leicht vorstellbar. Es reicht, einem Plattenanker eine dritte Schaufel hinzuzufügen. Die Schaufeln sind dabei mit einem Abstand von 120 Grad um den Schaft herum angeordnet.
Dadurch befinden sich immer mindestens zwei der drei Schaufeln in Arbeitsstellung.
Dieser Anker gräbt sich sehr schnell ein und sein Haltevermögen liegt in der Spitzengruppe unter den Ankern der neuen Generation.

Bulwagga-Anker

Delta-Anker

Dieser Ankertyp wurde vom Hersteller des CQR-Ankers, der Firma Simpson & Lawrence (Lewmar) konzipiert. Im Gegensatz zum CQR zeichnet sich dieser Pflugschar-Anker durch einen festen Schaft aus. Der aus einer Stahlplatte ausge-

Ankertypen

Delta-Anker

FOB Rock-Anker

schnittene Schaft ist außerdem sehr viel
leichter als der Schaft des CQR-Ankers, dafür
ist aber die Spitze des Ankers sehr großzügig mit Blei beschwert worden. So lasten
28 Prozent des Gesamtgewichtes auf der Ankerspitze, womit er zu den schwersten
Kandidaten des Marktes avanciert. Diese intelligente Gewichtsverteilung bringt zwei
Vorteile mit sich:
• Wenn der Delta-Anker in einem passenden Bugbeschlag angebracht ist, lässt er
sich durch seine vorteilhafte Gewichtsverteilung problemlos ohne manuelle Hilfe
mit einer elektrischen Winde setzen und auch wieder an Bord holen.
• Die großzügig mit Blei beschwerte Spitze erleichtert das Eindringen des Ankers
in den Meeresboden.
Dank der stark exzentrischen Gewichtsverteilung dringt der Delta-Anker tief in
den Boden ein und behält auch unter starker Zugkraft seine aufrechte Position.
Dieser Anker driftet sanft unter Beibehaltung seines ausgesprochen guten Haltevermögens.
Sein Nachteil liegt genauso wie beim CQR im Spachtel-Angriffswinkel der Spitze
(der Winkel zwischen Meeresboden und Ankerspitze entspricht 68 Grad) und ist
deshalb weniger gut geeignet, in harte oder mit Algen bewachsene Meeresböden
erfolgreich einzudringen.

FOB Rock-Anker

Bemerkenswert am FOB Rock-Anker ist seine auffallend gering ausgeprägte Ori-
ginalität. Dieser neue Anker ist eine ziemlich konforme Kopie des Delta-Ankers.

Kobra-Anker

Dieser Anker wird in China für die Firma Plastimo produziert und hat starke Ähnlichkeit mit dem Delta-Anker. Er unterscheidet sich hauptsächlich durch die intelligente Schafthalterung, die es erlaubt, den Schaft zum einfacheren Verstauen in einer Backskiste nach vorne zu klappen.

Spade

Dieser Anker der neuen Generation wurde in Frankreich entwickelt. Seine Spitze ist außerordentlich gut mit Bleiballast ausgestattet, der etwa 50 Prozent des Gesamtgewichtes ausmacht. Diese Gewichtsverteilung bewirkt, dass er sich wie ein

Spade-Anker

Ankertypen

„Stehaufmännchen" durch die Schwerkraft in die ideale Position zum Eingraben dreht. Der Schaft des Ankers ist hohl, um Gewicht zu sparen und die Widerstandsfähigkeit gegenüber Torsionskräften zu verbessern. Der Stemmeisen-Angriffswinkel ist ideal und die Kanten der Schaufel sind scharf angeschliffen. Diese Eigenschaften stellen sicher, dass er sich selbst in schlechtem Grund erfolgreich eingraben kann. Sein Haltevermögen ist dank der konkaven Oberfläche der Schaufel beeindruckend. Er gehört ebenfalls in die Kategorie der selbststabilisierenden Anker. Sobald sein Haltevermögen, unter sehr starker Zugkraft überschritten wird, beginnt er sanft zu driften und behält dabei sein maximales Haltevermögen ohne sich aus dem Meeresboden zu reißen.

Genauso sicher und verlässlich verhält sich der Spade bei Richtungsänderungen von Wind oder Strömung. Er richtet sich der neuen Zugrichtung folgend aus, ohne sich von der Stelle zu bewegen oder den Halt zu verlieren. Der Anker ist aus feuerverzinktem Stahl, aus Aluminium und aus rostfreiem Edelstahl erhältlich.

Océane

Der Océane ist der jüngste Anker der neuen Generation. Er baut auf den Erfahrungen des Spade-Ankers auf und besitzt einige weitere Features:
• Schnelles Eingraben durch optimierten Angriffswinkel und hohe Gewichtskraft auf der Spitze (25 Prozent)

Eingrabesequenz des Océane. Das Bild ganz links zeigt den auf Grund gefallenen Anker. Er liegt platt auf dem Sandboden auf. Das nächste Bild dokumentiert das seitliche Wegfallen durch das Gewicht der Kette oder des Kettenvorläufers. Die schwere Spitze bereitet sich bereits zum Eingraben vor. Das Bild in der Mitte zeigt den Anker nach etwas Zug bereits leicht eingegraben.

Océane

• Verstellbarer Neigungswinkel ohne Demontage des Ankers oder der Ankerleine (34 Grad für Sand, 45 Grad für Schlick)
• Hervorragendes Haltevermögen in allen Meeresböden durch sein Verhältnis zwischen wirksamer Oberfläche und Eigengewicht
• Verbessertes Haltevermögen auch bei kürzerer Ankerleine
• Bei senkrechter Ankerleine leicht zu bergen
• Passt sich dem Bugbeschlag an, Schaft mit Blockierhalterung, doppelte Ruheposition, leicht zu verstauen durch seine kompakte Form
• Ausbringen und Einholen ohne manuelles Eingreifen

Bild vier zeigt das weitere Eingraben. Der Anker hält bereits. Das letzte Bild zeigt den eingegrabenen Anker.

Ankertypen

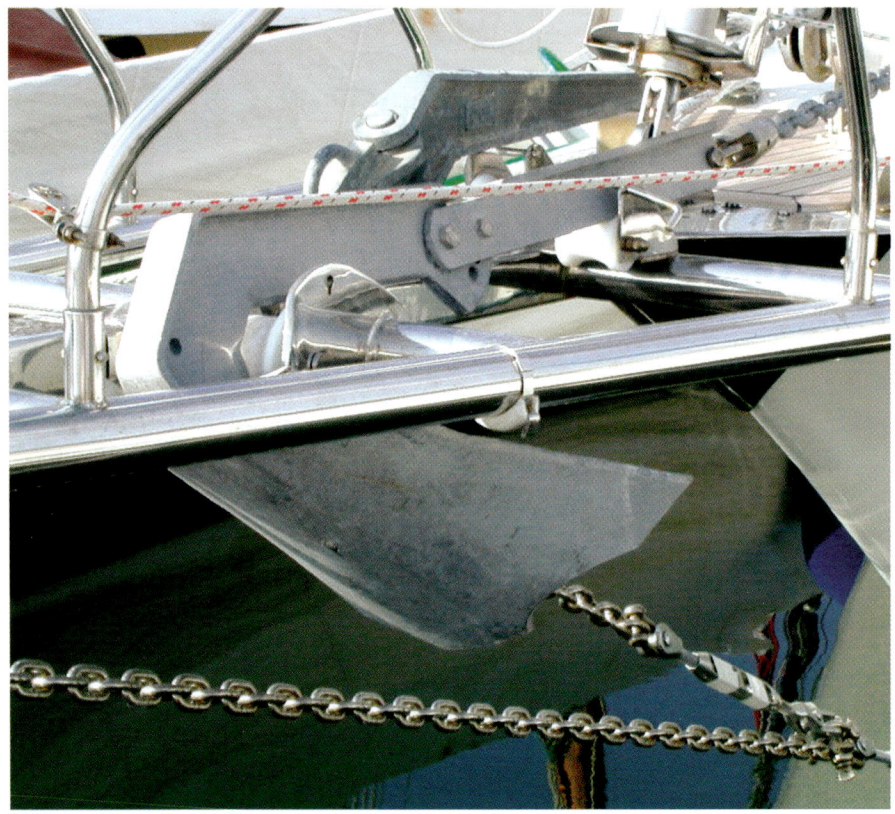

Supermax

Supermax

Dieser Anker wurde von dem Amerikaner Andy Peabody entwickelt. Seine besondere Eigenschaft ist ein justierbarer Schaft, der sich für die unterschiedlichen Gründe verstellen lässt:
- 24 Grad für harte Böden, Sand oder Korallen
- 32 Grad für Schlick
- 45 Grad für weichen Schlick und ungleichförmige Böden

Durch den „programmmierbaren" Schaftwinkel dringt der Anker leicht ein und zeigt ein gutes Haltevermögen. Die Möglichkeit, den Angriffswinkel je nach Bodenverhältnissen zu verstellen, ist vor allen Dingen interessant, wenn man wiederholt auf bereits bekannten Plätzen vor Anker gehen möchte. Bei Richtungsänderung von Wind oder Strömung richtet er sich der neuen Zugrichtung folgend aus, ohne aus dem Ankergrund herauszureißen oder an Haltekraft zu verlieren.

Topguard-Anker

Topguard-Anker

Dieser französische Anker ist sowohl Platten- als auch Pflugschar-Anker. Er nutzt das Verhalten aller Plattenanker, die ihre Platten unter starker Zugkraft senkrecht aufstellen. Er dringt flach in den Boden ein und wird dann von der Zugkraft herumgedreht, wobei einer der beiden Querpflüge als kleiner Pflugschar-Anker zum Einsatz kommt.

Diverse Anker

Es gibt so viele verschiede Ankertypen, dass es quasi unmöglich ist, sie alle im Rahmen dieses Buches vorzustellen. Ein paar Beispiele für die reiche Auswahl: Baas, Belmar, Box, Brake, Buggi, Claw, Gabel, Cruson, Klipp, Kronen, Paraplu, Parasol, Sascot, Spek, Stev und so weiter und so weiter. Unter dieser Vielzahl habe ich drei Modelle ausgesucht, die als repräsentative Beispiele der diversen Anker dienen sollen: den schwedischen Anker Hans C, den italienischen Amato-Anker und einen faltbaren Taschenanker.

Ankertypen

Hans C-Anker

Diese Entwicklung des schwedischen Ingenieurs Hans Claesson erscheint auf den ersten Blick interessant, da sie einige Eigenschaften eines guten Ankers aufweisen kann. Er hat einen einstellbaren Angriffswinkel, scharfe Eindringkanten und lässt sich gut am Steven verstauen. Ein prinzipielles Problem hat er beim Eindringen in den Meeresboden. Wenn es ihm glücken sollte, entfaltet er leider nur ein schwach ausgeprägtes Haltevermögen im Vergleich zu den Ankern der neuen Generation.

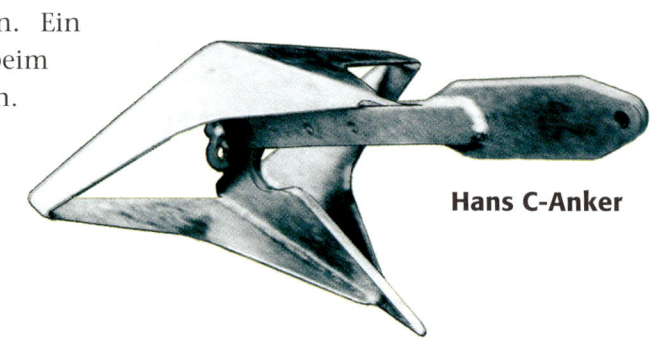

Hans C-Anker

Amato-Anker

Diese Kreation stammt von dem italienischen Sportschiffer Signor Guiseppe Amato. Er wurde von der italienischen R.I.N.A. begutachtet und für eine Haltekraft abgenommen, die seinem doppelten Eigengewicht entspricht. Dieses Haltevermögen gleicht dem Haltevermögen eines x-beliebig geformten Metallkörpers. Ohne ein ausreichendes Haltevermögen bieten zu können, offeriert dieser Anker den Vorteil, sich von allein aus dem Ankerkettengewirr anderer Schiffe zu befreien. In Hinblick auf die zunehmend überfüllten Marinas im Mittelmeerraum erscheint diese besondere Eigenschaft mehr und mehr an Wichtigkeit zu gewinnen.

Amato-Anker

Faltanker

Klappdraggen

Faltbare Taschenanker

Einfach falten und verstauen lassen sich diese Anker, die ihr Anwendungsgebiet auf kleinen Wasserfahrzeugen, Schwertjollen, Beibooten, Angelkähnen oder auch als Notanker für Jetskis haben.

Der Klappdraggen

Dieses Ankerzubehör verdient eigentlich eine eigene Kategorie, und sollte nicht zu den Ankern gezählt werden. Sein Haltevermögen ist ausgesprochen schwach ausgeprägt. Anders als weitläufig angenommen, ist er auch auf mit Algen bewachsenen Meeresböden sehr viel weniger wirkungsvoll als ein moderner Anker. Dennoch erfüllt er an Bord einige nützliche Funktionen:

Wenn man vorne mit dem Hauptanker geankert hat und das Heck des Schiffes an Land befestigen möchte, kann man den Draggen hervorragend zwischen zwei Felsblöcken verkeilen oder ihn zwischen den Wurzeln eines Baumes oder den Luftwurzeln von Mangroven platzieren.

Ein Draggen kann sich ebenfalls als sehr nützlich erweisen, wenn man sich unglücklicherweise mit dem Hauptankergeschirr unter der Ankerkette einer imposanten Motoryacht verfangen hat, die nach einem auf demselben Ankerplatz angekommen ist (siehe „Wenn der Anker fest sitzt…").

Da Klappdraggen in jeder Größe günstig angeboten werden, nehmen ihn ökonomisch denkende Skipper gerne als Anker für das Beiboot. Aber gerade für diesen Einsatz ist er denkbar ungeeignet (siehe Kapitel „Ankern mit kleinen Wasserfahrzeugen"). Beiboote verdienen wirkungsvolle Anker.

Ein Wasserstag ist beim Ankern meistens hinderlich, da sich die Kette beim Schwoien geräuschvoll an ihm reibt

Ankerleine
Ankerkette

Ankerleine, Ankerkette

Ankerleine und Ankerkette

Fassen wir zusammen: Wir sind auf die unterschiedlichen Meeresböden eingegangen, haben die auf das Ankergeschirr wirkenden Kräfte und viele verschiedene Ankertypen mit ihren Eigenschaften kennen gelernt. Nun brauchen wir nur noch die beste Methode auszuwählen, um den Anker mit dem Schiff zu verbinden. Es stehen Ankerketten und Ankerleinen zur Auswahl. Unsere Ankerkette oder der Kettenvorläufer könnte verzinkt oder nicht rostend ausgeführt sein, die Ankerleine aus gedrehtem Tauwerk, mit Blei beschwertem Tauwerk, geflochtenem Tauwerk oder Gurtband. Oder warum sollte man nicht einen Vorläufer aus Drahtseil wählen?

Die Länge der Ankerkette oder -leine

Moderne Anker wurden konzipiert, um bei einem Zugwinkel der Ankerleine oder -kette unter acht Grad maximale Haltekraft zu bieten. Steigt der Zugwinkel über diesen Wert, erlaubt die vertikale Komponente der Zugkraft nicht mehr, dass sich der Anker erfolgreich eingraben kann. Je größer die vertikale Kraftkomponente, desto eher wird der Anker geneigt sein, sich aus dem Grund zu arbeiten. Dieses Verhalten sollte man nutzen, um einen Anker beim Einholen aus dem Meeresboden herauszulösen.

Es ist sehr vorteilhaft, die Länge der Ankerleine oder -kette als Funktion der Wassertiefe berechnen zu können. Dies ist nicht immer so einfach: In Tidengewässern kann der Tidenhub ein beachtliches Ausmaß annehmen. Zehn bis zwölf Meter sind auf einigen Ankerplätzen in der Bretagne keine Seltenheit. Zur Berechnung der Tiefenverhältnisse sollte immer der Abstand zwischen dem Bugbeschlag am Steven des Schiffes und dem Meeresboden gewählt werden.

Es ist ein recht weit verbreiteter Fehler, stattdessen den direkt am Echolot abgelesenen Wert zu verwenden. Zwar sind moderne Echolote auf dem Markt, die sich so programmieren lassen, dass der Abstand von der Wasserlinie bis zum Bugbeschlag mit eingegeben werden kann. Wer aber ein älteres Modell an Bord hat, kann sich damit behelfen, dass die „Sicherheitsmarge" entsprechend hoch angesetzt wird. Ein Nachteil dieser Programmierung: Der akustische Alarm springt bereits an, wenn noch mehr als eine „Handbreit" Wasser unterm Kiel ist.

Oft steht jedoch auf dem Echolot nur die Wassertiefe unter dem Kiel, inklusive einer eventuellen Sicherheitsmarge von ein oder zwei Dezimetern. Bei schönem Wetter oder sehr großer Wassertiefe ist es keineswegs katastrophal, lediglich den Wert der Wassertiefe unterhalb des Kiels zur Berechnung der zu steckenden Länge

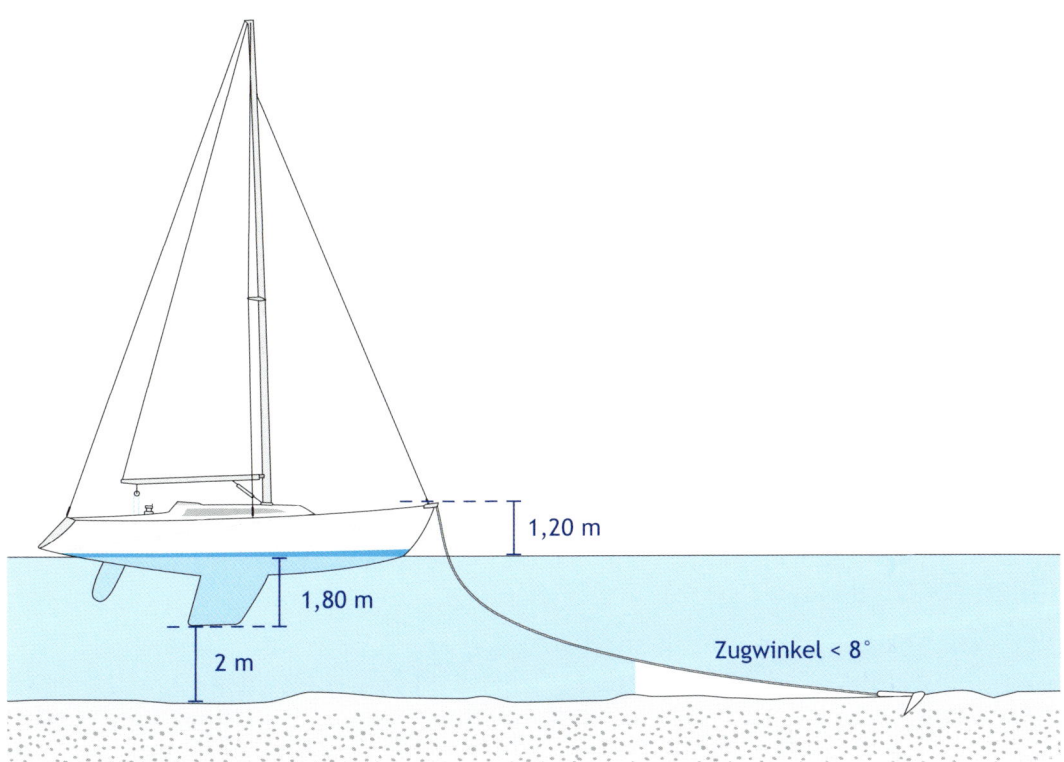

heranzuziehen. Nach den beiden folgenden Beispielen wird hoffentlich deutlich, weshalb einige Boote auf Ankerplätzen mit geringer Wassertiefe anfangen zu driften.

Nehmen wir eine Yacht, die mit angezeigten zwei Metern Wassertiefe unterhalb des Echolots ankern möchte. Der Ankerplatz ist normal belegt und die Wetterbedingungen sind gut. Der Skipper entscheidet sich – genau wie er es im Unterricht für den Segelschein gelernt hat – die dreifache Wassertiefe als Kette zu stecken und bringt sechs Meter Kette aus. Seine Yacht hat einen Tiefgang von 1,80 Meter und ein Freibord von 1,20 Meter (gemessen von der Wasserlinie bis zum Bugbeschlag). Die Länge der gesteckten Leine oder Kette reicht für diese Verhältnisse nicht aus. Warum? Der korrekte Wert, der eigentlich zur Berechnung herangezogen werden sollte, wäre: 2 Meter (Echolot) plus 1,80 Meter (Tiefgang) plus 1,20 Meter (Freibord) entspricht 5 Metern! Nach unserem Schulbeispiel (dreifache Wassertiefe) erhält man somit 15 Meter als Ergebnis. Es ist nicht sicher, dass der Anker mit einer nur sechs Meter langen Ankerkette überhaupt greifen kann.

Nehmen wir nochmals unsere Beispielyacht, diesmal jedoch mit 15 Metern Wasser unter dem Kiel. Wenn dem Skipper der gleiche Fehler unterläuft wie in dem vorherigen Beispiel, wird er sich entscheiden, diesmal 45 Meter Ankerkette auszubringen. Der korrekt berechnete Wert wäre hier 15 Meter (Echolot) plus 1,80

Ankerleine, Ankerkette

Meter (Tiefgang) plus 1,20 Meter (Freibord). Das Ergebnis sind also 18 Meter! Multipliziert man diese mit dem Faktor 3 sind 54 Meter zu stecken. Unser Skipper ankert also anstatt mit einem Tiefenverhältnis von 3 lediglich mit einem tatsächlichen Tiefenverhältnis von 2,5.

Mit ein wenig Glück wird der Anker wahrscheinlich halten – falls das Wetter gut bleibt. Das maximal erreichbare Haltevermögen bei einem Tiefenverhältnis von 2,5 beträgt leider nur 25 Prozent des maximalen Haltevermögens bei horizontalem Angriffswinkel der Zugkraft. Selbst wenn unser Skipper einen exzellenten Anker verwendet ist die Wahrscheinlichkeit groß, dass sein Boot bei steigender Windgeschwindigkeit anfängt zu driften.

Einen Zugwinkel von acht Grad erreicht man erst bei einem Tiefenverhältnis von 7/1. Es ist leicht vorstellbar, dass bei leichtem Wind die Zugkraft auf den Anker nicht nennenswert hoch ist, und dass der Reibungswiderstand der Ankerkette allein ausreichen könnte, um das Schiff zu halten. Falls der Ankerplatz sehr stark belegt

Geschätztes prozentuales Haltevermögen als Funktion des Tiefenverhältnisses						
Tiefenverhältnis (Leine/Tiefe)	2/1	4/1	6/1	8/1	10/1	oo/1
Verbleibendes Haltevermögen	10 %	55 %	70 %	80 %	85 %	100 %

ist und die Besatzung nicht beabsichtigt, ihr Schiff zu verlassen, kann die Wahl eines Tiefenverhältnisses von 3/1 gerechtfertigt sein. Sollten aber schlechte Wetterbedingungen aufkommen, dann ist es sicherer, mehr Ankerleine oder -kette auszubringen, um ein Tiefenverhältnis von 7/1 bis 10/1 zu erreichen. Oberhalb von 10/1 bewirkt eine Verlängerung der Ankerleine oder -kette lediglich kleine Verbesserungen des Haltevermögens. 100 Prozent des maximal möglichen Haltevermögens werden erst bei genau horizontal angreifender Zugkraft erreicht, was theoretisch einer unendlich langen Ankerleine entspricht.

Je nach Fahrtgebiet sollte man sein Schiff mit einer „passenden" Ankerleine beziehungsweise Ankerkette ausrüsten. Ungefähr die zehnfache Länge der geschätzten durchschnittlichen Wassertiefe eines Fahrtgebietes scheint ein guter Anhaltspunkt bei der Ausrüstung.

Auf den relativ flachen Ankerplätzen an der Ostküste Tunesiens kann man sich mit einer kürzeren Leinen-Ketten-Kombination zufrieden geben, als wenn man eine Segelreise in den Südpazifik unternehmen möchte, wo auf einigen Ankerplätzen Wassertiefen von 15 bis 20 Metern anzutreffen sind. Bei zehn Metern durchschnitt-

Für Fahrtensegler, die viel ankern, ist ein dritter Anker für Notfälle empfehlenswert. Dieser sollte aber möglichst in der Bilge gefahren und an einer Bodenwrange oder einem Schott gelascht werden – wie dieser Delta-Anker

licher Wassertiefe sollte also ein Hauptankergeschirr von 85 bis 120 Metern an Bord sein. Das zweite Ankergeschirr kann dabei zirka 40 Prozent kürzer ausfallen.

Anzahl der Anker

Neben dem eben erwähnten Hauptankergeschirr ist es aus Sicherheitsgründen unerlässlich, mindestens ein zweites Ankergeschirr an Bord mitzuführen. Der Zweitanker kann dann nach Verlust, nach absichtlichem Kappen oder nach Bruch des Hauptankergeschirrs zum Einsatz kommen. Bei komplexeren Ankermethoden wie dem Ankern in V-Form, dem Ankern im „Bahamas Style" oder dem Ankern nach der Mittelmeermethode (siehe Kapitel „Ankern mit Heckanker") leistet ein zweiter Anker ebenfalls gute Dienste. Auf Yachten, die oft und ausgiebig ankern, empfiehlt es sich sogar, einen dritten Ersatzanker für Notfälle fest verstaut in der Bilge bereitzuhalten.

Ankerleine, Ankerkette

Die Kette

Der prinzipielle Vorteil der Kette gegenüber der Leine liegt in ihrer großen Widerstandsfähigkeit gegenüber mechanischer Beanspruchung auf dem Meeresboden und am Bugbeschlag. Ansonsten stellt sie die schlechteste Methode dar, einen Anker mit dem Boot zu verbinden. **Ich bin mir bewusst, dass eine große Anzahl meiner Leser diesen Satz zweimal lesen wird, um sicherzustellen, sich nicht verlesen zu haben. Ja, ich bestehe auf dieser Aussage und unterschreibe es gerne.**

Nachteile der Kette

• Im Kettenkasten, am Bug des Schiffes verstaut, hat die Kette den für die Gewichtsverteilung ungünstigsten Platz auf dem ganzen Schiff.
• Ketten verhalten sich genau gegensätzlich zu dem gewünschten Verhalten:
• Bei schwachem Wind stellen sie eine horizontale Zugkraft am Anker mit maximalem Haltevermögen sicher.
• Bei leichtem Wetter bewirkt das Eigengewicht der Kette, dass relativ schwache Ruckbewegungen des Schiffes erfolgreich gedämpft werden.
• Je stärker der Wind, desto stärker spannt sich die Ankerkette (bei Windstärken von 25 bis 30 Knoten ist dies bereits der Fall) und bewirkt damit eine Vergrößerung des Zugwinkels am Anker: Je stärker der Wind, desto weniger effizient wird der Anker gehalten.
Außerdem verlieren die Ketten mit zunehmender Windgeschwindigkeit ihre Wirkung als Ruckdämpfer zwischen Schiff und Anker, obwohl dieses gerade bei starkem Wind unverzichtbar wird. Sollte dann auch noch der Schwell auf dem Ankerplatz beträchtlich zunehmen, werden die Ruckbewegungen des Schiffes ungedämpft von der Kette an den Anker weitergeleitet, womit das Risiko steigt, dass der Anker anfängt zu driften. Noch schlimmer kann es kommen, wenn die Ankerkette starken Schlägen und Rucken ausgesetzt wird, da sie durch die dabei auftretenden Spitzenkräfte sogar brechen kann.

Wie lang sollte ein Kettenvorläufer sein?

Wenn ich meine Aufzeichnungen der vergangenen siebeneinhalb Monate betrachte, (129 von 228 Tagen auf 61 verschiedenen Ankerplätzen), betrug die durchschnittliche Wassertiefe 6,5 Meter. Bei einem mittleren Tiefenverhältnis von 5/1 wurden im Durchschnitt 30 Meter Ankerleine/Kette ausgebracht.

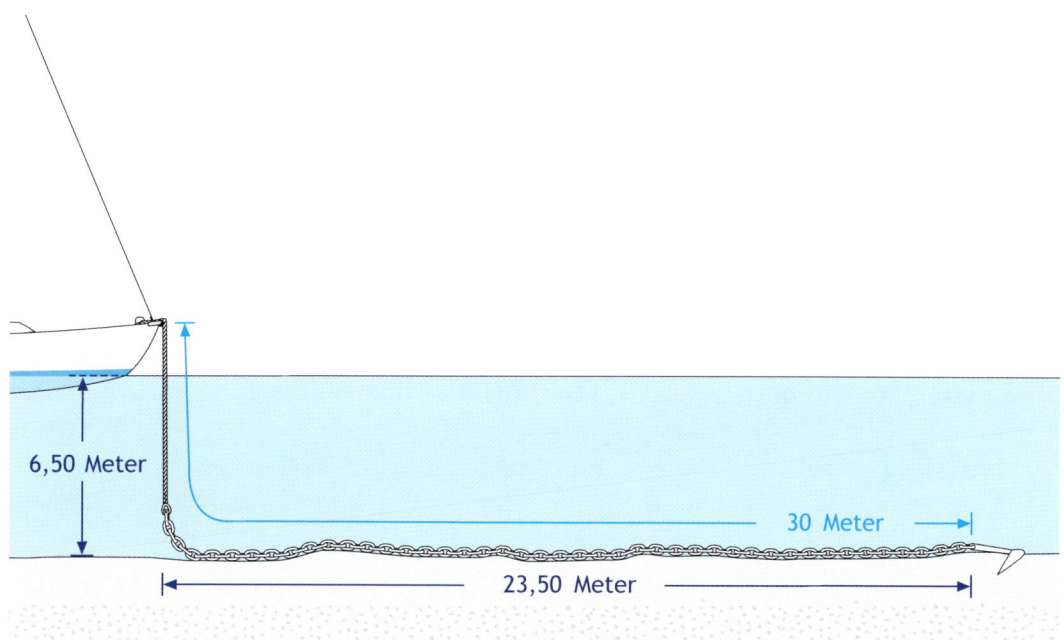

6,50 Meter

30 Meter

23,50 Meter

Wie bereits gesagt widersteht die Kette besonders gut den mechanischen Belastungen des Meeresbodens. Es ist daher sinnvoll, lediglich den dem Meeresboden ausgesetzten Teil des Ankergeschirrs mit Kette auszustatten, während man für den restlichen Teil Tauwerk verwenden sollte.

Wenn die Gesamtlänge im Durchschnitt 30 Meter und die Wassertiefe 6,50 Meter beträgt, wäre ein Kettenvorläufer von 23,50 Metern die richtige Wahl.

Für Ankerplätze mit geringerer Wassertiefe oder wenn mit kleinerem Tiefenverhältnis geankert wird, ist es generell akzeptabel, ausschließlich mit Kette zu ankern. Sollten sich die meteorologischen Bedingungen verschlechtern, dann hat man ohnehin das Bedürfnis, mehr Ankerkette beziehungsweise Ankerleine auszubringen. Je stärker der Wind bläst, desto stärker strafft sich die Verbindung zum Schiff. Dadurch sinkt gleichzeitig das Risiko, dass die Ankerleine den Meeresboden berührt oder gar durch ihn beschädigt werden könnte.

Mit steigendem Durchmesser der Ankerkette nimmt logischerweise auch deren Gewicht zu. Kräftige Kettenvorläufer – zwölf Millimeter oder mehr – haben ein beträchtliches Eigengewicht, was leider beim Umlegen der Trosse von der Kettennuss auf den Spillkopf der Ankerwinde während des Ankermanövers zu Unbequemlichkeiten führt. Wer seine Neugier befriedigen und herausfinden möchte, wie viel Meter senkrecht im Wasser hängende Ankerkette er noch sicher mit den Händen halten kann, der sollte bei Flaute ruhig mal seinen Anker abschäkeln und im tiefen Wasser ein Stück Ankerkette über den Bugbeschlag mit der Hand ausfieren. Bitte nicht vergessen, kurz vor dem Hexenschuss aufzuhören.

Ankerleine, Ankerkette

Was bei schönem Wetter unbequem ist, wird bei starkem Wind oder bei Seegang schnell zur Gefahr für Hände und Füße am Ankerspill. Besonders wenn die Ankerwinde nicht mit einer kombinierten Ketten/Leinen-Nuss ausgestattet ist, sollte man die Verbindungsstelle zwischen Kette und Leine beim Ankermanöver aufmerksam abpassen um die Ankerwinde kurz vor dem Erreichen der Verbindung zwischen Kette und Leine abstoppen zu können. Eine gut sichtbare zusätzliche Markierung des Kettenendstückes kann dabei sehr hilfreich sein. Damit nicht aus Versehen beim folgenden Umlegen von der Nuss (Kette) auf den Spillkopf (Leine) der Ankerwinde die restliche Ankertrosse mitsamt dem Segler auf dem Vorschiff von der Zuglast des Kettenvorläufers über Bord gezogen werden kann, muss der Kettenvorläufer während des manuellen Eingriffes unbedingt mit einem Ketten-stopper (siehe Fotos Kettenstopper im Kapitel „Ankerzubehör") oder einem Kettenhaken (Foto und Zeichnung im Kapitel „Ankerzubehör") fest gegen Aus-rauschen gesichert sein. Ein recht umständliches Manöver.

Wem dieses Verfahren nicht zusagt, der kann stattdessen den Nachteil des zusätzlichen Gewichtes im Vorschiff in Kauf nehmen, und mit einem relativ langen Kettenvorläufer oder gar einem aus 100 Prozent Kette bestehenden Ankergeschirr in See stechen. Für schweres Wetter sollte dann aber unbedingt ein zweites Ankergeschirr mit elastischer Leine und Kettenvorläufer an Bord sein, um im Notfall nicht auf die ruckdämpfende Eigenschaft der Ankerleine verzichten zu müssen. Auch wer nur seine Ankerkette ausbringt, kann die positive, ruckdämpfende Wirkung einer elastischen Ankerleine nutzen. Wie im Kapitel „Ankerzubehör – Befestigung der Ankerkette an Deck" – beschrieben, kann an jeder beliebigen Stelle ein Kettenhaken (siehe Kapitel „Ankerzubehör") in die Ankerkette eingehakt werden, der dann mit einer mindestens acht Meter langen elastischen Ankerleine verbunden eine ruckdämpfende Kette/Leine-Kombination herstellen kann. Kurze Leinen bewirken an dieser Stelle eine entsprechend gering ausgeprägte zusätzliche Ruckdämpfung.

Gewicht-, Arbeits- und Bruchlast gängiger Ankerketten-Durchmesser						
Durchmesser (mm)	6	8	10	12	13	14
Gewicht kg/m	0,82	1,45	2,25	3,24	3,80	4,40
Bruchlast (daN)	1.800	3.200	5.000	7.200	8.400	9.900
Arbeitslast (daN)	450	800	1.200	1.800	2.100	2.500

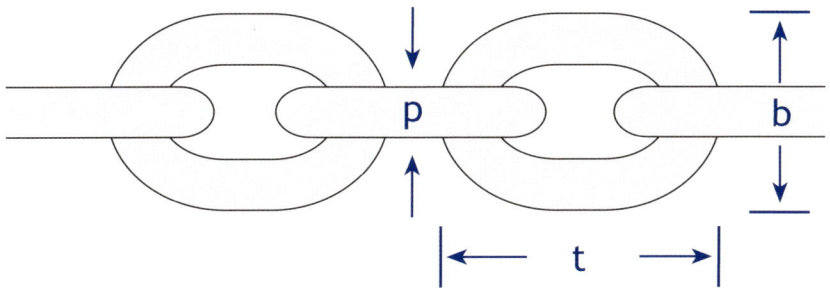

Welchen Kettentyp soll man verwenden, DIN-, AFNOR- oder ISO-genormte Ketten?

Ankerketten müssen unbedingt genormt, kalibriert und für den Gebrauch in der Seefahrt zugelassen sein. Auf gar keinen Fall sollte man so genannte „Kuhketten" als Ankerketten missbrauchen. Ketten, die für den Gebrauch als Ankerketten in der Seefahrt offiziell abgenommen sind, haben durch ihre feuerverzinkte Oberfläche einen ausgezeichneten Korrosionsschutz, der im aggressiven Seewasser unerlässlich ist. Damit eine Ankerkette problemlos über die Kettennuss läuft, muss sie unbedingt nach DIN-, AFNOR- oder ISO-Normen kalibriert sein.

Im Zuge der EU-Harmonisierung werden häufig Ankerketten nach ISO-Norm geliefert, da diese in vielen Ländern inzwischen zum Standard erhoben wurde. Diese Ketten passen nicht zu Ankerwinden mit Kettennüssen nach AFNOR, die oft serienmäßig auf im Ausland gebaute Yachten geschraubt sind. Mit diesen Widersprüchen müssen Fahrtensegler leben. Sie werden auf ihren Reisen häufig mit Normungen konfrontiert, die nicht unbedingt der Norm in heimischen Gewässern entsprechen.

Bei 6-, 8- und 13-Millimeter-Ketten sind die Abmessungen DIN 766 A und ISO gleich. Bei den 10-Millimeter-Ketten ist jedoch die Teilung „t" (siehe Zeichnung) unterschiedlich. Gemäß DIN beträgt die Teilung 28, gemäß ISO 30 Millimeter. Ist die Kettennuss an der Ankerwinde exakt gearbeitet, was Segler beim Kauf einer Markenwinde voraussetzen dürfen, kann es zu Problemen kommen. Wer unsicher ist, wendet sich besser an den Hersteller der Ankerwinde, der fast immer mit einer anderen Kettennuss dienen kann. Bitte hier keine Kompromisse eingehen, auch wenn eine neue Kettennuss Kosten und Mühen verursacht.

Ankerketten werden im Handel in unterschiedlichen Güteklassen (GKL) angeboten. Eine 10-Millimeter-Kette der Güteklasse 2 hat zum Beispiel eine Bruchlast von 4.000 daN, die gleiche Kette der Güteklasse 3 bereits 5.000 daN. Bitte fragen Sie vor jedem Preisvergleich den Lieferanten nach der Güteklasse. Und fragen Sie nach den Transportkosten. Ankerketten wiegen schwer, was sich in hohen Transportrechnungen niederschlägt. Vergleichen Sie nicht Äpfel mit Birnen.

Ankerleine, Ankerkette

Kette aus nicht rostendem oder aus verzinktem Stahl?

Nicht rostende Stähle sind auch als VA oder Niro bekannt. Diese Werkstoffe bestehen hauptsächlich aus Eisen, Chrom und Nickel. Weitere Legierungsbestandteile, die die Korrosionsbeständigkeit oder Schweißbarkeit verbessern, sind Molybdän und Titan. Generell steigt die Korrosionsbeständigkeit mit dem Chromgehalt. Stähle mit zwölf Prozent Chrom dürfen sich zwar „nicht rostend" nennen, laufen jedoch schon bei einem geringen Salzgehalt in der Luft braun an.
Erst ab einem Chromgehalt von 17 Prozent gelten diese Stähle als seewasserbeständig. Seewasser ist kein harmloses Medium. Über 50 chemische Verbindungen gilt es zu bedenken, die durch hohe Salzkonzentrationen und chemische oder biologische Verunreinigungen noch aggressiver werden. Handelsüblich waren die Bezeichnungen V2A und V4A, die auf alte Krupp-Markennamen gründeten. V4A bedeutet zum Beispiel: Versuchsreihe 4, Typ Austenit. Die Korrosionsbeständigkeit dieser Werkstoffe beruht darauf, dass sich an der Oberfläche der Werkstücke bei Anwesenheit von Sauerstoff eine Schutzschicht, die so genannte Passivschicht,

Vergleich der Werkzeugbezeichnungen				
Werkstoff Nummer deutsch	Kurzname	Ähnlich AISI (USA und GB)	Korrosions- beständig- keit	Bemerkung
1.4005	X12CrS13	416	1	In salzhaltiger Umgebung nicht korrosionsbeständig.
1.4006	X10Cr13	410	1	
1.4016	X6Cr17	430	1	
1.4301	X5CrNi18-10	304	2	Im polierten Zustand bedingt im Überwasser- bereich einsetzbar.
1.4310	X10CrNi18-8	302	2	
1.4401	X5CrNiMo17-12-2	316/317	3	Geeignet für den Einsatz im Unterwasserbereich.
1.4462	X2CrNiMoN22-5-3	-	4	Sehr hohe Beständigkeit gegen alle Korrosionsarten.
1.4541	X6CrNiTi18-10	321	2	Nicht für den Unterwasserbereich geeignet.
1.4550	X6CrNiNb18-10	347	2	
1.4571	X6CrNiMoTi17-12-2	316Ti	3	Geeignet für den Einsatz im Unterwasserbereich.

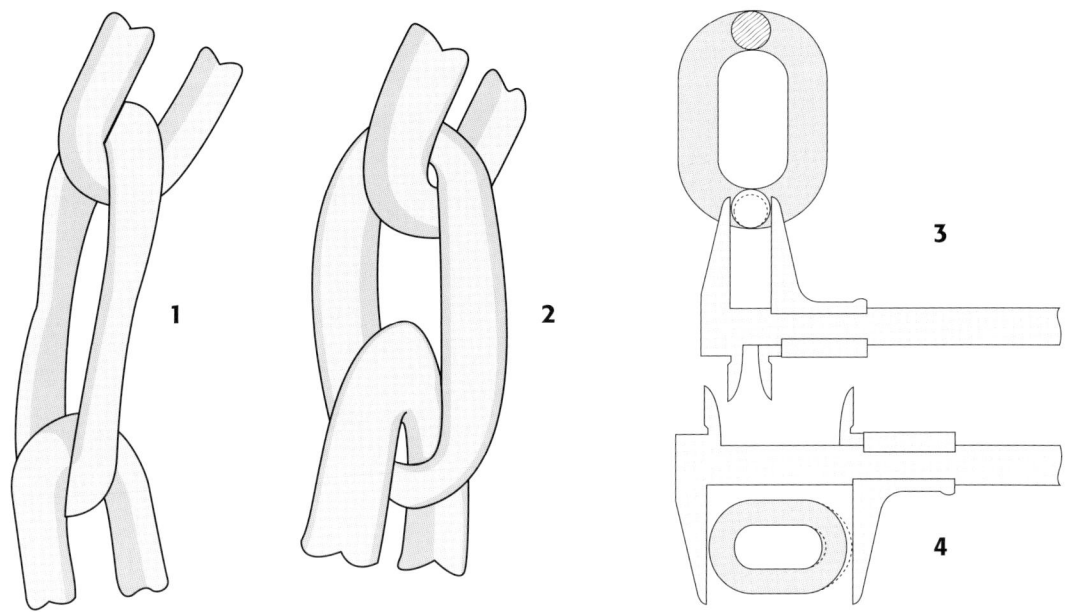

Eine Kette aus Stahl ist ehrlicher und leichter zu kontrollieren. Sind Glieder gestreckt (1) oder stark abgenutzt (2), wird die Kette ausgetauscht. Zur jährlichen Kontrolle benötigt man eine Schieblehre. Zeichnung 3 zeigt die Messung der Dicke. Ist diese um mehr als zehn Prozent verringert, ist die Kette Schrott. Gleiches gilt für Ketten, die mehr als drei Prozent gedehnt sind, wie in Zeichnung 4

bildet. Die Beständigkeit der nicht rostenden Stähle hängt auch von der Beschaffenheit der Oberfläche ab; je glatter diese ist, desto beständiger ist das Material. Dies lässt sich vereinfacht dadurch erklären, dass die glattere Oberfläche weniger Angriffsfläche bietet und dass Unterbrechungen der Passivschicht durch Verunreinigungen verkleinert werden.

Nicht rostender Stahl glänzt wunderschön. Es gibt keine Probleme wie bei der feuerverzinkten Oberfläche, die sich abnutzt und dann hässliche Rostflecken hervortreten lässt. Ketten aus Edelstahl gleiten sanft in den Kettenkasten und verteilen sich auf ihrem vorgesehenen Platz, ohne sich wie verzinkte Ketten pyramidenförmig aufzuschichten. Diese Vorteile muss man sich erkaufen. Die Preise für nicht rostende Ketten betragen das Vier- bis Fünffache einer verzinkten Stahlkette. Ankerketten bestehen meistens aus dem Werkstoff 1.4401, der vom Germanischen Lloyd als unbedenklich eingeschätzt wird. Seit zirka fünf Jahren gibt es auch Ankerketten aus dem Werkstoff 1.4462, der vollständig korrosionsbeständig sein soll. Ein weiterer Vorteil ist, dass durch die glatte Oberfläche der Kette die Verunreinigungen geringer sind. Während die raue Oberfläche einer verzinkten Kette am Meeresgrund Schlamm und Schlick „sammelt", haftet an der glatten Fläche einer Edelstahlkette fast nichts.

Ankerleine, Ankerkette

Wo so viel Licht ist, ist aber auch Schatten. Das sind in diesem Fall die Schweiß-
nähte. Auch die Kettenglieder einer nicht rostenden Kette sind – wie bei allen
Ketten – geschweißt. Dann hören aber die Gemeinsamkeiten bereits auf. Sobald
eine Stahlkette an ihre Belastungsgrenze kommt, deformieren sich die Kettenglieder
indem sie sich dehnen – sie hat also ein eingebautes „Vorwarnsystem“. Eine
abgenutzte oder überbelastete Kette mit deformierten Kettengliedern muss unbedingt ausgetauscht werden.

Ketten aus rostfreiem Edelstahl haben dieses Vorwarnsystem leider nicht. Sie
können ohne Vorwarnung brechen – wie Glas. Zum Beispiel durch die so genannte
Spannungsrisskorrosion, die durch Chloridionen begünstigt wird. Sie tritt gerne
an Schweißnähten auf, an denen die Gefügestruktur des Stahls durch die Hitze-
einwirkung verändert wurde. Wird die Kette belastet, breitet sich der Zerfall nicht
höhlenartig, sondern entlang der Korngrenzen im Material aus. Es entsteht ein
haarfeiner, mit dem bloßen Auge kaum sichtbarer Riss, der sich durch den gesamten
Materialquerschnitt ausbreiten kann und dann zu dem plötzlichen Versagen führt.
Unsere Meinung: **Ankerketten aus nicht rostendem Stahl sollte man beim
Ankern meiden!**

**Was für die Kette gilt, gilt auch für den Anker. An der polierten Oberfläche von
nicht rostenden Ankern können sich Dreck und Schlamm schlecht verklammern. Er
bleibt, wo er hingehört – am Meeresgrund**

Tauwerk

Im Gegensatz zur Kette hat Tauwerk den Nachteil der Anfälligkeit gegenüber mechanischer Beanspruchung. Dieses Problem wird bedrohlich, sobald die Ankerleine den Meeresboden berührt. Es genügt bereits, wenn das Tauwerk in Kontakt mit einer scharfen Kante kommt, um sich sehr schnell abzunutzen. Scharfe Kanten und Spitzen gibt es jede Menge auf dem Meeresboden: Felsen, Muscheln, Wracks und Müll aller Art, Glasscherben, Metallschrott etc. Das Problem der Abnutzung stellt sich aber auch an Bord des Schiffes. Speziell an den Klüsen und am Bugbeschlag ist es unverzichtbar, die Ankerleine vor Abrieb zu schützen.

Die prinzipiellen Vorteile von Tauwerk liegen in dem geringeren Gewicht bei gleicher Arbeits- oder Bruchlast und auch in einer sehr viel besseren Elastizität gegenüber einer Kette. Die Elastizität dämpft sehr erfolgreich die gefährlichen Lastspitzen, die entstehen können wenn das Boot am Anker von starken Wellen und Wind vor- und zurückgerissen wird. Man sollte die Ankerleine keinesfalls überdimensionieren, da ein Gewinn an Bruchlast durch verloren gegangene Elastizität getrübt wird. Tauwerk aus Naturfasern findet man heutzutage in diesem Anwendungsgebiet fast gar nicht mehr, es bleiben also nur noch synthetische Fasern: Polyamid, besser bekannt unter den Namen Nylon® , Perlon®, Enkalon®, und Polyester unter den Namen Dacron®, Tergal®, Diolen®, Trevira®.

Verschiedene Tauwerksorten

Tauwerk unterscheidet man am besten durch seine Konstruktionsmerkmale: 16-schäftig geflochtenes Tauwerk findet relativ selten als Ankerleine Verwendung, da seine Elastizität schwächer ausgeprägt ist. Es lässt sich nicht so gut mit sich selbst oder auch mit der Ankerkette spleißen.

Vergleich der verschiedenen Tauwerksorten					
Material	Polyamid	Polyester	Polypropylen	Polyethylen	Aramid
Belastbarkeit (daN/mm²)	100	115	35	370	270
Dehnung	0,18	0,11	0,16	0,035	0,04
Verlust der Belastbarkeit, nass	0,25	0	0	0	0,1
Abriebfestigkeit	Sehr gut	Gut	Mittel	Gut	Mittel
Eignung als Ankerleine	*****	**	**	Nein	Nein

Ankerleine, Ankerkette

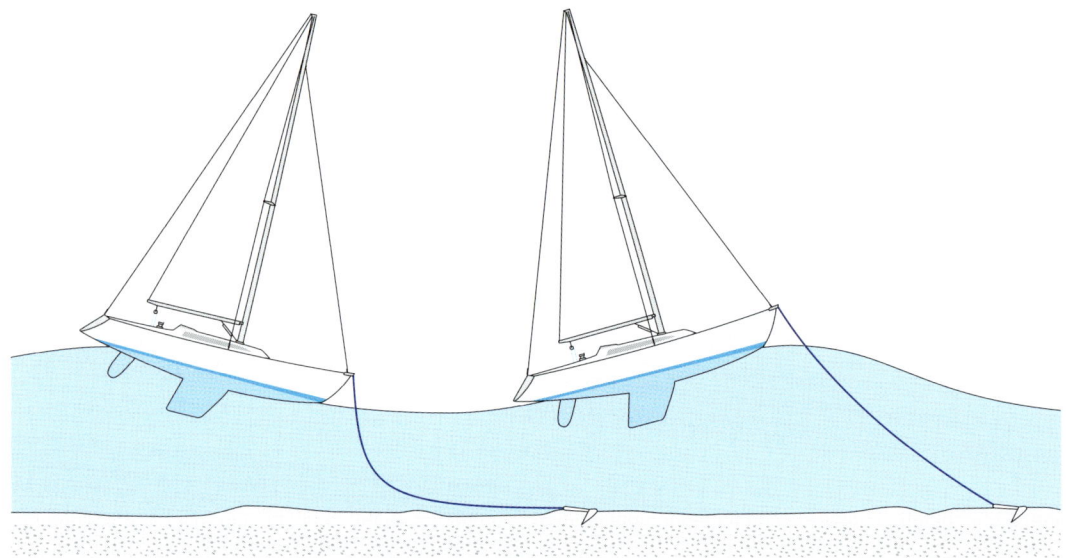

Wenn durch Seegang die Verbindung zwischen Schiff und Anker steif kommt, hat eine Leine sehr viel mehr Elastizität als eine Kette

3-schäftig geschlagenes Tauwerk: Lässt sich am leichtesten spleißen, ist weich, elastisch und gut aufzuschießen. Leider neigt es schnell zur Kinkenbildung.
„Square"-Leine: Die achtschäftig geflochtenen Fasern lassen sich vorzüglich mit der Ankerkette spleißen, sind sehr weich und elastisch und lassen sich problemlos, ohne Kinken zu bilden, aufschießen.

Mit Blei beschwertes Tauwerk

Als „unverzichtbares" Zubehör für Leichtanker aus Aluminium wird mit Blei beschwertes Tauwerk gepriesen und verkauft. Meiner Ansicht nach hat es hauptsächlich drei Nachteile:
• Die eingearbeiteten Bleistücke sollen den Angriffswinkel der Zugkraft am Anker möglichst gering halten und damit das Haltevermögen verbessern. Bei gleicher Bruchlast ist mit Blei beschwertes Tauwerk etwa viermal leichter als ein Kettenvorläufer. Mit anderen Worten bewirkt die schwach ausgeprägte Bleieinlage im Tauwerk hauptsächlich eine „psychologische" Verbesserung.
• Die im Kern des Tauwerks eingearbeiteten Bleistücke haben keinerlei positive Auswirkungen auf die Widerstandsfähigkeit der Ankerleine gegen Abrieb am Meeresboden.

Gewicht, Arbeits- und Bruchlast von Polyamid-Tauwerk mit verschiedenen Durchmessern									
Durchmesser (mm)	6	8	10	12	14	16	18	20	22
Gewicht Gr/m	19	36	56	80	108	137	155	207	250
Arbeitslast (daN)	190	300	500	750	1000	1300	1625	2000	2375
Bruchlast (daN)	735	1.200	2.000	3.000	4.000	5.200	6.500	8.000	9.500

• Der mechanische Aufbau dieser Tauwerkskonstruktion verschlechtert die Elastizität und hat deshalb negative Auswirkung auf die Fähigkeit, Ruckbewegungen beziehungsweise Zugkraftspitzen erfolgreich zu dämpfen.

Eine gute Ankerleine aus Polyamid mit einem Kettenvorläufer von zirka fünf Metern Länge kann mindestens genauso gut den Angriffswinkel der Zugkraft am Anker verbessern. Ein 5-Meter-Kettenvorläufer ist schwerer als die eingearbeiteten Bleistücke einer beschwerten Ankerleine. Das Gewicht ist außerdem viel besser in der Nähe des Ankers positioniert als die Bleilast in der Leine, welches sich bei den meisten handelsüblichen auf den ersten zehn Metern verteilt.

Ein Kettenvorläufer ist widerstandsfähig gegenüber mechanischer Abnutzung am Meeresboden. Eine gute Polyamidleine ist sehr viel elastischer als eine mit Blei beschwerte Leine, was positive Auswirkungen auf die Eigenschaft als Ruckdämpfer hat.

Eine 40 Meter lange, mit Blei beschwerte 14-Millimeter-Ankerleine wiegt 8,2 Kilogramm. Neuerdings werden so genannte Öko-Bleileinen angeboten, bei denen das Blei durch ein spezielles Verfahren eingekapselt ist. So kann bei einem Verlust der Leine das Blei keinen sofortigen Schaden anrichten. Ein kurzfristiger Gewinn für die Umwelt, aber kein Gewinn für die Sicherheit vor Anker. Wo sich das Blei auch immer in der Leine versteckt, die mechanische Abnutzung wird dadurch nicht beeinflusst.

Eine unverbleite 14-Millimeter-Leine wiegt nur 108 Gramm per Meter, also wiegen 40 Meter davaon 4,32 Kilogramm. Die beschwerte Ankerleine enthält also lediglich 3,88 Kilogramm Bleiballast, was dem Gewicht eines sechs Millimeter starken Kettenvorläufers von fast fünf Metern Länge entspricht. Ein Kettenvorlauf wiegt bei sechs Millimetern Kettendurchmesser 0,80 Kilogramm per Meter. Fünf Meter wiegen also exakt vier Kilogramm.

Zu den Gewichtsvorteilen kommt, dass eine normale Polyamidleine mit Kettenvorläufer nur einen Bruchteil einer vergleichbaren, mit Blei beschwerten Ankerleine kostet. Ich frage mich, warum setzt man eine Ankerleine mit Blei zum Ankern ein?

Ankerleine, Ankerkette

Dehnbares, elastisches Tauwerk:

In Verbindung mit einem Kettenvorläufer (siehe auch „Die Kette") gehört Tauwerk für mich zu einem ideal abgestimmten Ankergeschirr – auch wenn bei Flaute oder schwachem Wind der Zugwinkel etwas weniger optimal ist als mit einer Ankerkette. Der dadurch bedingte Verlust an Haltevermögen ist so gering, dass er vernachlässigt werden kann.

Selbst in der Flaute neigen Schiffe vor Anker oftmals dazu, zum Beispiel durch Meeresströmungen oder Neerströme in alle möglichen Himmelsrichtungen zu schwoien. Ohne Belastung verkürzt sich eine elastische Ankerleine und der mögliche Schwoikreis auf dem Ankerplatz verkleinert sich.

Je stärker der Wind auffrischt, desto länger wird die Ankerleine und desto kleiner wird auch der Angriffswinkel, was wiederum das Haltevermögen verbessert. Die sehr hohe Elastizität des Tauwerkes bewirkt ein maximales Dämpfungsverhalten. Auftretende Stöße durch Losekommen und Einrucken werden nicht ungedämpft an den Anker weitergeleitet.

Gurtband

Der Hauptvorteil einer Ankerleine aus Gurtband kommt vor allem bei Heckankern zum Vorschein, denn dort ist auf den meisten Yachten kein Kettenkasten angebracht. Flaches Gurtband kann eine mit Tauwerk vergleichbare Bruchlast aufweisen, es lässt sich aber sehr viel leichter auf einer am Heckkorb befestigten Rolle aufrollen und verstauen. Die Bruchlast für ein 35-Millimeter-Gurtband beträgt

Vergleich der Eigenschaften: Kette - Dehnbares Tauwerk		
	Kette	Dehnbares Tauwerk
Flaute	Kleiner Zugwinkel Exzellentes Haltevermögen	Großer Zugwinkel Minimales Haltevermögen
Leichte Brise	Zugwinkel vergrößert sich: Haltevermögen nimmt ab	Zugwinkel verkleinert sich: Haltevermögen nimmt zu
Starker Wind	Maximaler Zugwinkel mit minimalem Haltevermögen. Keine „Ruckdämpfer"-Funktion	Minimaler Zugwinkel mit maximalem Haltevermögen. Gute „Ruckdämpfer"-Funktion

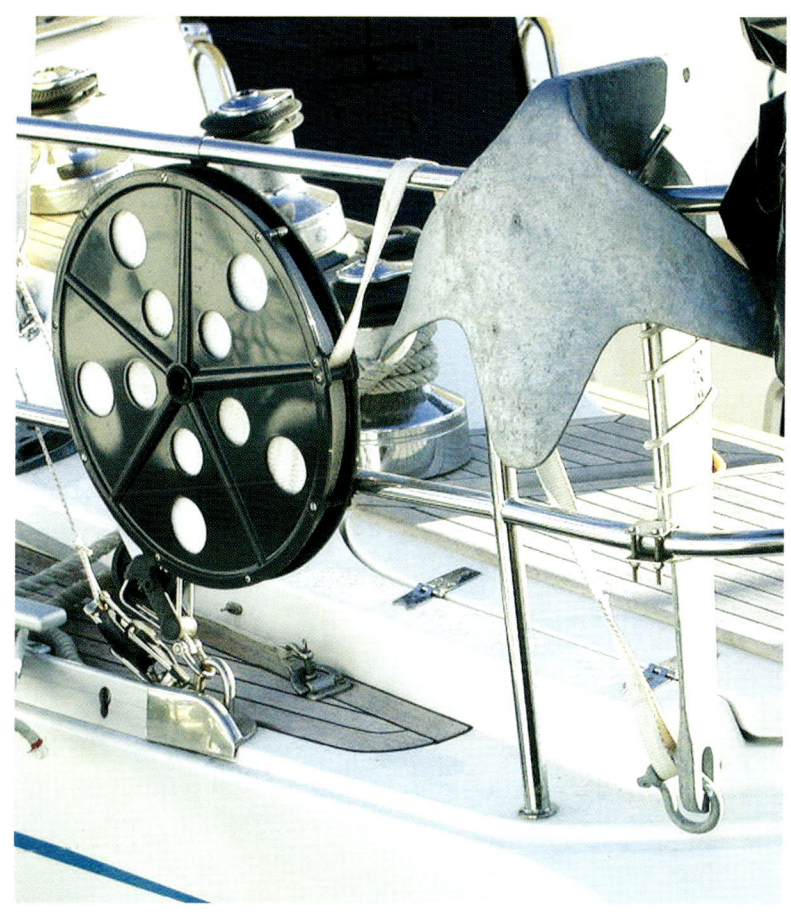

Gurtband lässt sich ideal aufrollen, ist leider nicht so dehnbar wie Polyamidleinen

„Square"-Leine: Die achtschäftig geflochtenen Fasern lassen sich vorzüglich mit der Ankerkette splei-ßen

Ankerleine, Ankerkette

Vergleich der Bruchlast Kette · Edelstahldraht 1x19 · Flexibler Edelstahldraht 7 x 19					
Durchmesser (mm)	6	8	10	13	16
Kette : Bruchlast (daN)	1.800	3.200	5.000	7.200	9.900
Edelstahldraht 1x19: Bruchlast (daN)	3.000	5.200	7.900	11.000	
Flexibler Edelstahldraht 7x19:Bruchlast (daN)	1.445	3.660	5.240		

zirka 4.000 Kilogramm. Gurtband ist leider nicht so gut dehnbar wie Polyamid-Tauwerk und man sollte die Befestigungsnähte an beiden Enden sehr oft auf eventuelle Beschädigung überprüfen. Gurtband kann nicht zusammen als Gurtband/Kette-Kombination mit einer Ankerwinde verwendet werden, zusammen mit einem kurzen Kettenvorläufer ist es jedoch eine ideale Ergänzung zu einem Aluminiumanker.

Warum nicht ein kurzer Vorläufer aus Edelstahldraht?

Haben Sie sich schon einmal vor Augen geführt, wie groß die Fläche eigentlich ist, mit der die Ankerkette auf dem Meeresboden aufliegt und somit den Anker daran hindert, sich noch weiter in den Boden einzugraben? Eine 10-Millimeter-Ankerkette (kurzgliedrig, DIN 766, lehrenhaltig) ist 36 Millimeter breit. Die ersten 50 Zentimeter Kette, die am Schaft des Ankers angebracht sind, haben demnach eine Oberfläche von 180 Quadratzentimetern, die dem Anker beim Eingraben entgegenwirken. Warum sollte man also nicht die ersten 50 Zentimeter durch einen Drahtvorläufer ersetzen? Zum Beispiel bei der Verwendung einer 10-Millimeter-Kette durch einen 8-Millimeter-Edelstahldraht der Konstruktion 1x19 oder 10 Millimeter flexibler Edelstahldraht der Konstruktion 7x19. Die Auflagefläche reduziert sich auf 40 Quadratzentimer.
Beide Drahtenden sollten mit Terminals verbunden werden, damit sie sich gut am Anker und sicher am ersten Kettenglied befestigen lassen. Diese einfache Modifikation wird es dem Anker erleichtern, sich tiefer einzugraben, wodurch sich sein Haltevermögen deutlich verbessert.

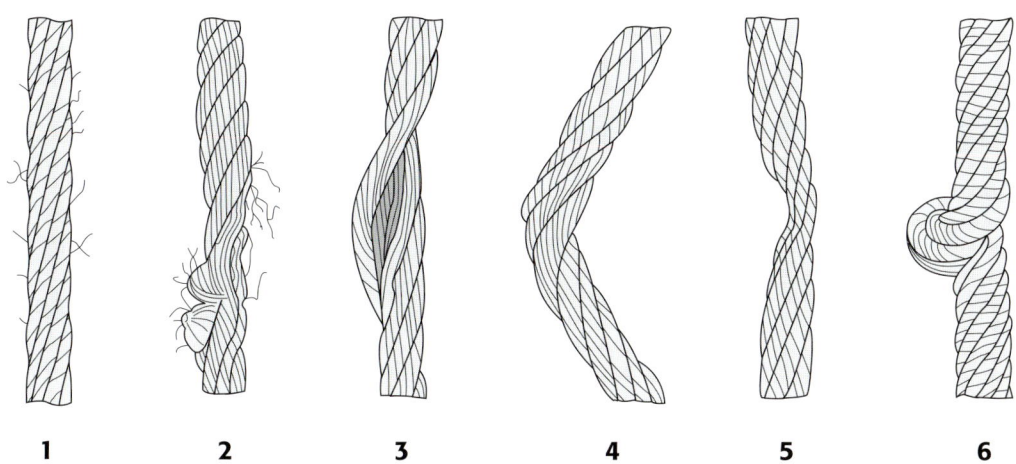

| 1 | 2 | 3 | 4 | 5 | 6 |

Auch Vorläufer aus Draht bedürfen einer ständigen Kontrolle. Schon erste Anzeichen einer Beschädigung zwingen zum Austausch. Die Anzeichen zeigen sich auf vielfältige Weise, wie zum Beispiel durch Längen (nach einer Überbelastung), Abrieb, Draht- oder Faserbrüche und durch Korrosion beziehungsweise Verwitterung. Die obigen Zeichnungen im Einzelnen: Drahtbrüche (1), Litzenbrüche (2), Aufdolchungen (3), Knicke (4), Quetschungen (5) und Kinken (6)

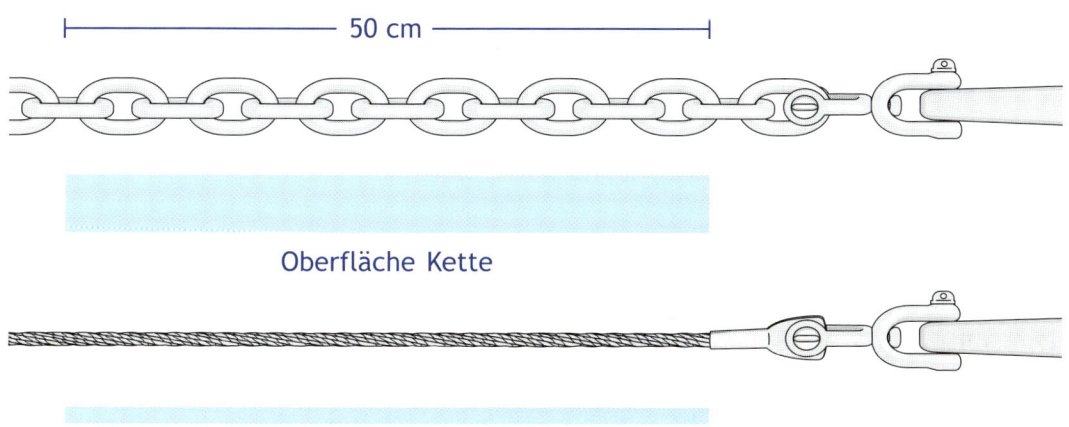

Oberfläche Kette

Oberfläche Draht

Die blauen Felder verdeutlichen die unterschiedlich großen Auflageflächen einer Kette und eines Drahtes. Der Anker wird durch eine Auflagefläche von 180 Quadratzentimetern (Beispiel linke Seite) am Eingraben gehindert. Ein Draht mit gleicher Bruchlast (1x19 oder 10 Millimeter flexibler Edelstahldraht der Konstruktion 7x19) liegt lediglich mit 40 Quadratzentimetern auf dem Meeresgrund auf.
An beiden Enden sollten Drahtvorläufer mit Terminals bestückt sein, um eine sichere Verbindung ohne „Sollbruchstelle" zwischen Anker und dem Kettenvorläufer zu schaffen

Ankerleine, Ankerkette

Gefährliche Verbindungen

Es macht keinen Sinn, die Bruchlast von Ankerleine und Kettenvorläufer sorgfältig aufeinander abzustimmen, wenn man nicht alle Bauteile des Ankergeschirrs mit der gleichen Sorgfalt betrachtet. Es sollte allgemein bekannt sein, dass ein Ankergeschirr nur der Bruchlast seiner schwächsten Verbindung widersteht. Den folgenden drei Punkten sollte unbedingt Aufmerksamkeit geschenkt werden:
• der Verbindung zwischen Ankerleine und Boot,
• der Verbindung zwischen Kette und Anker,
• der Verbindung zwischen Kette und Ankerleine.
Verbindungsglieder Kette/Kette werden hier nicht näher betrachtet, da sie für mich einfach verboten sind. Ein Kettenvorläufer sollte nur aus einem Stück Kette bestehen. Unbedingt sollten die mit Nieten verschließbaren Kettenverbindungsglieder vermieden werden, die man im Angebot bei fast allen Yachtausrüstern finden kann. Ihre Bruchlast beträgt maximal 50 Prozent der Kettenstücke, die sie miteinander verbinden sollen. Der Fachhandel bezeichnet sie deshalb als „Kettennotglied". Schon der Name sagt alles über den Verwendungszweck. Früher hießen diese Verbindungsglieder Kenterschäkel, benannt nach ihrem Erfinder Kenter.

Kettenglied zum Zusammennieten: geringe Bruchlast

Verbindung Leine oder Kette zum Boot

Dieser Punkt ist am einfachsten: Falls an Bord versehentlich ein unpräzise formuliertes Komando erteilt wurde: „Leine über Bord!" oder falls einem erfahrenen Seebär ein kleines Missgeschick unterlaufen ist, kann der Totalverlust des Geschirrs vermieden werden, wenn die Ankerleine oder Ankerkette zwangsweise mit dem Boot verbunden bleibt. Sollte man in einem Notfall gezwungen sein, den Ankerplatz schnell zu verlassen, ohne den Anker einholen zu können, muss man in der Lage sein, die Verbindung im Ankerkasten zu kappen. Auf jeden Fall sollte versucht werden, vorher einen großen Fender am Ende zu befestigen, damit eine reelle Chance besteht, den Anker mit der Leine oder Kette zu einem späteren Zeitpunkt wieder zu finden und bergen zu können.

Befindet sich die Verbindung an einer leicht zugänglichen Stelle, dann reicht es aus, das letzte Glied der Ankerkette (bei allen Skippern, die meinen Argumenten keinen Glauben schenken wollen und trotzdem weiterhin mit 100 Prozent Ankerkette zur See fahren möchten) mit einem dünnen Stück Tauwerk in mehrfachen Schlaufen mit dem Schiffsrumpf zu verbinden. Diese Lasching führt von der Ankerkette zu einem Auge im Ankerkasten. Diese Schlaufen sollten nochmals quer umwickelt werden. Wenn die Verbindung mit dem Schiffsrumpf nicht so leicht zugänglich ist, sollte man diese Lasching so lang ausführen, dass sie durch den Ketteneinlauf bis auf das Vordeck reicht.

Bei Verwendung einer Ankerleine sollte man sicherstellen, dass das Tauende, ob mit Kausch oder mit Knoten, durch die Kettenschütte (Kettenklüse) im Vordeck passt. Eine gute Lösung ist, eine Schlaufe mit lediglich einem Schaft des Tauwerkes zu spleißen. Diese Schlaufe braucht nicht der gesamten Zugkraft beim Ankern zu widerstehen, sondern sollte lediglich das Eigengewicht des Ankers mit Kette halten

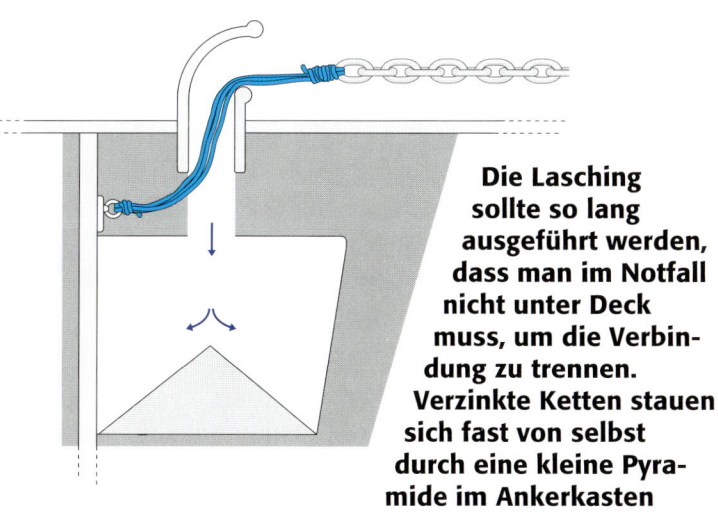

Die Lasching sollte so lang ausgeführt werden, dass man im Notfall nicht unter Deck muss, um die Verbindung zu trennen. Verzinkte Ketten stauen sich fast von selbst durch eine kleine Pyramide im Ankerkasten

können. Die Befestigung im Kettenkasten sollte so ausgelegt werden, dass zwischen 15 und 30 Prozent der Nennbruchbelastung erreicht werden. Auf meinem Boot habe ich am Ende der Ankerleine im Kettenkasten ein scharfes und gut eingefettetes Metallsägeblatt befestigt, mit dem ich im schlimmsten Fall die Leine kappen kann.

Ankerleine, Ankerkette

Verbindung Ankerkette/Anker

Ist ein Wirbel wirklich sinnvoll?

Ein Boot vor Anker neigt zuweilen dazu, mehrmals um den eigenen Anker herum zu schwoien. Ein Wirbelschäkel (Gabel / Gabel oder Auge / Gabel) zwischen Anker und Kette soll im Prinzip das dabei auftretende Verdrehen der Kette verhindern. Der Wirbelschäkel mit dem Drehgelenk muss hohe Lasten aufnehmen können, die der Bruchlast der Kette entsprechen.

Trotz Wirbelschäkel oder Kettenverbinder ist es unverzichtbar, einen Bugbeschlag am Steven (siehe auch Kapitel „Ankerzubehör") mit einer Leitrolle für die Ankerkette anzubringen. Vor diesem Bugbeschlag lösen sich meistens eventuelle Verdrehungsprobleme der Kette beim Einholen des Ankers ganz von selbst.

Es kann dabei hilfreich sein, den Anker beim Einholen zwischen Meeresboden und Bugbeschlag einige Zeit frei hängen zu lassen, damit entstandene Verdrehungen der Kette sich ausdrehen können.

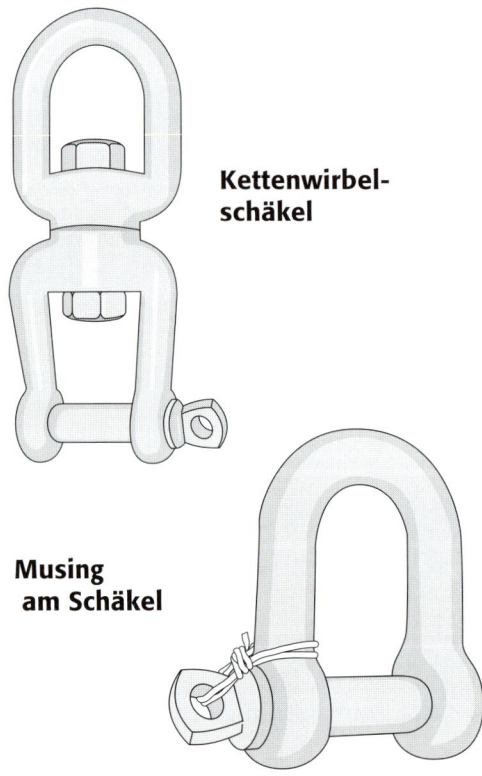

Kettenwirbel-schäkel

Musing am Schäkel

Selbst wenn ich kein großer Freund von Verbindungsstücken wie Wirbelschäkeln, Kugel- oder Drehverbindern bin, weiß ich, dass diese das Einholen des Ankers in die Ruheposition am Bugbeschlag erleichtern.

Zwei Kriterien sollten aber unbedingt beachtet werden:

• Die Arbeitslast der Wirbelverbindung sollte mindestens ebenso hoch wie die maximale Arbeitslast der Ankerkette sein.

• Die Wirbelverbindung sollte sich mit Leichtigkeit in die Richtung der Zugkraft ausrichten. Ist dies nicht der Fall, können auftretende Querkräfte den Wirbel verbiegen und somit entscheidend schwächen. Bei der nächsten Belastung kann er dann brechen.

Die einfachste Lösung besteht aus einem guten, altbewährten Schäkel. Dieser sollte stets „eine Nummer" größer

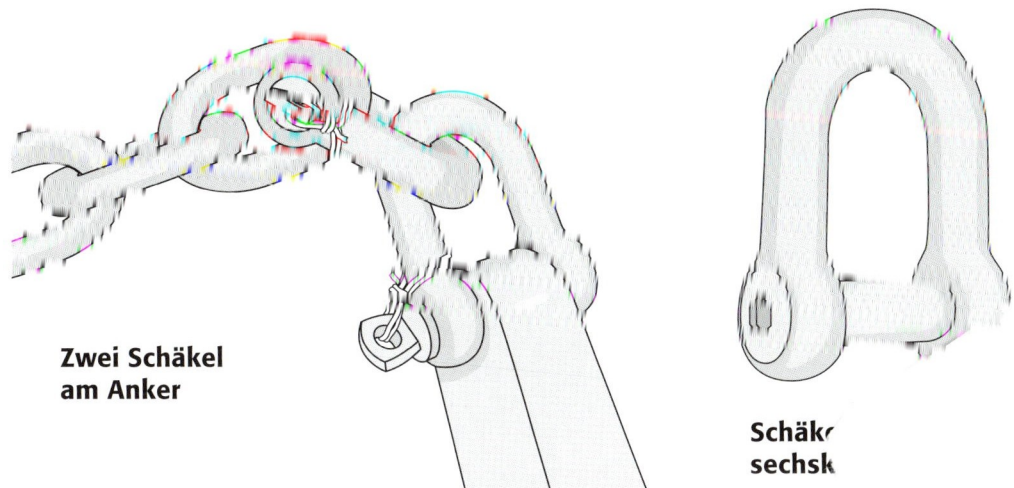

**Zwei Schäkel
am Anker**

**Schäk(
sechsk**

als die Kette sein: Für eine 10-Millimeter-Kette sollte man einen 12er-Schäkel verwenden. Außerdem sollte der Bolzen des Schäkels immer mit einem dünnen Musingdraht gegen unbeabsichtigtes Herausschrauben gesichert werden. Musingdraht gibt es als verzinkte weiche Eisendrahtlitze oder als weichgeglühte Bindelitze aus Edelstahl rostfrei aus dem Werkstoff 1.4491.

Unglücklicherweise ist es nicht immer möglich, das „Auge" des Schäkels direkt durch den Schaft des Ankers hindurchzuführen. In diesem Fall sollte man einfach zwei Schäkel verwenden. Es kommt leider oft vor, dass sich der äußere flache Teil des Schäkelbolzens beim Einholen des Ankers im Bugbeschlag verklemmt. Abhilfe schaffen lässt sich mit Schäkeln, die einen Bolzen mit gefrästem Innensechskant (Imbus-V-Kopf) haben, der nicht über die Außenseite des Schäkelschenkels hinausragt. Um sicherzustellen, dass sich der V-förmige Schäkelbolzen nicht ungewollt herausdreht, sollte man mit Körner und Hammer den äußeren Rand des Bolzenkopfes ankörnen.

Verbinder Kette und Anker

Genauso findet man bei Yachtausrüstern Verbindungsstücke, die speziell hergestellt werden, um Anker und Kette zu verbinden. Diese Verbindungsstücke sollten mit großer Skepsis betrachtet werden:

• Arbeits- und Bruchlast sollten unbedingt präzise vom Hersteller angegeben sein. Wenn diese wichtigen Angaben fehlen, sind sie mit hoher Wahrscheinlichkeit viel schlechter als die Werte der Ankerkette.

• Die Verbindung muss sich unbedingt der Zugkraft folgend ausrichten können, auch wenn der Anker in seiner Rotationsachse blockiert sein sollte. Der Grenzwert

Ankerleine, Ankerkette

Ketten/Ankerverbindung mit Wirbel, prüfen Sie die Grenzwerte für Belastungskräfte in Längs- und in Querrichtung

der Bruchlast gilt für Belastungen in der Längsrichtung und auf gar keinen Fall für Belastungen durch Kräfte, die aus einer Querrichtung wirken.

• Zu eliminieren und zu entsorgen sind Verbindungen, die eine geschraubte Achse verwenden, welche wiederum eine kleine Schraube mit gefrästem Senkkopf enthält, um unbeabsichtigtes Herausdrehen zu verhindern. Dieses System verhindert zwar ein zufälliges Herausdrehen der Achse, das notwendige Loch in der Achse zur Aufnahme der Schraube schwächt jedoch die Achse so stark, dass deren Belastbarkeit beträchtlich geringer ausfällt als die maximale Belastbarkeit der Ankerkette.

Im Fachhandel werden Verbinder (Powerball) geführt, die sich nicht nur um ihre eigene Achse drehen, sondern sich auch noch bis zu 30 Grad in alle Richtungen stellen. So wird in fast allen Fällen eine Querbelastung vermieden.

Wenn Sie alle genannten Ratschläge beachten wollen, kann es gut sein, dass Ihnen nur noch die Möglichkeit bleibt, die guten altbewährten Schäkel einzusetzen. Oder, warum nicht, einen Toggle wie auf meinem eigenen Boot?

Achse der Verbindung mit Bohrung: Schwachpunkt

Verbindung Kette/Anker auf der Segelyacht Hylas

Verbindung Kette/Tauwerk mit Augspleiß, Kausch und Schäkel

Ankerleine, Ankerkette

Verbindung Kette/Tauwerk

Für diese Verbindung gibt es eine gute und weniger vorteilhafte Methoden:
• Die weniger gute Lösung ist es, das Tauwerk mit einem Augspleiß um eine Kausch herum abzuschließen. Der hauptsächliche Nachteil dieser Methode ist, dass eine Kausch nicht immer so leicht durch den Bugbeschlag passt, mit der Kettennuss der Ankerwinde Probleme bekommt und fast niemals durch den Ketteneinlauf des Kettenkastens hindurchgequetscht werden kann.

• Ein Spleiß ermöglicht die Verwendung einer Ankerwinde mit kombinierter Tauwerk/Kettennuss. Es gibt zwei Möglichkeiten, diesen Spleiß zu realisieren:
• Ein Spleiß Tauwerk auf Tauwerk, nach einer Kehrtwendung durch das erste Kettenglied hindurch: - Das Tauwerk verliert leider 50 Prozent seiner Belastungsfähigkeit, da es mit kleinem Biegeradius durch das erste Kettenglied hindurchgeführt werden muss. Dieses sollte man möglichst vermeiden.
• Der direkte Spleiß Tauwerk auf Kette: Bei dieser Möglichkeit bleibt die Belastungsfähigkeit der Ankerleine praktisch vollständig erhalten. Ein Spleiß mit dreischäftig gedrehtem Tauwerk auf Kette ist etwas schwieriger zu realisieren. Ideal ist geflochtenes „Square Line"-Tauwerk zu verwenden, welches aus vier in Paaren geflochtenen Schäften besteht.

Ankerleine, Ankerkette

Anfertigung des Spleißes:

Benötigtes Material: zwei verschiedenfarbige Filzstifte, ein Maßband oder Lineal, eine Rolle Klebeband, ein Messer, eine Spule Takelgarn aus Nylon für die Taklings, ein Lötkolben oder heizbares Schneidmesser (oder ein Metallsägeblatt und ein Feuerzeug.

Spleiß dreischäftig geschlagenem Tauwerk mit einer Kette

Zählen Sie vom Ende des Tauwerkes aus zwölf Windungen ab und markieren Sie dann die zwölfte Windung (siehe Fotos A bis D auf den Seiten 118 und 119). Bringen Sie genau hinter dieser Markierung einen Takling an.

Wickeln Sie nun das Ende des Taues bis zum Takling auf und markieren die drei separaten Stränge mit farbigen Filzstiften.

1. Führen Sie den blauen Strang des Taues durch das erste Kettenglied.

2. Führen Sie den roten Strang des Taues von der gegenüberliegenden Seite durch das erste Kettenglied und ziehen die beiden Stränge fest, bis das erste Kettenglied am Takling anliegt.

3. Führen Sie den weißen Strang des Taues durch das zweite Kettenglied.

4. Führen Sie nun den blauen Strang des Taues von der gegenüberliegenden Seite durch das zweite Kettenglied.

5. Führen Sie den roten Strang des Taues durch das dritte Kettenglied.

6. Führen Sie nun den weißen Strang des Taues von der gegenüberliegenden Seite durch das dritte Kettenglied. Fahren Sie so lange mit der beschriebenen Methode fort, bis das Ende der Stränge erreicht ist; achten Sie aber immer darauf, dass die Stränge so fest wie möglich an der Kette anliegen.

Bringen Sie am Ende der Stränge Taklings an und verschmelzen Sie anschließend die Faserenden mit einem Lötkolben oder einem Feuerzeug.

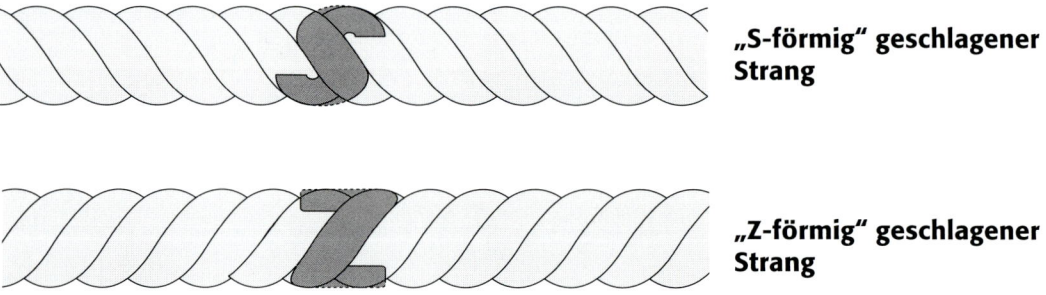

„S-förmig" geschlagener Strang

„Z-förmig" geschlagener Strang

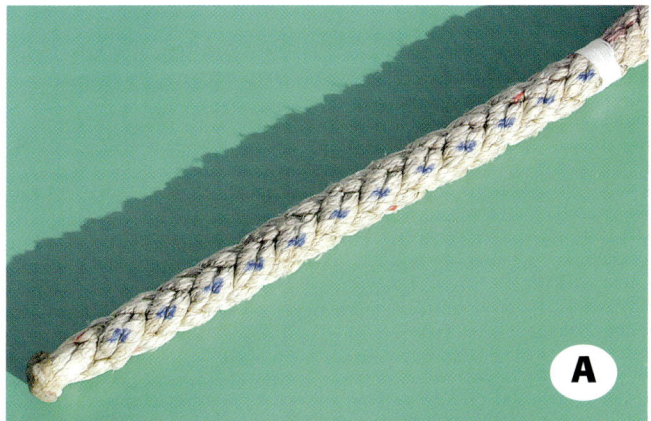

Markierung der Maschen

Die ersten beiden Kettenglieder

Die ersten vier Kettenglieder

Spleiß von achtschäftig geflochtenem „Square-Line"-Tauwerk mit einer Kette

A. Zählen Sie vom Ende des Tauwerkes aus zwölf Maschen ab und markieren Sie dann die zwölfte Masche mit einem Filzstift.

B. Bringen Sie genau hinter dieser Markierung einen Takling an.

C. Wickeln Sie nun das Ende des Taues bis zum Takling auf.

Trennen Sie die „S-förmig" geschlagenen Stränge von den „Z-förmig" geschlagenen Strängen und sichern Sie danach alle Strangenden mit Klebeband ab.

• Richten Sie das Tauende so aus, dass es in Längsrichtung vor Ihnen liegt und legen Sie die „S-förmig" geschlagenen Stränge auf die rechte Seite.

• Führen Sie ein „S-förmiges" Strangpaar durch das erste Kettenglied hindurch bis es am Takling anliegt.

121

• Führen Sie das zweite „S-förmige" Strangpaar von der gegenüberliegenden Seite ebenfalls durch das erste Kettenglied bis zum Takling. Dabei sollten die beiden Tauwerkpaare zusätzlich ineinander verflochten werden.
• Führen Sie nun das erste Z-förmige Strangpaar durch das zweite Kettenglied (B).

Das zweite Z-förmige Strangpaar sollte von der gegenüberliegenden Seite durch das zweite Kettenglied gezogen werden, wobei man darauf achten sollte, dass alle Stränge möglichst eng an der Kette anliegen.
Fahren Sie fort, indem Sie das erste S-förmige Strangpaar durch das dritte Kettenglied hindurch weiterleiten, und folgen Sie dieser Methode, bis alle Strangenden mit der Kette verspleißt sind.
Bringen Sie am Ende der Strangpaare Taklings an und verschmelzen Sie dann die Faserenden mit dem Lötkolben oder einem Feuerzeug. (F)

Es geht weiter..

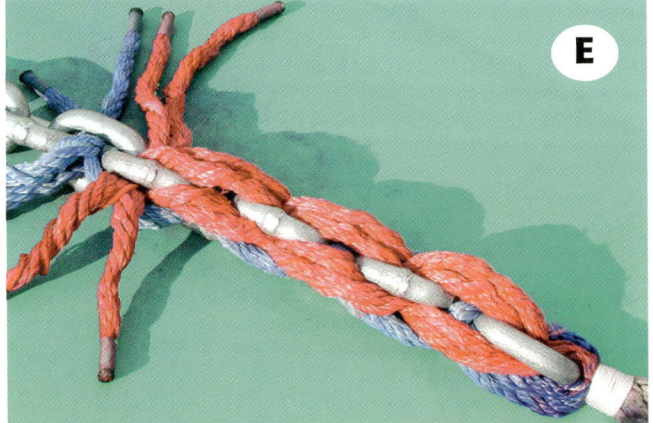

... vor dem letzten Kettenglied ...

Abschluss des Spleißes.

122

Markierung der Ankerkette

Wir haben am Anfang dieses Kapitels gesehen, wie wichtig es ist, die Länge der ausgebrachten Ankerkette/Leine individuellen Ankerplätzen und Wetterbedingungen anpassen zu können. Man sollte deshalb immer in der Lage sein, die ausgebrachte Länge präzise zu bestimmen. Hierzu kann man relativ teure elektronische Kettenzählwerke verwenden oder man entscheidet sich für eine der sehr viel preiswerteren optischen Markierungsmethoden.

Bemalen der Ankerkette

Dies ist genau die richtige Arbeit für das Winterlager. Gemalte Markierungen auf der Kette sind sehr gut sichtbar und in allen Regenbogenfarben leicht aufzutragen. Unglücklicherweise gibt es keine Farbe, die auf einer feuerverzinkten Ankerkette hält und es ist wahrscheinlich nötig, die Markierungen jeden Winter zu erneuern.

Bemalen der Ankerkette

Ankerleine, Ankerkette

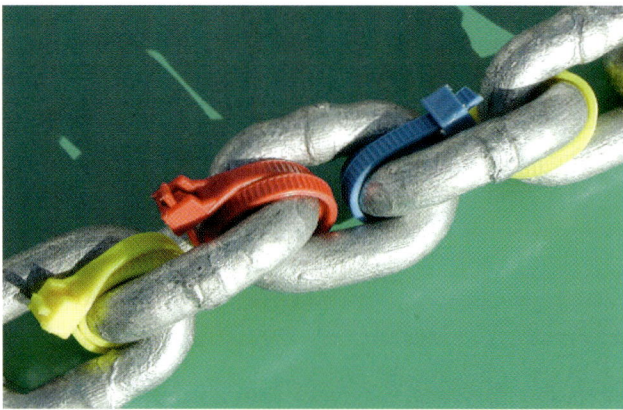

Farbige Kabelverbinder

Farbige Kabelverbindungen

Beim Yachtausrüster, oder noch besser beim Elektrogroßhändler, kann man farbige Elektrokabelverbindungen erwerben. Auch hier gibt es eine gute und eine weniger vorteilhafte Methode, sie an der Ankerkette zu befestigen:

• Wenn man sie an der Seite des Kettengliedes befestigt, läuft man Gefahr, dass sie recht schnell in der Kettennuss des Ankerspills oder am Einlass des Kettenkastens abreißen oder das markierte Kettenglied in der Kettennuss des Ankerspills blockiert wird.

• Die Kabelverbindungen sollten am besten an der Stelle befestigt werden, an der sich die beiden Kettenglieder berühren. Dort stören sie weder in der Kettennuss der Ankerwinde, noch am Ketteneinlass auf dem Vordeck. Den „Schwanz" der Kabelverbindungen kann man abschneiden oder wegen der besseren Sichtbarkeit auch dranlassen. Er sollte dann aber in Richtung des Ankers zeigen, damit er sich nicht ungewollt am Ketteneinlass verhakt.

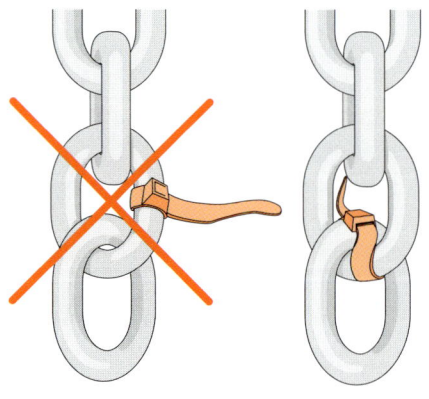

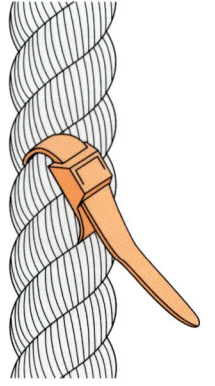

Montage der Kabelverbinder

„Diabolo"- Markierungen

„Diabolo"-Markierungen

Die eleganteste Methode ist meiner Meinung nach, eine Ankerkette mit einem Satz acht kleiner Diabolos zu markieren. Sie sind sehr gut sichtbar, leicht anzubringen, fast unzerstörbar und behindern weder beim Ausbringen noch beim Einholen der Ankerkette.

Farbcodierung

Es ist allgemein bekannt, dass sich über Geschmack und Farben streiten lässt. Jeder ist selbstverständlich frei, Markierungen nach seinem eigenen Geschmack anzubringen. Zwei Methoden möchte ich an dieser Stelle vorstellen.
Die Nationalflaggenmethode (gilt leider nur für Länder mit einer dreifarbigen Flagge) besteht darin, die ersten fünf Meter mit einem schwarzen Strich auf der Kette zu markieren, zehn Meter mit einem schwarzen und einem roten Strich und 15 Meter mit Schwarz, Rot und Gold. 20 Meter werden dann wieder mit einem (oder diesmal sogar mit zwei) schwarzen Strichen markiert, und so weiter.
Auf meinem Boot verwende ich kleine Diabolos nach der folgenden Farbcodierung:

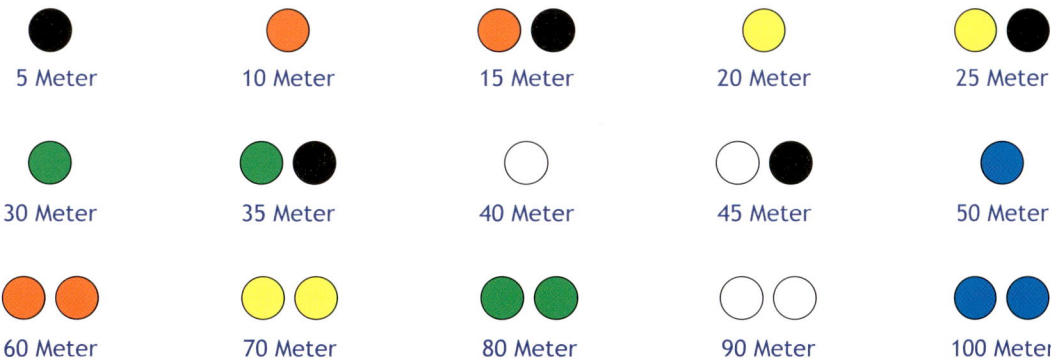

5 Meter	10 Meter	15 Meter	20 Meter	25 Meter
30 Meter	35 Meter	40 Meter	45 Meter	50 Meter
60 Meter	70 Meter	80 Meter	90 Meter	100 Meter

125

Ankerleine, Ankerkette

Markierung der Ankerleine

Anders als auf einer Ankerkette hält Farbe sehr gut auf Tauwerk. Leider hält Farbe zu gut, wenn man den Spleiß zwischen Kette und Leine erneuern möchte oder die Leine verkürzen muss, denn alte Farbmarkierungen lassen sich nicht wieder entfernen. Stattdessen kann man aber auch kurze farbige Streifen aus Spinnaker-Segeltuch in das Tauwerk einweben und vernähen.

Schutz der Ankerleine

Auf der Seite des Ankers besteht der einzig empfehlenswerte Schutz gegen mechanische Beschädigung aus einem adäquaten Vorläufer aus Ankerkette.

Auf Seiten des Bootes ist es genauso unverzichtbar, die Ankerleine wirksam gegen Abnutzung zu schützen. Die Schutzvorrichtung sollte am Bugbeschlag oder der Kettenklüse angebracht werden und aus einem dicken Stück Leder oder einer Länge Gummi-, Plastik- oder Feuerwehrschlauch bestehen. Um gegen Bewegungen der Ankerleine gewappnet zu sein, sollte man das Schutzmaterial mithilfe mehrerer Taklings gegen unbeabsichtigtes Verrutschen fest verzurren.

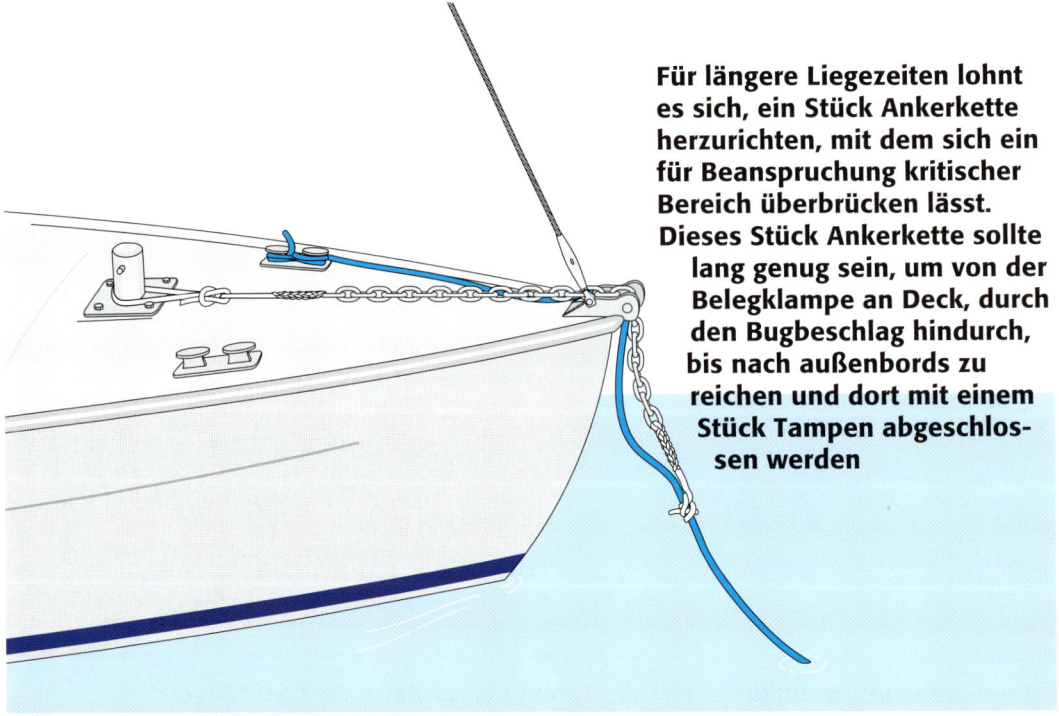

Für längere Liegezeiten lohnt es sich, ein Stück Ankerkette herzurichten, mit dem sich ein für Beanspruchung kritischer Bereich überbrücken lässt. Dieses Stück Ankerkette sollte lang genug sein, um von der Belegklampe an Deck, durch den Bugbeschlag hindurch, bis nach außenbords zu reichen und dort mit einem Stück Tampen abgeschlossen werden

Wenn man beabsichtigt, längere Zeit bei Schwell vor Anker liegen zu bleiben, empfiehlt es sich, ein Stück Ankerkette herzurichten, mit dem sich ein hinsichtlich der Beanspruchung kritischer Bereich überbrücken lässt. Dieses Stück Ankerkette sollte lang genug sein, um von der Belegklampe an Deck, durch den Bugbeschlag hindurch, bis nach außenbords zu reichen und dort mit einem Stück Tampen abgeschlossen sein. Eine Kausch mit Augspleiß lässt sich verwenden, um ein Ende des Tampens am Kettenstück zu befestigen, während das andere Ende mit einem Stopperstek an der Ankerleine verknotet werden sollte. Es ist wichtig, darauf zu achten, dass Kettenstück, Schäkel, Kausch und Tampen alle mindestens einer genauso hohen Bruchlast widerstehen können wie die gesamte Ankerleine.

Instandhaltung des Ankergeschirrs

Im Winterlager oder vor jeder Segelreise sollte man das Ankergeschirr überprüfen. Folgende Punkte sollten auf jeden Fall kontrolliert werden:
• Feuerverzinkung des Ankers kontrollieren und falls notwendig erneut verzinken
• Feuerverzinkung der Ketten kontrollieren, gegebenenfalls anders herum montieren oder erneut verzinken

Eine neue Feuerverzinkung wird die Lebensdauer der Ketten verlängern

Ankerleine, Ankerkette

Wenn die Rosttränen laufen, ist der Kettenvorlauf meist nicht mehr zu retten

• Verbindung zwischen Kette und Anker auf Rost, Deformation und festen Sitz des Schäkelbolzens prüfen
• Deformation der Kettenglieder in Zugrichtung überprüfen
• Kette auf Abnutzung im Bereich der Kontaktpunkte kontrollieren
• Kettenglieder auf Risse und Bruch prüfen
• Ankerleine: Spleiß der Ankerleine zwischen Kette und Leine überprüfen, gegebenenfalls abschneiden und erneuern
• Eingeschlossenen Sand in tiefem Wasser auswaschen, um Abrieb zu verhindern
• Ankerleine auf Abnutzungsschäden untersuchen
• Kontrolle der Verbindung im Ankerkasten
• Kontrolle und eventuell Ausbesserung der Längenmarkierung.

Es kann sich als vorteilhaft herausstellen, den Anker weiß zu malen, um bei klarem Wasser erkennen zu können, ob er sich ausreichend tief in den Meeresboden eingegraben hat.

Erneuerung der Feuerverzinkung einer Ankerkette:

Der Kettenabschnitt nahe am Anker ist den stärksten mechanischen Abnutzungskräften ausgesetzt und verliert deshalb zuerst seine Schutzschicht aus Zink. Damit sich diese Schutzschicht möglichst gleichmäßig abnutzen kann, ist es sinnvoll, die

Es kann vorteilhaft sein, den Anker weiß zu streichen

Ankerkette nach einer gewissen Zeit umzudrehen, indem man beide Enden miteinander vertauscht.

Bevor man seine Ankerkette aber einer Firma zur neuen Verzinkung anvertraut, sollte man prüfen, ob die Kettenglieder nicht durch Rost oder Abnutzung zu dünn geworden sind. Ein bis zu zehn Prozent verringerter Durchmesser ist gerade noch zulässig und tolerierbar.

Es ist sinnvoll, sich bei der in Frage kommenden Firma zu erkundigen, ob die folgenden Kriterien erfüllt werden können:

• Stellen Sie sicher, dass die Firma ausreichend starke Säurebäder verwendet, um Farbreste und Markierungen restlos zu entfernen. Wenn das Gegenteil der Fall ist, dann sollte die Ankerkette zum Beispiel mit einem Gasbrenner von Verunreinigungen befreit werden.

• Stellen sie ebenfalls sicher, dass die Firma nach Abschluss des Galvanisierungsprozesses eine Rütteltrommel einsetzt, um zu verhindern, dass sich die Kettenglieder beim Abkühlen mit ihrer Zinkschicht zusammenschweißen. Falls dieses passiert, ist es unumgänglich, die Kettenglieder eins nach dem anderen auf mühsame Weise mit dem Hammer voneinander zu trennen. Es ist ziemlich sicher, dass bei dieser ermüdenden Arbeit die gerade aufgebrachte Zinkschicht beschädigt wird und man am besten die Feuerverzinkung gleich noch einmal erneuern lässt.

Als die Schiffe
aus Holz und
die Männer aus
Eisen waren,
machte Ankern
noch Arbeit

Ankerzubehör

Bugbeschläge

Wer die Absicht hat, sich ernsthaft und kritisch mit Bootsbau zu beschäftigen, sollte am besten mit dem Bugbeschlag beginnen. Einige Bugbeschläge sind ihren Anforderungen entsprechend konstruiert, während andere stark zu wünschen übrig lassen. Ein Ankergeschirr kann nur gut funktionieren, wenn sich der Anker perfekt in den Bugbeschlag einfügt und dort sicher in seiner Ruheposition verstaut werden kann. Weiterhin sollten Ankerleine und Kette problemlos durch den Beschlag laufen können und dabei sicheren Halt finden.

• Ein Bugbeschlag sollte unbedingt der Form des Ankers angepasst sein. Ein Anker sollte auf Dauer sicher, fest und in einsatzbereitem Zustand gelagert werden. Diese Anforderungen werden nur von speziell konzipierten Beschlägen erfüllt.

• Der Bugbeschlag sollte weit genug über die Bordwand hinausragen, damit der Anker beim Einholen der Kette nicht den Steven berühren oder ihn gar beschädigen kann. Er darf aber auch nicht zu weit überstehen; bei hohem Schwell würde sonst der längere Hebelarm sehr starke Kräfte auf den Bugbeschlag und sein Befestigungsfundament ausüben.

• Sollte der Anker in seiner Ruhestellung Gefahr laufen, den Schiffsrumpf zu berühren, dann kann es sinnvoll sein, einen „Croissant"-förmigen Bugfender unter dem Bugbeschlag anzubringen. Der Anker kann sich dann an den Bugfender anschmiegen, wird aber gleichzeitig in angemessenem Abstand vom Schiffsrumpf entfernt gehalten.

• Wenn möglich, sollte der Bugbeschlag mit einer Vorrichtung ausgestattet sein, die den Anker in seiner Ruheposition sicher fixiert.

• Bugbeschläge mit Wippe können Ausbringen und Einholen des Ankers erleichtern.

• Die Form der Bugrolle sollte sowohl für Ketten als auch für Leinen geeignet sein. Als Herstellungsmaterial kommen Metall (Bronze) oder Kunststoff (Delrin oder Teflon) in Frage.

• Damit sich die Ankerkette beim Einholen nicht verdrehen kann, ist es hilfreich, eine kleine Nut in die Mitte der Bugrolle hineinzufräsen. Um Ankerleinen guten Halt bieten zu können, ist es vorteilhaft, die Bugrolle halbmondförmig anzufräsen. Unter Last wird die Leine dann in der Mitte der Rolle gehalten.

• Sobald das Boot beginnt, vor Anker zu schwoien, zieht die Ankerleine an den Seitenbacken des Bugbeschlages. Um die Gefahr mechanischer Schäden auf ein Minimum zu reduzieren, sollten die äußeren Enden der Backen abgerundete Oberflächen aufweisen oder ideal mit seitlichen Stützrollen ausgestattet werden.

Dieser Bugbeschlag
hat inakzeptabel
dünne Backenbleche
und somit beste
Aussichten ...

... so wie dieser Bug-
beschlag zu enden

133

Ankerzubehör

• Eine Vorrichtung am Bugbeschlag sollte ebenfalls verhindern, dass die Ankerleine bei hohem Schwell aus dem Bugbeschlag herausspringen kann. Diese Vorrichtung sollte leicht demontierbar sein, um einen schnellen Austausch der Ankerleine zu ermöglichen.

• Es ist nicht immer der Fall, dass ein Bugbeschlag mit zwei Rollen ebenfalls dazu geeignet ist, zwei Anker in Ruheposition aufzunehmen. Das zusätzliche, weit vom Gewichtsschwerpunkt des Bootes entfernte Gewicht ist ein schwer wiegender Nachteil und kann nicht durch einen zweiten einsatzbereiten Anker kompensiert werden. Ein zweiter Anker sollte vorzugsweise im Ankerkasten, oder noch besser in der Nähe oder unterhalb des Gewichtsschwerpunktes des Schiffes gelagert werden.

Doppelbeschlag: abgerundete Backen-bleche am hinteren Teil

Beschlag eines Serienbootes: Der Durchmesser der Bugrollen ist zu klein

Maßgeschneidert: Hier wird es schwer, einen anderen Anker zu installieren

Maßgeschneiderter Bugbeschlag mit kräftigen Backenblechen

Einfacher Beschlag und ein Beschlag mit Wippe

Heckbeschlag: Zu beachten sind die seitlichen Stützrollen gegen Abrieb

„Croissant"-förmiger Bugfender, um eine Rumpfbeschädigung zu vermeiden

Übertriebene Halterung: Dieser Anker fällt nicht freiwillig

Der Schaft wird durch einen Sicherungsstift gehalten

Gesicherter Anker auf einer Wippe, allerdings ohne Halterung für den Schaft

Bugbeschlag mit Wippe

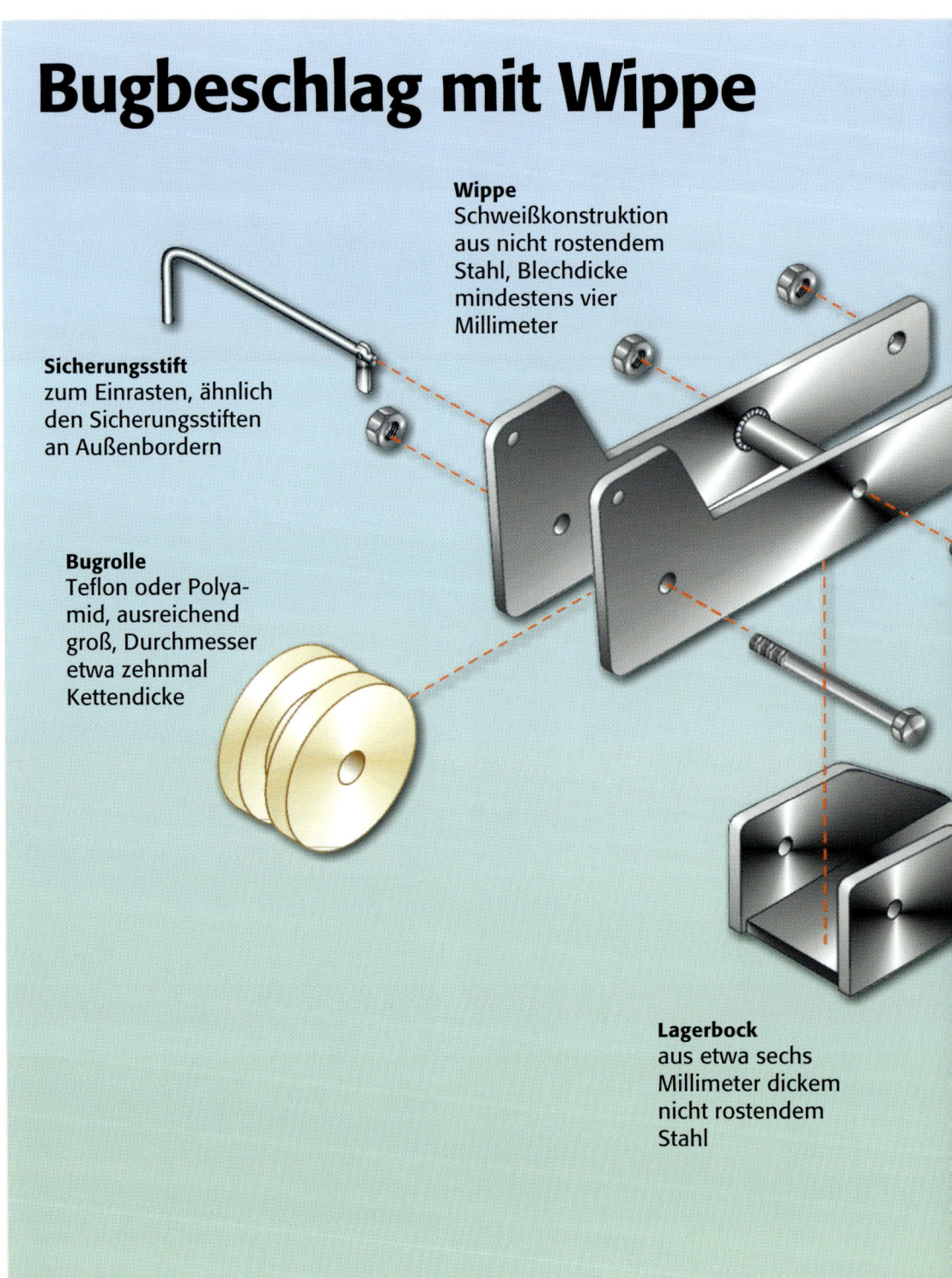

Wippe
Schweißkonstruktion aus nicht rostendem Stahl, Blechdicke mindestens vier Millimeter

Sicherungsstift
zum Einrasten, ähnlich den Sicherungsstiften an Außenbordern

Bugrolle
Teflon oder Polyamid, ausreichend groß, Durchmesser etwa zehnmal Kettendicke

Lagerbock
aus etwa sechs Millimeter dickem nicht rostendem Stahl

Führungsrolle
Teflon oder Polyamid,
Durchmesser etwa
sechsmal Kettendicke

Die Hälfte aller Probleme beim Ankern ist auf konstruktive
Schwächen der Bugbeschläge zurückzuführen. Ein vernünfti-
ger Bugbeschlag ermöglicht in Verbindung mit einer Anker-
winde, dass der Anker von einer Person bedient werden kann.
Dafür sollte er folgende Anforderungen erfüllen:
- Der Anker soll selbsttätig fallen, sobald die Kette Lose hat.
- Die Kette darf auch bei Starkwind und entsprechenden
  Schiffsbewegungen nicht aus der Führung rutschen.
- Der Anker muss sich leicht und in einem Arbeitsgang holen
  und auf Deck stauen lassen.
- Der Anker muss in Fahrt sicher befestigt sein.

Dazu muss der Anker in einer Wippe gefahren werden. Starre
Rollen erfordern in dem Moment, wenn der Schaft die Rolle
erreicht, durch die Hebelwirkung des Ankers sehr viel Kraft,
um den Anker einzuholen. Durch die Wippe wird der 90-
Grad-Zugwinkel der starren Rolle halbiert, sodass der Anker
leicht in die Führung gleitet. Form und Durchmesser der
Kettenrollen müssen der Kette angepasst sein. Ein zu kleiner
Durchmesser führt zu hohen Reibungsverlusten. Der
Sicherungsstift dient in erster Linie dazu, die Kette in der
Führung zu halten.

Schrauben oder Bolzen
Mindestdurchmesser zwölf Millimeter. Schrauben sollten selbst-
sichernde Muttern haben, die
zusätzlich mit Schrauben-
sicherungsmittel behandelt werden

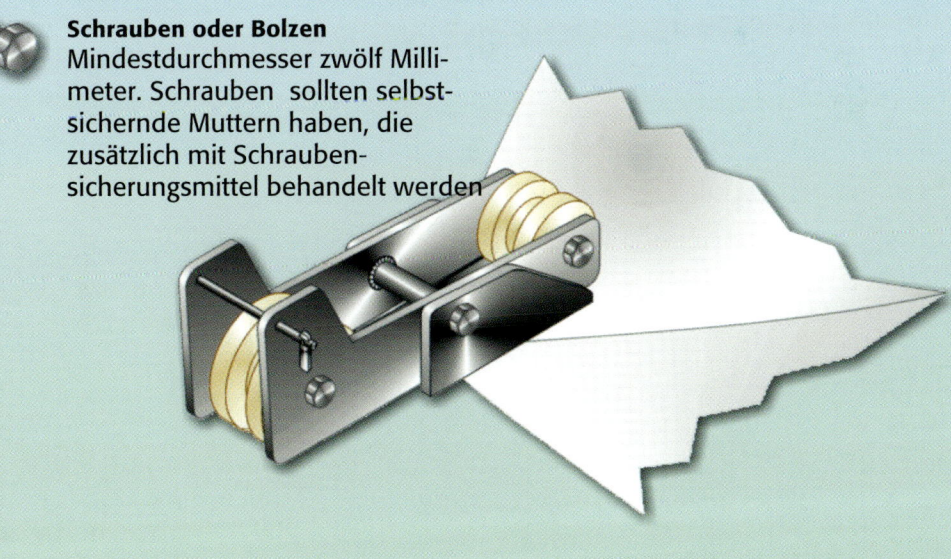

Ankerzubehör

Bugplattformen mit schweren Ankern vertrimmen das Schiff

Bugplattform

Eine Bugplattform eignet sich hervorragend zum Beobachten von Delfinen. Wie auch beim Klüverbaum erlaubt sie es, das Vorstag weiter nach vorn zu verlegen oder dort Gennaker oder asymmetrische Spinnaker anzuschlagen. Außerdem kann man den Hauptanker weiter vom Steven entfernt fahren, damit er beim Einholen nicht gegen die Bordwand schlägt. Für ein erleichtertes Verstauen in der Ruheposition ist ebenfalls gesorgt.

Kein Problem, wenn das Boot bereits mit einer Bugplattform ausgerüstet ist. Falls Sie jedoch mit dem Gedanken spielen, eine Bugplattform neu zu installieren, dann sollten Sie unbedingt die hohen Zugkräfte bedenken, die auf diese Konstruktion bei schlechtem Wetter einwirken können. Je weiter vorn eine Bugrolle angebracht ist, desto länger ist auch der Hebelarm, der die großen Kräfte verursacht. Auch hier gilt es, einen Kompromiss zwischen unverzichtbarer Solidität und einem Zugewinn an schlecht platziertem Gewicht im Boot zu finden. Ein Zugang zur Vorpiek ist absolut notwendig, um dort solide Verstärkungen anbringen zu können, die zusätzliche vertikale und horizontale Kräfte absorbieren und vorzugsweise an Spanten und Verstrebungen des Rumpfes ableiten.

Leider birgt das Wasserstag einer Bugplattform oder eines Klüverbaums noch einen weiteres Problem: Falls der Rückwärtsgang der Maschine beim Anlegemanöver einmal nicht wie erwartet funktionieren sollte, dann schützt bei leichten Kollisionen mit Steg, Kaimauer oder einem anderen Schiff das Wasserstag den eigenen Vorsteven vor Kratzern. Bei starken frontalen Kollisionen werden jedoch die Aufprallkräfte über das Klüverstag an das Rigg weitergeleitet, was unter ungünstigen Umständen leider zum Mastbruch führen kann.

Falsch konfigurierte Bugplattform. Der Schutzschlauch am Wasserstag zeigt, dass es vor Anker „Reibereien" mit schlafstörenden Geräuschen gibt

Ankerzubehör

Ankerwinden

Auf kleineren Booten erlauben das niedrige Gewicht des Ankers und der geringe Durchmesser der Ankerkette oder des Kettenvorläufers, auf Ankerwinden ganz zu verzichten. Als absolute Obergrenze für den Handbetrieb ohne Winde sollte das Gesamtgewicht des Ankers mit Kettenvorläufer und Ankerleine 50 Kilogramm nicht überschreiten. Danach kommen Bandscheibenvorfälle.

Auf größeren Schiffen gehört eine Ankerwinde zur Ausrüstung. Je nach Lage der Hauptachse unterscheidet man zwischen Horizontal- und Vertikalwinden.

Kleinere Ankerwinden, egal welcher Zugehörigkeit, können noch manuell angetrieben werden, während größere Winden über einen elektrischen oder einen hydraulischen Antrieb verfügen. Ausnahmen bieten hier Traditionsschiffe, die trotz beachtlicher Schiffsgrößen mit manuellen Ankerwinden zur See fahren.

Vertikale Ankerwinde

Ob horizontal oder vertikal, Ankerwinden bestehen mehr oder weniger aus den gleichen Bauelementen:

• Einer Energiequelle: Kurbel oder Ratsche für handbetriebene Winden; Elektromotor oder Hydraulikpumpe für den anderen. Ein Satz Zahnräder oder ein Schneckentrieb übersetzt unterschiedliche Drehzahlen und überträgt die Kraft vom Antrieb auf die Kettennuss.

Horizontale Ankerwinde mit Spillkopf und Kettennuss

• Ein Spillkopf nimmt die Ankerleine auf.

• Eine Kettennuss: Die nussschalenförmigen Einbuchtungen einer Walze nehmen die Glieder der Ankerkette auf und verhindern ein Durchrutschen.

• Eine gemischte Tau/Kettennuss besteht aus der oben beschriebenen Kettennuss

Gemischte Tau/Kettennuss

und einer Furche in der Mitte mit „V-förmigen" Rillen an den Seiten zum Festhalten der Ankerleine. Die gemischte Tau/Kettennuss ist geeignet, den in Kapitel „Ankerleine-Ankerkette" beschriebenen Spleiß zwischen Kettenvorläufer und Ankerleine auf elegante Weise zu packen. Um so gefahrlos wie möglich und ohne manuellen Eingriff mit Kettenvorläufer und angespleißter Ankerleine ankern zu können, sollte man bei der Auswahl der Ankerwinde darauf achten, dass diese praktische Erfindung tatsächlich für den in Frage kommenden Windentyp erhältlich ist.

• Eine konische Kupplung erlaubt es, entweder den Antriebsmotor einzukuppeln, um den Anker einzuholen oder auszukuppeln und bei gestopptem Antriebsmotor die Auslaufgeschwindigkeit beim manuellen Ausbringen des Ankers zu kontrollieren. Diese Auslaufbremse besteht an einigen Winden aus einem einfachen Metallband.

Ein wenig auffälliges Teil der Ausrüstung mit einer wichtigen Funktion ist die Abstreifvorrichtung für Kette und Leine. In der Mitte der Nut der Kettennuss angebracht, hat sie die Aufgabe, Ankerkette und Ankerleine aus der Kettennuss nach zirka einer halben Umdrehung wieder zu befreien, damit sie ungehindert durch den Ketteneinlass hindurch in den Kettenkasten gleiten können.

Ankerzubehör

Manuelle Ankerwinden:

Die menschliche Kraft wird durch einen mehr oder weniger langen Hebelarm verstärkt und von einem Zahnradgetriebe übersetzt. Manuelle Ankerwinden sind mit Ein- oder Zweiganggetriebe erhältlich und in den meisten Fällen wird die Kraft von Ratsche beziehungsweise Kurbel sowohl vorwärts als auch rückwärts in die Zugrichtung transferiert, um den Anker einzuholen. Der zweite Gang des Getriebes kann verwendet werden, um möglichst schnell die Leine einzuholen, sofern keine besonders ausgeprägte Kraft auf das Ankergeschirr einwirkt. Der erste Gang sollte für den seltenen Fall reserviert bleiben, dass die Hauptmaschine des Schiffes nicht verwendet werden kann, um die Kette gegen Strom und Wind einzuholen oder auf die Winde zurückgegriffen werden muss um dem Anker ein wenig beim Ausgraben aus dem Meeresboden auf die Sprünge zu helfen.
• Auf manuellen Vertikalwinden schränkt der kurze Hebelarm der Kurbel die maximal mögliche Zugkraft ein. Eine unbequem niedrig liegende Position der Kurbel trägt ebenfalls dazu bei, dass keine nennenswerte Zugkraft aufgebracht werden kann. Sinnvoll auf Booten unter zehn Metern Länge, liegen ihre Vorteile in simplem Aufbau, einfacher Installation und einem erschwinglichen Anschaffungspreis.

Elektrische Ankerwinden

Sie bieten Komfort beim Einholen des Ankers. Man braucht nur auf den Knopf zu drücken. Elektrische Winden sind die ideale Lösung für Einhandsegler. Dank Fernbedienung ist es auch möglich zu ankern, ohne das Cockpit verlassen zu

Auswahl einer Ankerwinde				
Bootslänge	Leistung Watt	Losbrechlast	Zuglast	Geschwindigkeit
7,50m bis 11,50m	500	300 kg	200 kg	20 m/min
7,50m bis 13 m	735	400 kg	275 kg	23 m/min
11,50m bis 15 m	1.000	600 kg	400 kg	25 m/min
13m bis 16,50m	1.500	1.200 kg	500 kg	12 m/min
15m bis 20m	Hydraulik	1.750 kg	1.000 kg	12 m/min

Über 1.500 Watt Leistung werden fast alle Ankerwinden mit einem hydraulischen Antrieb ausgestattet.

Elektrische Vertikalwinde mit Fußschaltern

müssen. Wenn der Kettenkasten gut konstruiert ist, sollte man sogar in der Lage sein, den Anker vom Cockpit oder Fahrstand aus per Fernbedienung wieder einzuholen.

Die Ankerwinde sollte weder verwendet werden, um den Anker aus dem Meeresboden herauszuziehen, noch um die Kette gegen starken Strom oder Wind einzuholen. Außerdem ist es nicht empfehlenswert, die Zuglast der Ankerleine direkt mit der Achse der Winde aufzufangen oder den Anker mit straffer Kette in seiner Ruheposition im Bugbeschlag festzuspannen. Auf die Dauer ermüdet die ausgeübte Zuglast die Wellenlager und Dichtungsringe der Hauptachse, was früher oder später zum Ölverlust des Getriebes führt. Damit eine Winde so lange wie möglich funktionstüchtig bleibt, sollte sie möglichst nur zum Ausbringen und Einholen der Ankerleine/kette verwendet werden. Sobald die Zuglast durch Strom oder Wind beim Einholen ansteigt oder man den Anker aus dem Meeresboden lösen möchte um ihn einzuholen, sollte man die Hauptmaschine des Bootes zu Hilfe nehmen, insbesondere wenn er sich tief in den Meeresboden eingegraben hat. Man kann davon ausgehen, dass die Kraft einer Ankerwinde ausreichend ist, um das dreifache Gewicht des gesamten Ankergeschirrs heben zu können. Sie sollte außerdem vorwärts und rückwärts betrieben werden können, damit der Anker ohne lästige manuelle Eingriffe auf dem Vordeck per Fernbedienung ausgebracht werden kann.

Ankerzubehör

Wer mit Leine oder Kette arbeitet, sollte zur eigenen Sicherheit Handschuhe tragen!

Wir haben bereits festgestellt, dass ein ideales Ankergeschirr gemischt aus Kette und Leine bestehen sollte. Es ist daher sinnvoll, die Ankerwinde darauf einzurichten. Wünschenswert ist, dass sich Spillkopf (Leine) und Kettennuss auf der gleichen Seite einer Horizontalwinde befinden, denn die auf der Ankerleine lastende Zugkraft kann bei ungünstigem Wetter sehr hoch sein. Es kann durchaus schwierig oder gefährlich werden, die Ankerleine beim Erreichen des Spleißes zwischen Kette und Leine von einer Seite der Winde auf die andere Seite zu verlegen, um mit dem Einholen des Kettenvorläufers fortzufahren.

Spillkopf und Kettennuss zusammen auf einer Seite der Ankerwinde installiert sind zwar besser als auf beiden Seiten der Winde verteilt, man muss aber trotzdem beim Spleiß zwischen Kette auf Leine manuell eingreifen. Bei diesem delikaten Manöver sollte unbedingt darauf geachtet werden, den Kettenvorläufer mit einem Kettenstopper an Deck oder einem Kettenhaken abzusichern, um sich nicht die Finger (in den Schutzhandschuhen) zwischen Kette und Ankerspill zu zerquetschen. Nur mit Ankerwinden, die mit gemischten Tau/Kettennüssen ausgerüstet sind, kann man ohne manuellen Eingriff vom Kettenvorläufer auf die Ankerleine überwechseln, um das Verletzungsrisiko auf ein Minimum zu begrenzen. (Siehe Bild „Tau/Kettennuss" und Kapitel „Ankerleine-Ankerkette": „Wie lang sollte ein Kettenvorläufer sein?"). Weiterhin muss unbedingt beachtet werden, dass die Norm der verwendeten Ankerkette ganz präzise mit der Norm der verwendeten Ankerwinde übereinstimmt. Um 100-prozentig sicher zu sein, ist es erforderlich, die Hersteller um Auskunft zu bitten, sofern diese Information nicht aus der Gebrauchsanweisung hervorgeht. Besonders wichtig ist ein richtig konzipierter Kettenkasten. Wenn der Kettenkasten nicht tief genug ausgelegt ist, kann sich die Ankerleine oder Kette unterhalb des Einlasses auftürmen, wodurch sie nicht mehr von ihrem Eigengewicht in den Kettenkasten gezogen werden kann und die Ankerwinde blockiert.

Vertikale Ausführung einer elektrischen Ankerwinde

Horizontal oder vertikal?

Wie gewöhnlich hat jedes System seine Vor- und Nachteile.

Installation der Ankerwinde:

Mechanische Installation: Die auf die Ankerwinde wirkenden Kräfte können sehr hoch sein. Es ist daher absolut erforderlich, ihre Installation sorgfältig und präzise auszuführen. Dies ist besonders bei Ankerwinden der Fall, deren Motor nur durch ein relativ großes ins Deck geschnittenes Loch installiert werden kann. Durch das Ausschneiden riskiert man, einen statischen Schwachpunkt im Vordeck zu schaffen.

Vergleich zwischen horizontalen und vertikalen Ankerwinden	
Horizontal	**Vertikal**
Höhe variabel, aber richtungsgebunden	Nicht richtungsgebunden (horizontal)
Leicht zugänglicher Motor	Motor besser geschützt (unter Deck)
Gute Position bei manueller Bedienung	Position bei manueller Bedienung zu niedrig

Ankerzubehör

Bei einem Vordeck aus Stahl bietet es sich an, eine dicke Stahlplatte unterhalb der Ankerwinde zu installieren, die zusätzlich mit Spanten, Schotten oder Querverstrebungen zwecks Verstärkung des Unterbaus verschweißt werden sollte, um die wirkenden Kräfte besser zu verteilen.

Aus den gleichen Gründen ist es bei GFK- oder Holzdecks empfehlenswert, eine kräftige Sperrholzplatte unterhalb der Ankerwinde zu montieren. Wenn möglich sollte diese Platte mit Decksbalken oder Querverstrebungen verbunden sein. Auf GFK-Yachten gibt es außerdem die Möglichkeit, eine Aluminiumplatte einzu-laminieren, die die auftretenden Kräfte in das umliegende Laminat einleitet.

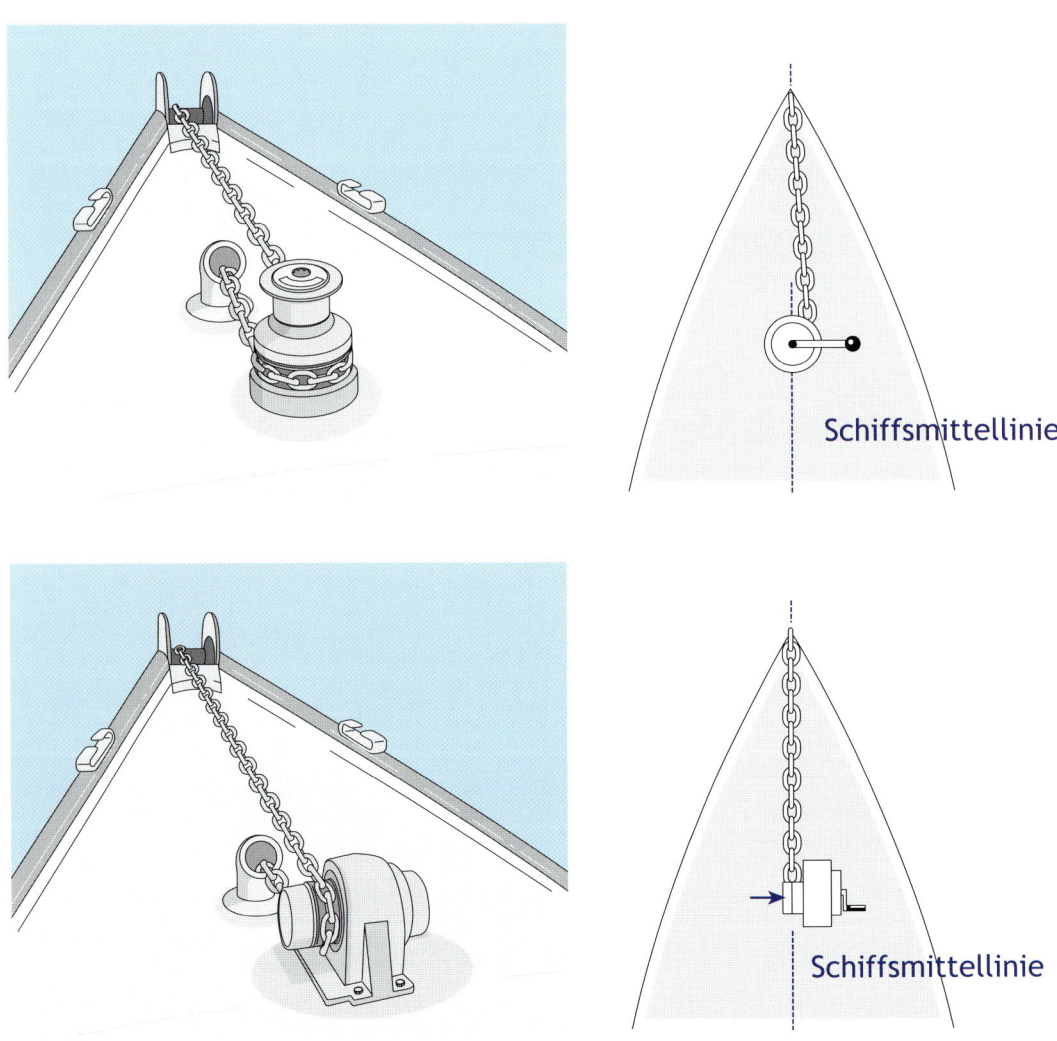

Schiffsmittellinie

Schiffsmittellinie

Anordnung der Ankerwinde

Bei vertikalen Ankerwinden braucht man die Ausrichtung zur Ankerleine in der horizontalen Ebene nicht zu beachten. Man kann also die vertikale Achse aus ästhetischen Gründen genau in der Mitte in Längsrichtung des Schiffes installieren. Außerdem ist es relativ unbedenklich, die Kettennuss nicht ganz genau auf die Bugrolle auszurichten. Kleine Abweichungen des Winkels sind durchaus akzeptabel. Falls aber der Winkel zwischen Kettennussebene und Bugrolle zu groß sein sollte, ist es unvermeidbar, einen Keil unter der Ankerwinde zu installieren, um diesen Abweichungswinkel auf einen akzeptablen Wert zu verkleinern. Für die Ankerleine ist es ebenfalls von Vorteil, wenn der Winkel zwischen der Achse des Spillkopfes und der Leine etwas mehr als 90 Grad beträgt.

Bei horizontalen Ankerwinden ist es unerlässlich, die Kettennuss mit der Ankerleine genau auf die Bugrolle auszurichten, was wiederum bedeuten kann, dass sich die Ankerwinde nicht exakt in der Mitte des Vordecks platzieren lässt. Umgekehrt macht es aber nichts aus, sie nicht auf einer Höhe mit der Bugrolle zu installieren, was bedeutet, dass die Ankerwinde sogar unterhalb des Decks im Kettenkasten angebracht werden kann. Dabei sollte man jedoch sicherstellen, dass die Ankerkette mindestens auf einem Viertel des Umfanges an der Kettennuss anliegt.

Elektrische Installation

Ankerwinden konsumieren viele Ampere (bis zu 300 Ampere im blockierten Zustand). Es ist deshalb sehr wichtig, dieses bei der Dimensionierung des Elektrokabelquerschnitts zu bedenken. Da die Verlustleistung des Zuleitungskabels mit

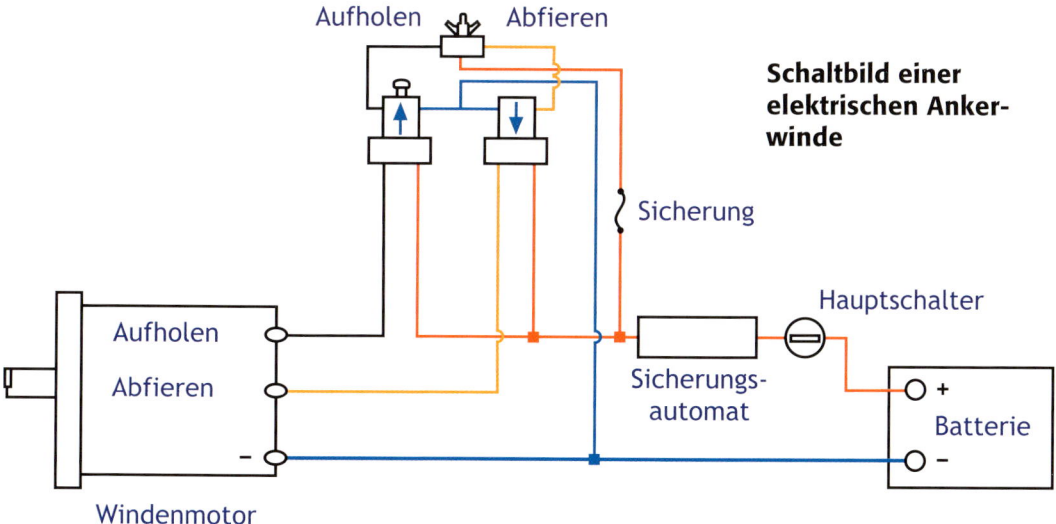

Schaltbild einer elektrischen Ankerwinde

Ankerzubehör

seiner Länge zunimmt, kann es sinnvoll sein, eine Batteriebank in der Nähe der Ankerwinde zu installieren. Kompromisse müssen aber auch dort gemacht werden. Eine Batterie in der Nähe der Ankerwinde erlaubt zwar eine Verkürzung der Zuleitungskabel zur Winde, bewirkt aber eine Zunahme an schlecht platziertem Gewicht im Vorschiff. Die Verwendung der Bordbatteriebank vereinfacht zwar die Installation, jedoch sollte der Kabelquerschnitt des Zuleitungskabels unbedingt ausreichend dimensioniert werden.

Kabelquerschnitt: Je dünner ein Elektrokabel ist, desto höher ist sein Spannungsverlust. Dieser Spannungsverlust (in V) ist gleich der Stromstärke (in A) multipliziert mit der Kabellänge (in m) (hin- und zurück) multipliziert mit seinem ohmschen Widerstand pro Längeneinheit (in Ohm/m). ($U = I \times L \times R/l$)

Eine kleine Elektrowinde kommt bei 12V Batteriespannung mit etwa 35 Ampere Stromstärke aus, während eine größere Winde zwischen 85 und 125 Ampere konsumiert. Die Gesamtlänge des Stromkreises von der Batteriebank bis zur Ankerwinde kann auf einem 10 Meter langen Boot 15 Meter betragen. Wenn man einen dreiprozentigen Spannungsabfall und eine Stromstärke von 70 Ampere annimmt, sollte der Kabelquerschnitt 50 Quadratmillimeter (0,03 Ohm für 100 Meter) betragen. Zufrieden mit zehn Prozent Spannungsabfall kommt man auch mit 25 Quadratmillimetern aus (0,07 Ohm für 100 Meter).

Vertikales Spill mit horizontalem Motor

Die Kraftübertragung zwischen Motor und Spillachse erfolgt mittels eines Schneckengetriebes. Dieses ist selbsthemmend, sodass hier nicht unbedingt eine zusätzliche Bremsvorrichtung in der Winde vorgesehen sein muss. Das Spill ist in der Regel mit einer Freifalleinrichtung versehen, die mit einer Winschkurbel gelöst werden kann, wenn der Anker schnell fallen soll. Da die Kette in einem Winkel von 180 Grad auf der Kettennuss und anschließend in einem Winkel von 90 Grad durch die Kettenklüse geführt wird, ist im Vergleich zu horizontalen Winden eine größere Freifallhöhe erforderlich.

In den einfachen Ausführungen kann der Motor nur in der Aufholrichtung drehen; ein kontrolliertes Fieren des Ankers mit Motorhilfe ist mit diesen Winden nicht möglich.

Vorteile: Niedrige Bauhöhe, sowohl über als auch unter Deck. Der Motor ist verhältnismäßig geschützt unter Deck angeordnet und ragt nicht weit in den Kettenkasten.

Nachteile: Verhältnismäßig schlechter Wirkungsgrad durch die Verluste im Schneckentrieb, im Vergleich zu horizontalen Winden größere Freifallhöhe.

Vertikales Spill mit vertikalem Motor

Hier wird die Drehbewegung des Motors mit einem Stirnrad- oder Planetengetriebe auf die Spillachse übertragen. Durch die sich so ergebenden geringen Verluste in der Kraftübertragung gehören diese Winschen zu denen mit dem höchsten Wirkungsgrad. Mit dem Schneckentrieb entfällt jedoch auch die Selbsthemmung, sodass hier in jedem Fall eine separate Bremse erforderlich wird. In Bezug auf die Kettenführung und die Fallhöhe gilt dasselbe wie für die vertikalen Winden mit horizontalem Motor.

Vorteile: Niedrige Bauhöhe über Deck, hoher Wirkungsgrad, Motor geschützt unter Deck angeordnet.

Nachteile: Platzbedarf unter Deck, im Vergleich zu horizontalen Winden größere Freifallhöhe.

Horizontales Spill mit Motor parallel zur Spillachse

Haupteinsatzbereich dieser Winden sind Motorboote, bei denen der Arbeitsplatz Vordeck eine geringere Rolle als auf Segelbooten spielt, und Segelboote mit flachem Kettenkasten. Die erforderliche Freifallhöhe ist niedriger als bei entsprechenden vertikalen Winden, da die Kette die Nuss bereits nach nur 90 Grad senkrecht nach unten verlässt. Dadurch ist jedoch auch die Gefahr größer, dass die Kette auf der Nuss überspringt. Die Kraftübertragung zwischen Motor und Spill erfolgt hier oft über Riemen; der Wirkungsgrad liegt dann zwischen dem der vertikalen Winden mit vertikalem Motor und dem von horizontalen Winden mit senkrecht zur Spillachse angeordneten Motoren. Diese Winden sind in der Regel nicht selbsthemmend, sodass auch hier stets eine separate Bremse erforderlich ist.

Vorteile: Nur geringe Freifallhöhe erforderlich, verhältnismäßig guter Wirkungsgrad, im Vergleich zu Horizontalwinden mit senkrecht angeordnetem Motor kompakte Bauweise.

Nachteile: Im Vergleich zu vertikalen Winden großer Platzbedarf auf dem Vordeck.

Horizontales Spill mit senkrecht zur Spillachse angeordnetem Motor

Dies ist die Standardwinde für mittlere und große Motorboote und große Segelyachten, bei denen Platz und Wirkungsgrad keine Rolle spielen. In der Regel erfolgt die Kraftübertragung mit Schneckentrieben, deren Verluste durch den Einsatz entsprechend größerer Motoren ausgeglichen werden. Da Größe hier eher von Vorteil ist, können diese Winden oft mit zusätzlichen Verholspillköpfen, mehreren Kettennüssen, Bremsen für jedes Spill und so weiter ausgestattet werden.

Vorteile: Hohe Zugkräfte durch große Motoren, Ausstattung.

Nachteile: Raumbedarf.

Ankerzubehör

Die Gebrauchsanweisung Ihrer Ankerwinde oder die Ratschläge Ihres Yachtausrüsters sollten Ihnen ermöglichen, den genauen Kabelquerschnitt für die Installation auf Ihrem Boot zu ermitteln.

• Ein Hauptschalter ermöglicht, den Stromkreis dauerhaft zu unterbrechen, um eine unbeabsichtigte Inbetriebnahme der Ankerwinde beim Manövrieren im Hafen zu vermeiden.

• Der automatische Sicherungsautomat sollte ein spezielles Modell für Ankerwinden sein, hohe Stromstärken verkraften können und die Winde im Falle einer Überlastung schützen. Oftmals handelt es sich dabei um eine thermische Sicherung, die nach ein- oder zweimaliger Funktion eine kurze Pause zum Abkühlen benötigt.

• Eine separate Sicherung schützt die beiden Relais, die zum Einholen und Ausbringen der Ankerkette benötigt werden.

• Diese beiden Relais (aufwärts und abwärts) sollten von Schaltern mit Druckkontakt geschaltet werden, das heißt, sobald man den Schalter loslässt, schaltet der Motor automatisch ab. Aus Sicherheitsgründen ist es unerlässlich, dass die Ankerwinde von allein abstoppt, sobald der Schalter nicht mehr betätigt wird. Der Druckkontaktschalter kann auch durch eine drahtlose oder eine fest verkabelte Fernbedienung ersetzt oder ergänzt werden. Man kann sich auch entscheiden, das Relais zum Einholen des Ankers mithilfe eines Fußschalters auf dem Vordeck zu bedienen.

• Der Motor der Ankerwinde kann ein Motor mit Permanent-Magneten sein. In diesem Fall hat er lediglich zwei Kabelanschlüsse. Wenn die Winde mit einem Gleichstrommotor mit Feld- und Statorwicklungen bestückt ist, gestaltet sich die Verkablung weitaus komplexer.

Hydraulische Ankerwinden

Hydraulische Ankerwinden haben nicht nur auf großen Superyachten ihren Anwendungsbereich. Haben Fahrtenyachten zum Beispiel bereits eine hydraulische Anlage (Liftkiel, Schotwinden, Bugstrahl) wird einfach ein so genannter Bypass gelegt, um auch die Ankerwinde mit hydraulischer Kraft zu versorgen. Hydraulische Winden können für sehr viel höhere Leistungen und Zugkräfte ausgelegt werden als elektrische, da man für diese zur Installation Zuleitungskabel mit sehr dickem Querschnitt benötigt oder das Bordnetz von 12 Volt gegebenenfalls sogar auf eine höhere Versorgungsspannung umstellen muss. Hydraulische Winden sind weniger reparaturanfällig und widerstandsfähiger gegen Nässe und Feuchtigkeit. Bei gleicher Leistung haben sie außerdem ein geringeres Gewicht. Leider sind jedoch die

Vertikalwinde in Verbindung mit einem gut konzipierten Poller

Installationskosten der Hydraulik-Hochdruckleitungen und -Pumpen sehr viel höher als bei Elektrowinden und sie können nur funktionieren, wenn der Motor läuft oder ein Generator die Pumpe antreibt. Es gibt aber auch Hydraulikpumpen, die durch einen Elektromotor betrieben werden, der seine Energie aus der Verbraucherbatterie bezieht.

Wartung der Ankerwinden

Da Ankerwinden an einer relativ ungeschütz-
ten Stelle des Bootes platziert sind, dem Salz-
wasser der Gischt und dem Wetter offen ausgesetzt, ist es besonders wichtig, ihre Betriebssicherheit
durch aufmerksame Kontrollen und kurze Wartungs-
intervalle zu erhalten. Außerhalb der Nutzungsperioden ist
es vorteilhaft, eine Schutzhaube aus wasserdichtem Planen-
tuch anzufertigen, die fest über die Ankerwinde gespannt
werden sollte. Damit sich keine Feuchtigkeit unter der Schutzhaube sammeln kann, muss eine ausreichende Lüftung gewähr-

Eine bemerkenswerte Decksklampe mit Kettenstopperfunktion

leistet sein. Sehr aufmerksam sollten eventuelle elektrolytische Korrosionsprobleme zwischen Aluminium, Bronze und rostfreiem Stahl im Auge behalten und zusätzlich die Abdichtungen der Schalter und des Antriebsmotors auf Undichtigkeiten überprüft werden.

Die Zahnräder des Getriebes der Winde laufen in einem Ölbad. Deshalb müssen alle Dichtungen des Getriebes auf undichte Stellen kontrolliert und die Ölwechsel-

Ankerzubehör

Zwei verschiedene Kettenstopper

intervalle des Getriebeöls beachtet werden. Vorsicht: Hier sollte man unbedingt die Herstellerangaben bezüglich der Viskosität beachten und nicht irgendein x-beliebiges Motoröl einfüllen.

Mindestens einmal pro Saison sollten der Spillkopf und die Kettennuss demontiert und in Petroleum ausgewaschen werden. Mithilfe der Gebrauchsanweisung sollten Kupplungskonus, Federn, Ratschenmechanismus, Keile und Splinte gereinigt und eingefettet werden. Eine sorgfältige Überprüfung des elektrischen Stromkreises auf Sauberkeit aller Kontakte und auf Korrosionsschäden lohnt sich ebenfalls. Funktionieren die Relais und die Bedienungsschalter einwandfrei? Wenn die Ankerwinde von einer extra dafür vorgesehenen Batterie versorgt wird, sollte diese Batterie sorgsam geprüft und gewartet werden (Säurestand, Ladezustand, Sauberkeit der Kontakte, etc...). Außerdem nicht vergessen, den Ladestromkreis zu überprüfen.

Haltevorrichtung des Ankergeschirrs: Kettenstopper, Ruckdämpfer, Klampen und Poller ...

Wenn Yachten mit einem gut konstruierten, soliden Bugbeschlag rar sind, sind Boote mit einem stabilen, ideal auf seinen Verwendungszweck abgestimmten Poller zum Befestigen der Ankerleine eine absolute Ausnahmeerscheinung.

Das Wasserstag eines Klüverbaums kann einer Ankerleine zum Verhängnis werden

Ankerzubehör

Dieses Wasserstag aus Kette behindert beide Anker. Da diese mit Kette ausgerüstet sind, dürften die Geräusche Kette an Kette manche unruhige Nacht bescheren

Egal ob der Anker sich in seiner Ruheposition im Bugbeschlag oder im Einsatz auf dem Meeresboden befindet, niemals sollte die Zugkraft des Ankergeschirrs von der Achse der Ankerwinde aufgefangen werden. In Anbetracht der enormen Kräfte, die von der Ankerleine ausgehen können, ist es wichtig, eine Vorrichtung zu installieren, die diese Kräfte abfangen kann. Außerdem muss man die Ankerleine an einer Stelle sicher belegen können.

Verschiedene Beschläge zum Festsetzen der Ankerkette sind am Markt erhältlich. Da es aber nicht empfehlenswert ist, die Kette direkt zu belegen, sondern nur zusammen mit einem ruckdämpfenden, elastischen Zwischenstück aus Tauwerk, können Kettenstopper nur zusammen mit einem zusätzlichen Kettenzwischenstück verwendet werden (siehe Kapitel „Schutz der Ankerleine"). Diese Schutzvorrichtung hat die Aufgabe, die Abnutzung der Ankerleine an Klüsen und Bugbeschlag zu verhindern und besteht aus einem Stück Ankerkette, das vom Kettenstopper bis außenbords reicht. Das mit dem Kettenstück fest verbundene Tauende sollte mithilfe eines Stoppersteks an der Ankerleine verknotet werden.

Doppelter Kettenhaken

Einfacher Kettenhaken

Ankerzubehör

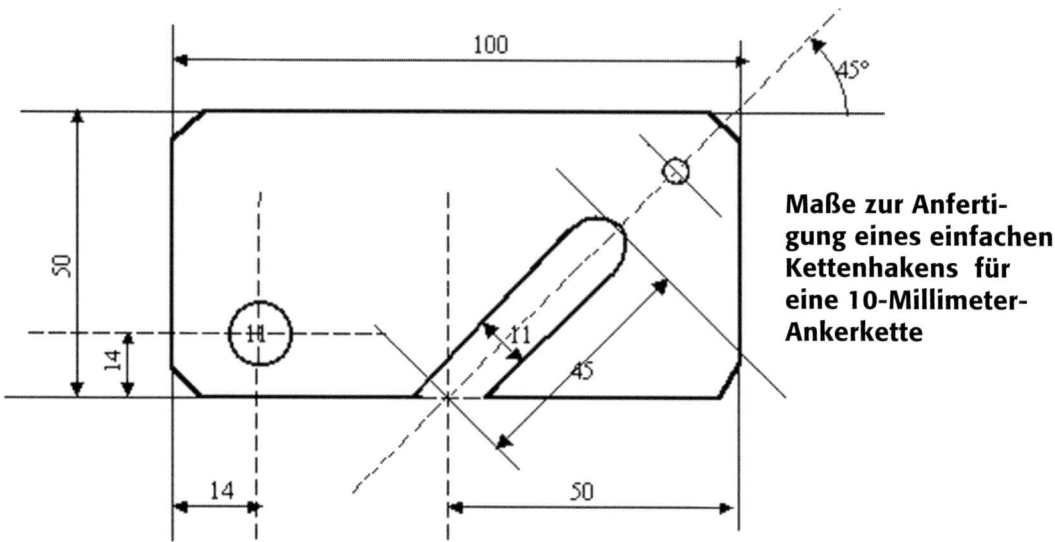

Maße zur Anfertigung eines einfachen Kettenhakens für eine 10-Millimeter-Ankerkette

Befestigung der Ankerkette an Deck

Es ist sehr empfehlenswert, ein mindestens zehn Meter langes Stück Tauwerk aus Polyamid (Nylon) zwischen der Ankerkette und der Belegklampe oder dem Poller an Deck zu installieren, um ruckartige Bewegungen, die auf das Ankergeschirr einwirken, abzudämpfen. Dieses Stück Tauwerk befestigt man an der Ankerkette am besten mit einem speziell angefertigten einfachen oder doppelten Kettenhaken. Ein einfacher Kettenhaken kann mit Erfolg auf Booten, die mit Klüverbaum und Wasserstag ausgerüstet sind, eingesetzt werden. Meistens neigt die Ankerleine beim Hin- und Herschwoien der Yacht vor Anker dazu, am Wasserstag zu drücken und sich daran zu reiben. Dabei kann die Ankerleine gefährlich beschädigt werden. Reibt lediglich der Kettenvorläufer am Wasserstag, dann verursacht er wahrscheinlich unangenehme Kratzgeräusche. Dieses Problem lässt sich beheben, indem ein Tampen mithilfe eines Schäkels und einer Kausch mit Augspleiß am Beschlag des Wasserstags in der Nähe der Wasserlinie befestigt wird.
Am anderen Ende des Tampens befestigt man einen Kettenhaken. Dieser Tampen sollte mindestens so lang sein, dass er beim Einholen der Ankerkette bis über die Bordwand reicht, damit er beim Ausbringen der Ankerkette bequem in die Kette eingehakt werden kann, sobald ausreichend Kette gesteckt ist. Der Tampen mit Haken wird dann vom Eigengewicht der Ankerkette straff auf der gewünschten Position gehalten. Beim Einholen des Ankers hebt die Ankerkette den Haken wieder über die Bordwand, wo er genauso bequem wieder ausgehakt werden kann, um an Deck auf dem Vorschiff verstaut auf seinen nächsten Einsatz zu warten.

Ein doppelter Kettenhaken ist besonders sinnvoll, wenn man beabsichtigt, die Zugkraft der Ankerkette auf zwei seitlich auf dem Vorschiff angebrachte Belegklampen zu verteilen. Vorsicht: Die Tampen neigen zum Schamfilen in den Klüsen an der Bordwand. Bei Katamaranen ist die

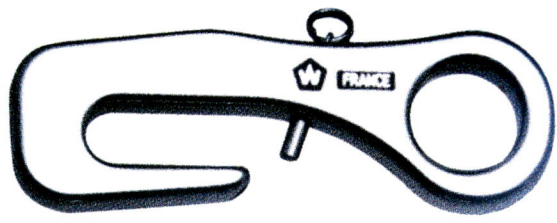

„Main de fer" – Eisenhand von Wichard

Methode mit dem doppelten Kettenhaken eine ideale Lösung.

Bemerkenswert ist der neue Ankerkettenhaken „Main de Fer" von Wichard. Sein Vorteil: Er besitzt einen Sicherungsbolzen, der ihn unter allen erdenklichen Bedingungen mit einem Ankerkettenglied verbunden hält. Es ist jedoch relativ unwahrscheinlich, dass Kettenhaken unter Spannung sich von selbst von der Ankerkette lösen können. Der Nachteil des „Main de fer"-Hakens: Die Bruchlast des 10-Millimeter-Modelles beträgt leider nur 2.500 Kilogramm. Die Bruchlast einer normalen galvanisierten 10-Millimeter-Ankerkette ist aber fast doppelt so groß! Man sollte diesen Kettenhaken deshalb nur bei schönem Wetter zum Ankern verwenden. Poller zum Belegen der Ankerleine auf dem Vorschiff sollten sorgfältig konstruiert werden. Es ist nicht nur unverzichtbar, das Deck unterhalb des Pollers wirkungsvoll zu verstärken, sondern auch empfehlenswert, eine Verstrebung bis nach unten auf den Vorsteven zu führen, um die auftretenden Kräfte besser im Schiffsrumpf zu verteilen.

Kettenkasten beim Mastfuß: Catana Katamaran

Ankerzubehör

Der Kettenkasten

Wenn Sie Ihr Boot mit einem (oder sogar mehreren) zu 100 Prozent aus Kette bestehenden Ankergeschirr ausrüsten, kann das Gesamtgewicht zusammen mit den dazugehörigen Ankern leicht einige hundert Kilogramm erreichen. Eine so große, im Vorschiff weit vom Gewichtsschwerpunkt des Bootes entfernt installierte Masse hat leider negative Auswirkungen auf ein gutes Seeverhalten. Man findet aus diesem Grund auf einigen Einrumpfbooten eine Vorrichtung, die es erlaubt, den Kettenkasten in der Nähe des Mastfußes zu fahren. Auf Katamaranen ist eine solche Vorrichtung praktisch der Normalfall (siehe Foto vorherige Seite).

Fallhöhe

Eine der Voraussetzungen für den Einsatz einer Ankerwinde ist, dass die Kette oder die Leine sich selbsttätig im Kettenkasten stauen kann. Dazu muss der Schwerkraft Gelegenheit gegeben werden, die Kette zum Stauraum zu befördern. Ist die Fallhöhe, also der freie Raum zwischen Ketteneinlauf und dem höchsten Punkt des Ketten- oder Leinenhaufens, zu klein, kann die Kette oder Leine nicht mehr frei fallen, sondern bildet einen Haufen auf Deck. Das kann dazu führen, dass die Kette oder Leine aus der Nuss der Ankerwinsch springt. Die erforderliche Fallhöhe wird von verschiedenen Faktoren bestimmt. Horizontale Winden kommen im Vergleich zu den vertikalen in der Regel mit kleineren Fallhöhen aus, da die Kette die Nuss schon in der Senkrechten verlässt. Leinen brauchen, bedingt durch ihr geringeres Gewicht, mehr Platz zum Fallen.
Als Mindesthöhe für Ketten auf horizontalen Winden gelten etwa 30 Zentimeter. Die Fallhöhe für vertikale Winden sollte nicht unter 40 Zentimetern liegen.
Die größten Anforderungen stellen geschlagene Ankerleinen. Sie sind steifer als geflochtene Leinen und sollten mindestens 50 Zentimeter tief fallen dürfen.

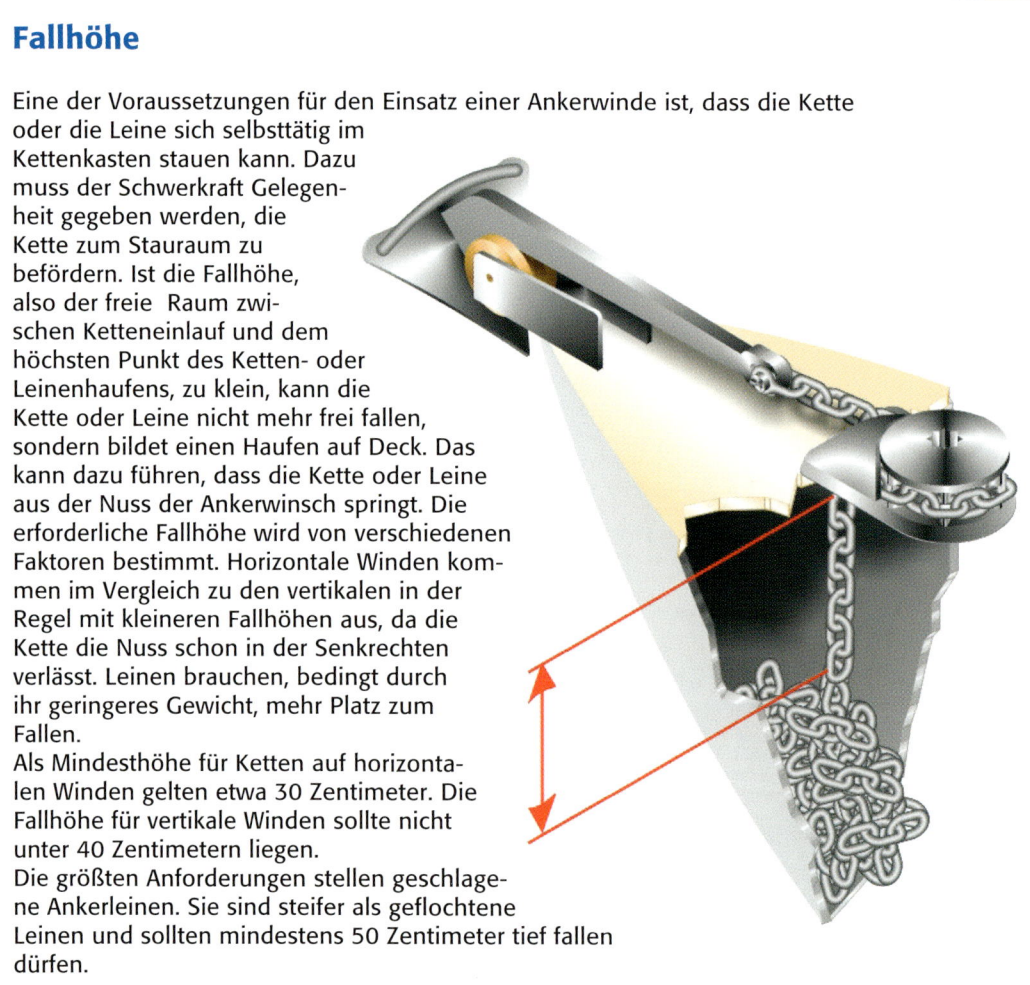

158

Reitgewicht   **Heckbeschlag mit Ankerbefestigung**

Diverses Zubehör

Reitgewicht

Man trifft dieses kontroverse Ausrüstungsteil relativ häufig an Bord von Yachten an. Im Prinzip lässt sich mit einem Reitgewicht auf der Ankerleine das Haltevermögen des Ankers erhöhen. Dazu sollte es so weit wie möglich in die Nähe des Ankers auf der Leine herabgelassen werden. Obgleich diese Idee in der Theorie attraktiv ist, ist der Nutzen in der Praxis relativ gering. Die Wirkung eines zehn Kilogramm schweren Reitgewichtes kann genauso gut mit einem um vier Meter verlängerten Kettenvorläufer erzielt werden (bei 10-Millimeter-Ankerkette).

Heckbeschlag

Für Yachten, die im Mittelmeerraum ankern, bietet ein Heckbeschlag einen nicht zu vernachlässigenden Vorteil. In den dortigen Häfen ist es oft der Fall, dass man einen Heckanker ausbringen muss und den Vorsteven mit Festmachern an der Kaimauer befestigt. Umgekehrt ist es auf kleinen, gut besuchten Ankerplätzen so, dass man den Hauptanker wirft und das Heck des Bootes mit einer Heckleine an einem Baum oder einem Stein an Land befestigt. Ein gut konzipierter Heckbeschlag kann dabei sehr hilfreich sein. Auf größeren Schiffen bietet es sich sogar an, eine zweite Ankerwinde am Heck zu fahren. Ist dies nicht der Fall, kann man auch einen leichten Aluminiumanker der neuen Generation verwenden.

Ankerzubehör

Das Verstauen des Ankers

Neben dem Hauptanker im Bugbeschlag kann es notwendig sein, einen zweiten Anker an Deck oder am Heckkorb des Schiffes zu fahren. Die Halterung sollte dabei sowohl auf den Anker als auch auf das Boot abgestimmt werden. Wer den Zweitanker vor dem Aufbau platziert, sollte ihn in eine Halterung laschen. Schlecht gesicherte Anker können sich durch die teilweise heftigen Bewegungen des Vorschiffs losreißen und schwere Schäden verursachen.

Relativ oft sieht man Yachten, die mit zwei Ankern am Bugbeschlag ausgerüstet sind. Man sollte nicht denken, dass dies ein Merkmal von Langfahrt-Yachten ist, die sehr oft vor Anker liegen. Für mich zeigt diese Konfiguration, dass der Skipper kein großes Vertrauen in seinen Hauptanker hat. Sein mangelhaftes Vertrauen versucht er durch eine Verdopplung des Ankergeschirrs zu überbrücken. Dabei sollte man aber bedenken, dass hohes Gewicht, weit vom Schwerpunkt des Bootes entfernt, möglichst vermieden werden sollte. Ein zweiter Anker sollte deshalb besser in der Bilge, also in der Nähe des Bootsschwerpunktes gelagert und festgelascht werden.

Doppelte Anker sind nicht zwangsläufig der Beweis einer Fahrtenyacht

Pneumatischer Ruckdämpfer für Ankerleinen

Diese wenig bekannte Technik besteht darin, dass man eine große Boje (oder einen Fender) an der Verbindungsstelle zwischen Kettenvorläufer und Ankerleine befestigt. Diese Technik hat mehrere Vorteile:

• Indem das Ende des Kettenvorläufers angehoben wird, verhindert man, dass die Ankerleine den Meeresboden berührt. Besonders auf steinigen Böden oder in Gegenwart von Korallen beugt man auf diese Weise eventuellen Beschädigungen der Leine vor.

• Sobald eine Zugkraft auf die Ankerleine wirkt, beginnt diese sich zu spannen. Damit sich die Ankerleine aber spannen kann, muss sie die Boje unter die Wasseroberfläche ziehen. Sobald die Zugkraft wieder nachlässt, taucht die Boje wieder auf. Durch ihre Auftriebskraft wirkt sie also als pneumatischer Ruckdämpfer der Ankerleine.

• Dieser Teil der Ausrüstung muss nicht unbedingt mit einer finanziellen Investition verbunden sein. Ohne weiteres kann der größte an Bord befindliche Fender verwendet werden. Eine voluminöse Boje zwischen Bug und Anker kann ebenfalls dabei helfen, andere Boote abzuschrecken, ihren Anker direkt vor dem Steven Ihres Bootes auszubringen.

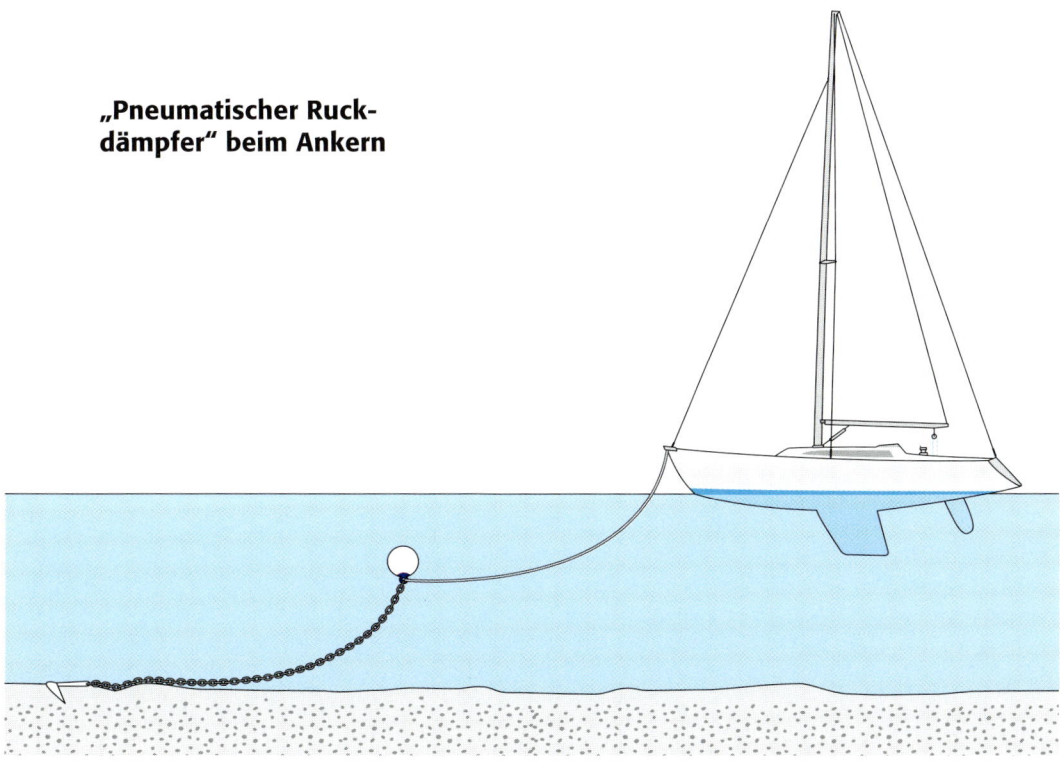

„Pneumatischer Ruck-dämpfer" beim Ankern

Die Kunst des Ankerns

Die Kunst des Ankerns

Auswahl des Ankerplatzes

Zuerst sollte man vor dem Ankern sorgfältig die Stelle aussuchen, an der der Anker fallen könnte. Die Seekarte gibt erste Hinweise, auch über den zu erwartenden Ankergrund. Felsige Gründe sind – wie bereits ausgeführt – möglichst zu meiden. Ein idealer Ankerplatz befindet sich aber auch nicht unbedingt dort, wo in der Seekarte ein Anker abgebildet ist. Die meisten Zeichen in den Seekarten sind für die gewerbliche Schifffahrt ausgelegt, also nur bedingt tauglich für den Yachtsport. Während auf einem großen Frachter trotz starkem Wind und hohem Schwell die Mannschaft noch gemütlich eine Fußballübertragung im Fernsehen verfolgt, muss eine Hochseeyacht unter gleichen Bedingungen vielleicht schon „Anker auf" gehen. Zeigt die Abbildung in der Seekarte nur einen halben Anker, ist der Ankerplatz aus Sicht der Vermesser nur bedingt geeignet. Mit Vorsicht sind auch gut gemeinte Ankertipps aus Büchern oder von anderen Seglern zu betrachten. Bevor der Anker fällt, muss man sich selbst von den Bedingungen überzeugen. Ein idealer Ankerplatz ist gegen Wind und Wellen aus möglichst vielen Richtungen geschützt. Diese hohe Anforderung ist sehr selten erfüllbar. Wir müssen also Kompromisse eingehen. Ein guter Ankerplatz sollte aber wenigstens vor Wellenschlag schützen. Starken Wind kann man vor Anker durchaus ertragen, sobald aber Schwell auf dem Ankerplatz aufkommt, sollte man lieber den Anker lichten und auf das offene Meer hinausfahren oder einen besser geschützten Ankerplatz aufsuchen.

Ein konkretes Beispiel: Port Genovès. Diese Bucht ist gut geschützt gegen Winde aus Nord bis Süd, wenn sie durch den westlichen Quadranten drehen. Bei Winden von Nord-Ost bis Süd-Ost über Ost drehend ist Port Genovès jedoch ungeschützt und der Liegeplatz wird ungemütlich.

Hat man sich für eine Stelle entschieden, kann es hilfreich sein, bereits vor Anker liegende Schiffe aufmerksam zu beobachten. Warum liegen sie dort und nicht woanders? Sehr schwer sind die Verhältnisse während einer Flaute zu beurteilen. Hier scheinen alle Ankerlieger in andere Richtungen zu zeigen. Auch wenn Flaute ein friedliches Bild vermittelt, ist der Schwoikreis respektvoll einzuhalten, denn schon ein Motorboot kann für starken Schwell sorgen und die Schiffe gegeneinander schlagen lassen.

Wie ist das umgebende Terrain beschaffen? Felsbrocken oder Kliffe können guten Schutz vor Wind bieten, können aber umgekehrt durch Düseneffekte die Windgeschwindigkeit auch erheblich verstärken. Ein Strand kann genauso gut die Verlängerung eines Tales sein, in dem der Wind kanalisiert und beschleunigt wird wie in einem Tunnel ...

Ankerbucht Port Genovès an der andalusischen Küste N 36°44' – W 2° 07, aus der Luft betrachtet

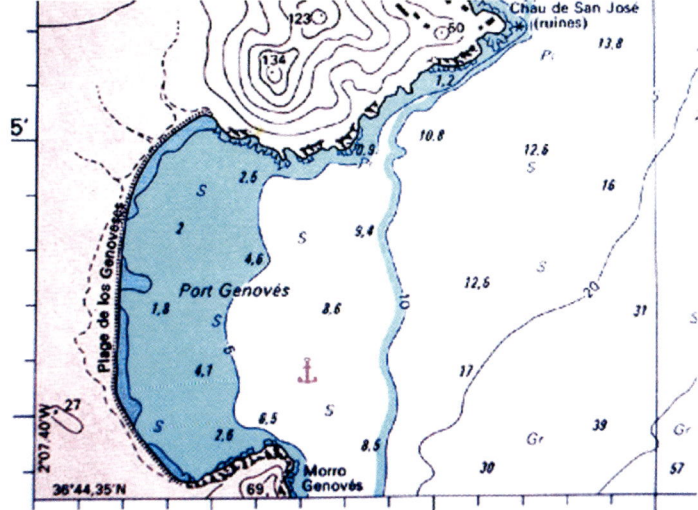

Die Seekarte zeigt genügend Wassertiefe im südlichen Teil, um zu ankern

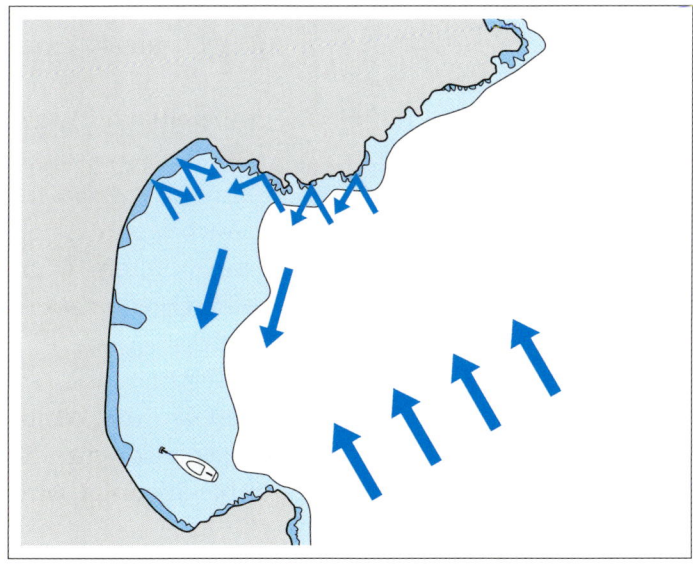

Trotz vermeintlich guter Bedingungen können Wellen am Steilufer reflektiert werden und einen unangenehmen Schwell auf dem Ankerplatz verursachen

Die Kunst des Ankerns

Wer aus einer Notsituation heraus ankert, wird aufatmen, wenn das Geschirr sauber funktioniert, und seinen Stress abschütteln, sobald der Anker greift. Wer jedoch aufbricht, um zu ankern, kann alle Vorbereitungen in Ruhe treffen. Man ankert ja nicht nur für ein paar Minuten, sondern oft für mindestens eine Nacht. Wer in die Vorbereitungen ein wenig mehr Zeit investiert, wird ruhiger baden und schlafen können. Bereits vor dem Ablegen beginnen die Vorbereitungen. Sie umfassen den Wetterbericht, beinhalten die Kontrolle der Wassertanks und der Batterien bis zur Überprüfunge des Ankerlichts.

Auch wenn moderater Schwell nicht unbedingt gefährlich ist, ist er unangenehm und hat auf das Bordleben und besonders die Nachtruhe negative Auswirkungen. In Ufernähe ist der Schwell auch den Einflüssen des Meeresbodens ausgesetzt. Die Wellen reflektieren und brechen sich dabei ähnlich wie Lichtwellen. Unser Beispiel auf der Vorseite zeigt dies deutlich. Das Boot ist zwar gut gegen den Schwell aus der Hauptrichtung geschützt, an den nördlich liegenden Felsen werden die Wellen jedoch reflektiert und treffen deshalb trotzdem den geschützten Teil der Bucht. Sobald der Schwell aus einer anderen Himmelsrichtung kommt als der Wind, kann es sinnvoll sein, einen Tampen am Heck des Schiffes auszubringen, der mit einem Stopperstek oder einem Kettenhaken an der Ankerleine befestigt werden sollte. Indem man die Länge des Tampens justiert, kann man das Boot mehr oder weniger zur Richtung der Wellen ausrichten.

Nachdem man eine Stelle gefunden hat, die für die momentanen Verhältnisse optimal erscheint, sollte man mithilfe der Seekarte einige weitere Kriterien untersuchen:

• Gibt es eventuell ein Ankerverbot? Liegt der ausgewählte Platz in einem militärischen Sperrgebiet oder gar in einem Nebenfahrwasser oder könnte der Anker ein Seekabel treffen …

• Wie tief ist das Wasser? Eine scheinbar gut geschützte Bucht kann sehr flach und deshalb nur für Boote mit geringem Tiefgang (Katamarane) zugänglich sein, oder im Gegenteil: Das Wasser ist so tief (Schären), dass das an Bord befindliche Ankergeschirr nicht ausreicht, um die erforderliche Länge auszubringen. Auch in tidenfreien Gewässern (Ostsee, Mittelmeer) kann die Wassertiefe durch Windeinwirkungen schwanken.

• Was sagt die Seekarte zur Bodenbeschaffenheit? Felsen und Seegras sollte man möglichst vermeiden. Das kleine „S" auf der Seekarte bedeutet „Sand". Perfekt! Aber nicht zu früh gefreut: Seegras wächst auf Sand. Oft ist der Sand deshalb von Seegraswiesen bedeckt, durch die die (hoffentlich) schwere Spitze des Ankers dringen muss, bevor sie sich eingraben kann. Reine Sandflächen sind relativ selten, von tropischen Revieren abgesehen.

Wer seine Yacht mit dem Bug zum Schwell ausrichten möchte, kann einen Tampen am Heck des Schiffes ausbringen, der mit einem Stopperstek oder einem Kettenhaken an der Ankerleine befestigt wird. Indem man die Länge des Tampens justiert, kann man den Schiffsrumpf leicht im gewünschten Winkel zu Schwell ausrichten

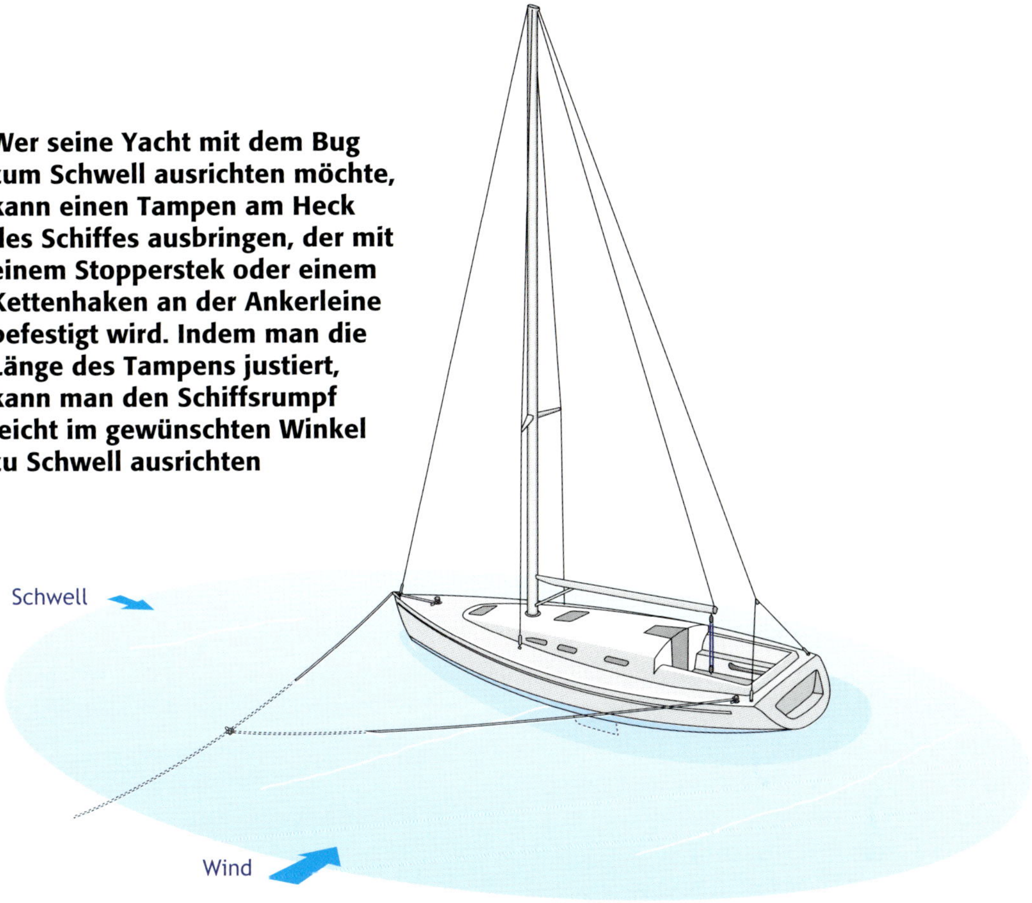

Schwell

Wind

Auch weit vor der Küste kann es flach sein. Für Katamarane kein Problem

Die Kunst des Ankerns

- Gibt es bekannte Gefahrenstellen? Wracks, einzelne Felsbrocken etc.
- Ist der Ankerplatz überfüllt? Im Monat August sind durch die hohe Zahl ankernder Yachten beispielsweise die Calanques in der Nähe von Marseille oder die Girolata Bucht auf Korsika völlig unzugänglich. Sie sind als sichere Ankerplätze bekannt und entsprechend belegt.
- Beklagenswert, aber nicht zu ändern: Exzellente Ankerplätze werden mehr und mehr von Fischfarmen belegt, die eine Nutzung durch ankernde Yachten stark einschränken oder sogar völlig verbieten.
- Studieren Sie die Möglichkeiten, den Ankerplatz verlassen zu können. So kann eine plötzliche Wetterveränderung oder -verschlechterung den Ankerplatz ungemütlich bis gefährlich werden lassen. Man sollte in der Lage sein, eine alternative Strategie in die Tat umzusetzen. Eine im GPS programmierte Route mit Wegpunkten zu einem Ausweichankerplatz ist beispielsweise eine geeignete Methode.
- Wenn die Besatzung an Bord bleibt, muss der Zündschlüssel der Hauptmaschine einsatzbereit im Zündschloss stecken bleiben.
- Wenn durch Winddrehung eine Legerwallsituation entstehen könnte, ist es besser, etwas mehr Distanz zur Küste zu halten, um sich nach dem Lichten des Ankers freikreuzen zu können. Zwar ist der Weg mit dem Beiboot etwas länger, aber man hat, statt sich Gedanken um das Wetter machen zu müssen, den „Kopf frei" für Land und Leute.
- Beim Ankern in Tidengewässer ist die jeweilige und die zu erwartende Stromrichtung entscheidend für die Positionierung.
- Ist die Entscheidung gefallen, aber noch nicht der Anker, fährt man Kreise, die in etwa dem Schwoikreis entsprechen, um den vermeintlichen Eingrabeort. Dabei wird das Echolot beobachtet. Zeigt es plötzliche Tiefenveränderungen (Alarm einstellen), die zum Beispiel auf einen Felsen oder ein anderes Hindernis unter Wasser hinweisen? Falls man gute Sicht zum Grund hat (wenig Wellen, geringe Wassertiefe, gutes Sonnenlicht), wird man auch diesen während des Kreisens absuchen.
- Nicht nur die rechtlichen Bestimmungen verlangen, dass sich Neuankömmlinge auf Ankerplätzen den bereits vor Anker liegenden Schiffen und ihren Ankern anpassen müssen. Es ist deshalb notwendig, die anderen Schiffe genau zu beobachten, um herauszufinden, auf welchen Stellen ihre Anker platziert wurden, um die Schwoikreise abschätzen zu können. Die flach geschnittenen Unterwasserrümpfe moderner Yachten und Mehrrumpfboote neigen sehr viel stärker zum Schwoien als schwere Fahrtenyachten mit langem Kiel.
- An Anker, Kette und Ankerwinde kann man sich gefährliche Verletzungen zufügen. Deshalb sollten aus Sicherheitsgründen beim Bedienen der Ankerwinde stets Schutzhandschuhe, feste Schuhe oder sogar Stiefel getragen werden.

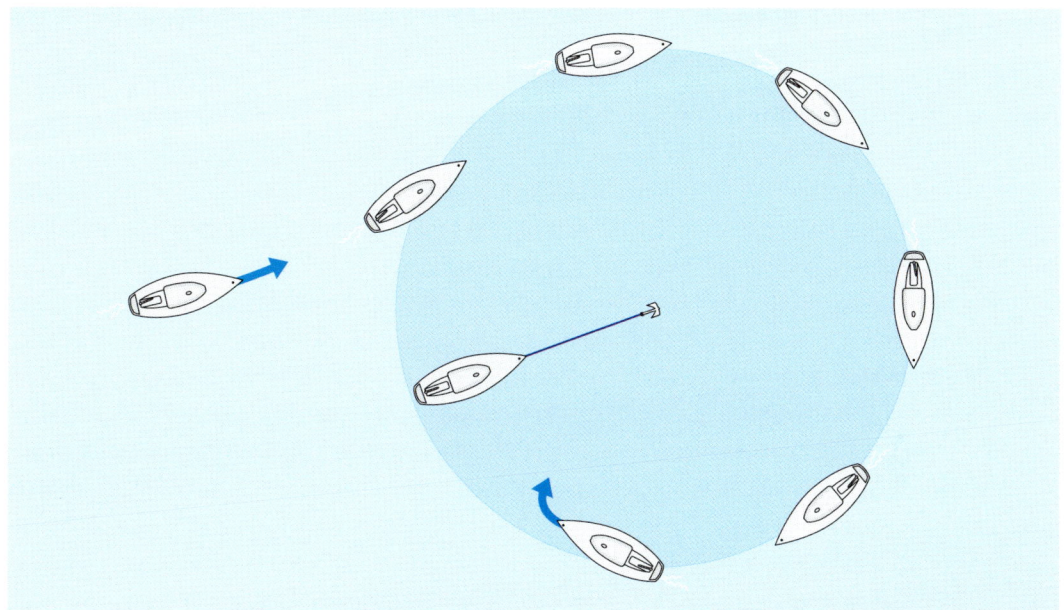

Wer unter Motor ankern möchte, fährt erst um den Ankerplatz eine Runde, die dem ungefähren Schwoikreis entspricht

Mit etwas Übung lassen sich die Schwoikreise abschätzen. Aber Vorsicht: Kommt Wind auf, stecken die Skipper mehr Leine oder Kette. Zwar liegen dann alle Yachten im Wind. Flaut der Wind aber wieder ab, haben sich die ursprünglichen Schwoikreise vergrößert. Katamarane liegen ruhiger mit V-förmigem Hahnepot

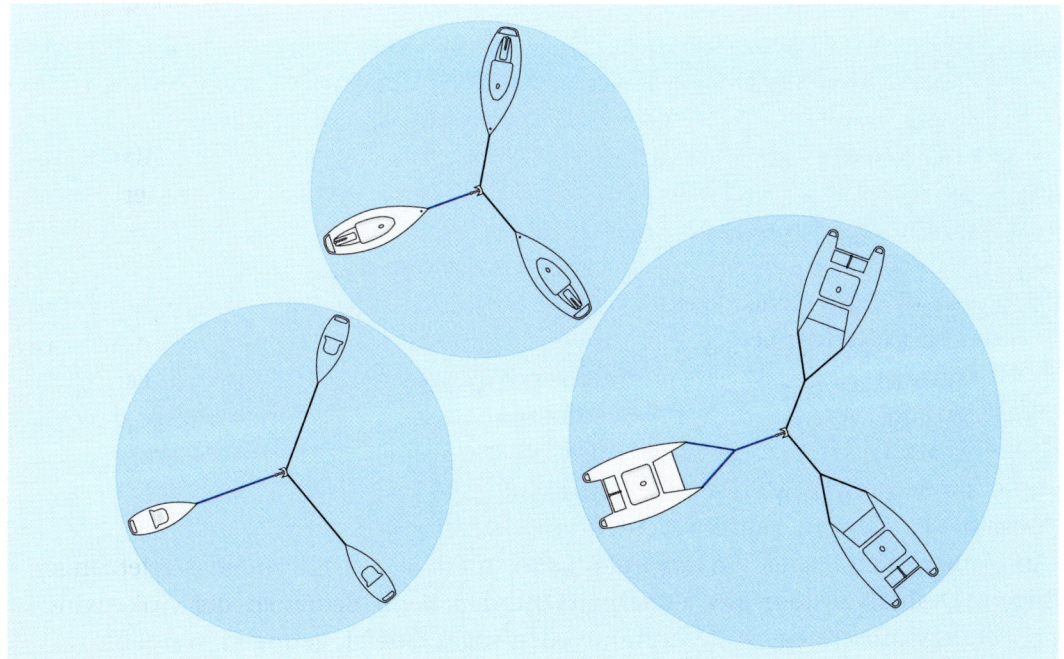

Die Kunst des Ankerns

Ankern unter Motor

Diese komfortable Methode ist am weitesten verbreitet und bietet ein Höchstmaß an Sicherheit. Nachdem die Auswahl eines Ankerplatzes sorgfältig getroffen wurde, sollte man mit eingeholten, aber trotzdem einsatzbereiten Segeln langsam auf die ausgewählte Stelle zufahren. Der Stromkreis der Ankerwinde wird mit dem Hauptschalter unter Spannung gesetzt und der Sicherungsmechanismus des Ankergeschirrs gelöst. Früher war es notwendig, Ankerketten an Deck in großen Schleifen auszulegen, um sie problemlos ausbringen zu können. Auf modernen Yachten mit Elektro- oder Hydraulikwinden und gut konstruierten Kettenkästen mit einer Kettenpyramide und einem geeigneten Fallrohr reicht es fast immer aus, lediglich auf den „Down"-Knopf zu drücken.

Mit einer manuellen Ankerwinde benötigt man zum Ausbringen des Ankers zusätzlich eine Handkurbel oder Ratsche zum Bedienen der Kupplung.

Sobald man einen Platz auf dem Ankerfeld für sein Boot ausgewählt hat, sollte man langsam unter Motor gegen den Wind, bei Strom gegen den Strom, fahren. In Tidengewässern kann es nötig werden, den Anker in Vorausfahrt auszubringen und dann dem Schiff durch hartes Ruderlegen einen anderen Kurs zu geben. Wichtig ist auch hierbei, dass Fahrt im Schiff ist und niemals die Kette den Anker begräbt und er sich nicht entsprechend zum Grund ausrichten, sprich nicht eingraben kann.

Beim Erreichen der ausgewählten Stelle lässt man den Anker zusammen mit einer Ketten- oder Leinenlänge, die ungefähr der eineinhalbfachen Wassertiefe entspricht, relativ zügig ausrauschen. Wer gleich die ganze Länge steckt, riskiert, dass die Kette den Anker begräbt. Auch bei kleiner Crew bestimmt der Schiffsführer, wann der Anker zu fallen hat, möglichst mit dem Kommando „Fallen Anker" damit alle an Bord wissen, dass das Schiff nach dem Kommando rückwärts fahren wird. Nachdem man mit dem Rückwärtsgang der Maschine das Schiff aufgestoppt hat und langsam rückwärts Fahrt aufnimmt, fiert man die Ankerleine entsprechend der Schiffsgeschwindigkeit so lange, bis die errechnete Länge ausgebracht ist. Dann belegt man die Verbindung auf ihrem Poller.

Generationswechsel

Bei Ankern der „alten Generation" war es möglich, in aller Ruhe abzuwarten, bis der Anker nach einiger Zeit endlich im Meeresboden Halt gefunden und sich der Bug des Schiffes, der Zugrichtung der Ankerleine folgend, ausgerichtet hatte.

Ankermanöver unter Motor

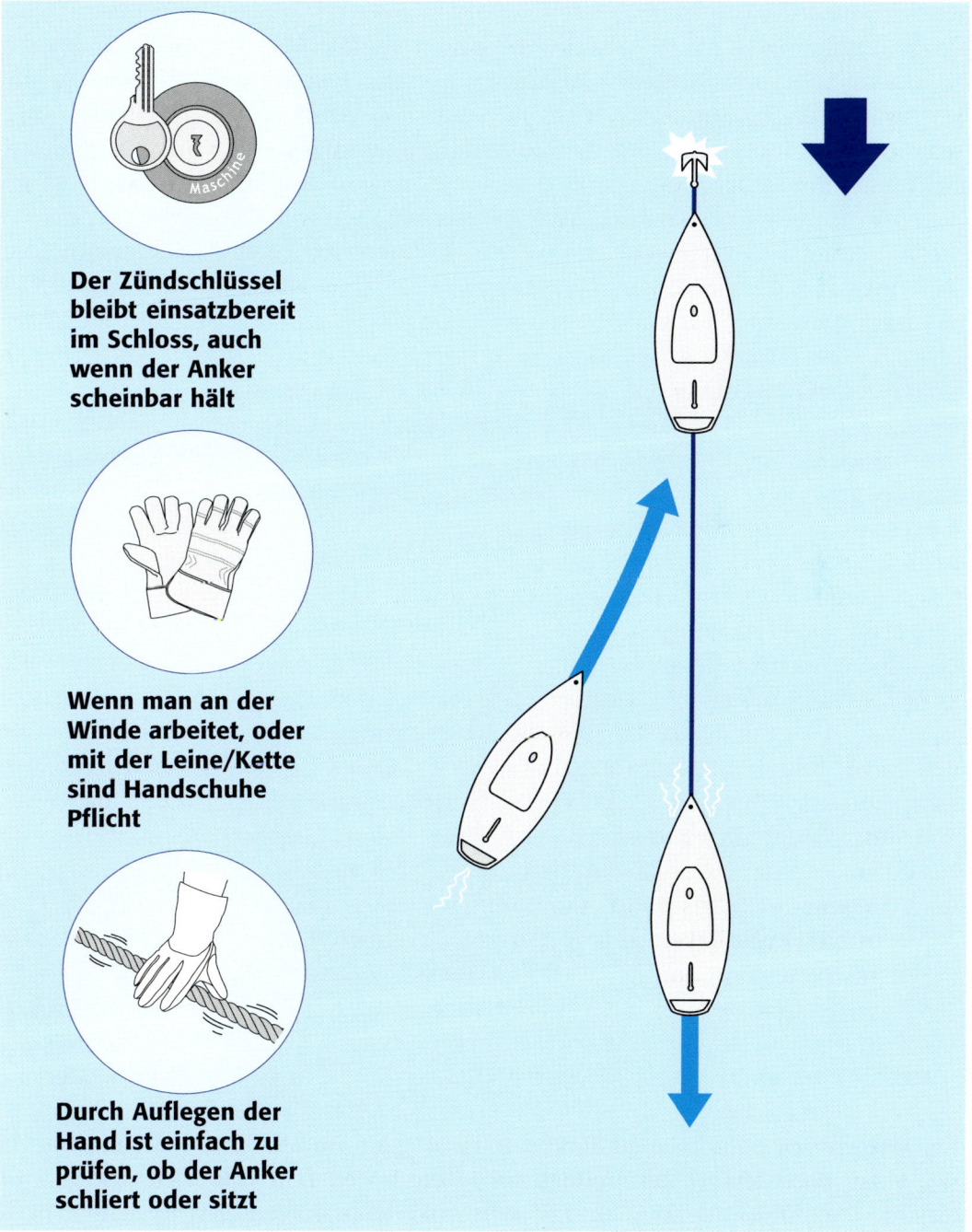

Der Zündschlüssel bleibt einsatzbereit im Schloss, auch wenn der Anker scheinbar hält

Wenn man an der Winde arbeitet, oder mit der Leine/Kette sind Handschuhe Pflicht

Durch Auflegen der Hand ist einfach zu prüfen, ob der Anker schliert oder sitzt

Die Kunst des Ankerns

Danach überprüfte man die Position des Ankers, um festzustellen, ob er sich ausreichend tief eingegraben hatte und ob das Boot stabil und sicher auf der gewünschten Position lag.

Bei den schnell greifenden Ankern der „neuen Generation" ist es notwendig, die Ankerkette zu blockieren bzw. die Ankerleine schnell auf dem Poller zu belegen, bevor das Ankergeschirr unter Zugkraft steht, da sonst die Gefahr besteht, dass Kette oder Leine an der Ankerwinde abrutschen oder überlaufen und beträchtlichen Schaden an sich selber und der Ankerwinde verursachen können. Belegt man die Ankerleine rechtzeitig auf dem dafür vorgesehenen Poller, wird der entstehende kräftige Ruck beim Greifen des Ankers nicht auf die Ankerwinde übertragen, sondern über die Verstärkung unter dem Poller in die Struktur des Schiffes eingeleitet. Es sollte dann problemlos möglich sein, mit der Maschine Rückwärts zu geben und die Position zu überprüfen, bis der Anker gegriffen hat. Sobald keine Fahrt mehr im Schiff ist, sollte man am besten kräftig oder sogar mit Vollgas Rückwärts geben. Die unter Motor entstehende Zugkraft auf der Ankerleine, bei mit Vollgas rückwärts laufender Maschine, entspricht auf den meisten modernen Serienyachten lediglich einer Windbelastung von 25 bis 30 Knoten (durchschnittlich 10 DaN pro Kilowatt Motorleistung). Immer wieder vermeiden Skipper es, den Anker unter voller Kraft Rückwärts einzudampfen. Sie befürchten, der Anker könnte ausbrechen und sie wären gezwungen einen neuen Anlauf nehmen. Aber genau das ist der Grund für dieses Manöver. Ein Anker, der die Rückwärtsfahrt unter Volllast nicht halten kann, ist nicht sicher!

Sollte der Anker bei auf Vollgas rückwärts laufender Maschine anfangen zu driften, dann hat er sich noch nicht ausreichend tief eingegraben. Ob ein Anker driftet oder nicht, lässt sich relativ leicht feststellen: Man braucht nur eine Hand oder einen Fuß auf die Ankerkette/Leine zu legen. Dort lassen sich die Vibrationen eines über den Meeresboden schrammenden Ankers deutlich spüren.

Ankern unter Segeln

Der Trend geht aufgrund stark belegter Ankerplätze eindeutig dahin, Ankermanöver prinzipiell nur noch unter Motor zu fahren. Dennoch sollte ein guter Skipper Ankermanöver unter Segeln beherrschen. Ein Motorschaden, ein Netz oder ein Tampen in der Schraube sind absolut keine Seltenheit; es ist daher wichtig, mit den wenigen notwendigen Maßnahmen und Manövern vertraut zu sein, die im Notfall zu ergreifen oder durchzuführen sind. Aber auch ganz banale Gründe können das Ankern unter Segeln nötig werden lassen: Segelyachten, die als

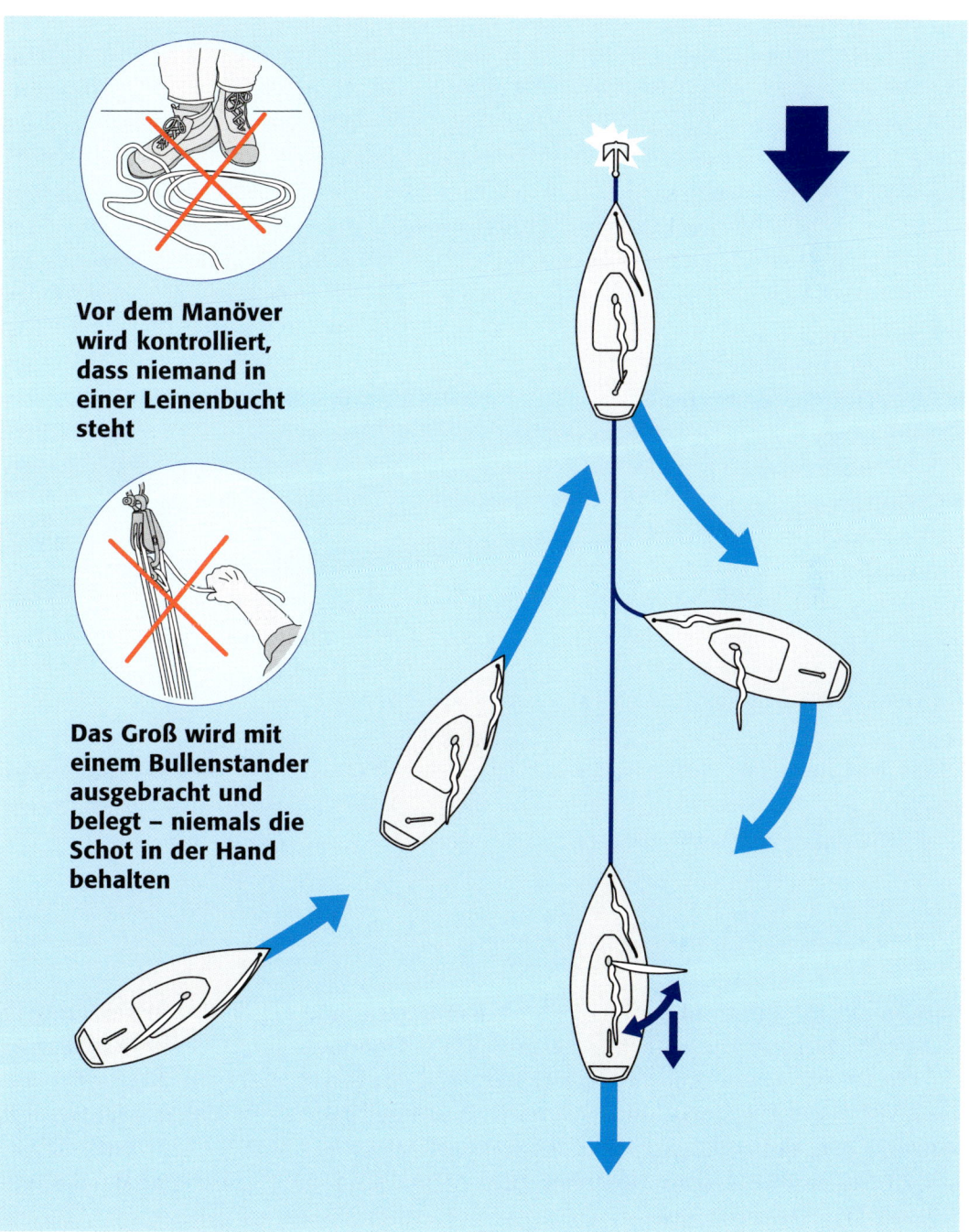

Vor dem Manöver wird kontrolliert, dass niemand in einer Leinenbucht steht

Das Groß wird mit einem Bullenstander ausgebracht und belegt – niemals die Schot in der Hand behalten

Die Kunst des Ankerns

„Hauptmaschine" einen Außenborder haben, erreichen in Rückwärtsfahrt nicht genügend Schub, um den Anker einzugraben.

Ankermanöver unter Segeln sind Ankermanövern unter Motor recht ähnlich. Man nähert sich dem ausgewählten Ankerplatz langsam mit reduzierter Segelfläche. Kurz vor Erreichen der gewünschten Stelle werden die Vorsegel geborgen, um stark anzuluven, bis das Schiff „im Wind" steht. Ein angenehmer Nebeneffekt: Ohne Vorsegel bietet das Vorschiff einen aufgeräumten Arbeitsplatz. Sobald jegliche Fahrt aus dem Schiff ist, werden Anker und Ankerkette/-Leine mit der eineinhalbfachen Länge der Wassertiefe ausgebracht. Mit der Geschwindigkeit des sich quer legenden und mit dem Wind abtreibenden Schiffes fiert man die Ankerkette oder -leine, bis das errechnete Tiefenverhältnis erreicht ist. Danach wird die Ankerkette blockiert, die Ankerleine auf dem Poller belegt. Sobald der Anker greift und das Schiff mit dem Bug in den Wind dreht, setzt man das Großsegel mithilfe eines Bullenstanders back. Das Schiff segelt rückwärts und wird mit der entstehenden Zugkraft den Anker so tief wie möglich eingraben. Nachdem man sichergestellt hat, dass der Anker gut hält und ein ausreichender Sicherheitsabstand zu den anderen Booten auf dem Ankerplatz gewährleistet ist, kann das Großsegel geborgen und verstaut werden.

Wer kann und will, kann jetzt immer noch einen Haltetest unter Maschine – wie oben beschrieben – durchführen und den Anker eindampfen.

Ankern mit dem Heckanker

Diese Methode ist einfach anwendbar und besonders für Einhandsegler gut geeignet. Auf Yachten mit Achtercockpit kann der Rudergänger im Cockpit bleiben und sich auf das Steuern konzentrieren, während er den Anker werfen und die Ankerleine beim Ausbringen unter Kontrolle behalten kann. Die Leine des Heckankers kann auf dem Achterdeck belegt werden. Man kann sie aber auch nach Ausbringen des Ankers nach vorne bringen, um sie auf dem Poller auf dem Vorschiff zu belegen.

Es muss nicht immer Römisch-Katholisch sein. Heckankermanöver sind in vielen Häfen des Mittelmeeres beliebt, um mit dem Vorsteven des Schiffes rechtwinklig zu der Kaimauer liegen zu können. Man hält zu diesem Zweck frontal mit einsatzbereitem Heckanker langsam unter Motor genau im 90-Grad-Winkel auf den Platz an der Kaimauer zu, auf dem man gerne liegen möchte. In angemessener Entfernung vom Kai wirft man den Heckanker und fiert die Ankerleine langsam, bis der Vorsteven des Bootes kurz vor der Kaimauer zum Stillstand gekommen

174

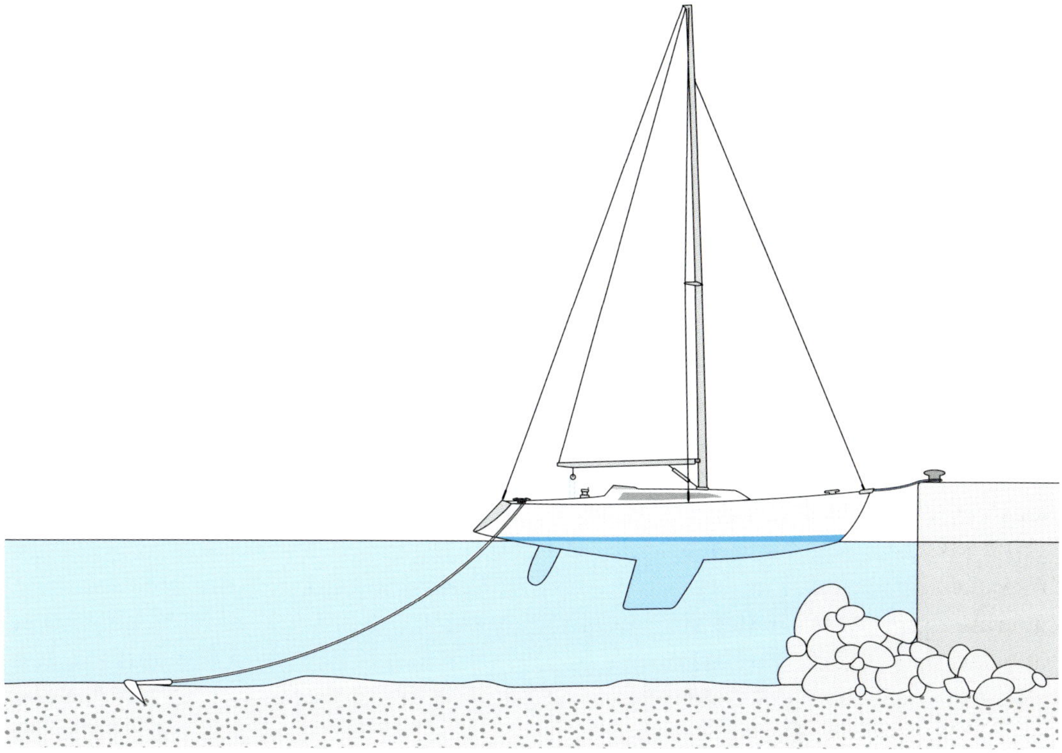

Um den Bug von einer Pier freizuhalten, eignet sich ein Heckanker

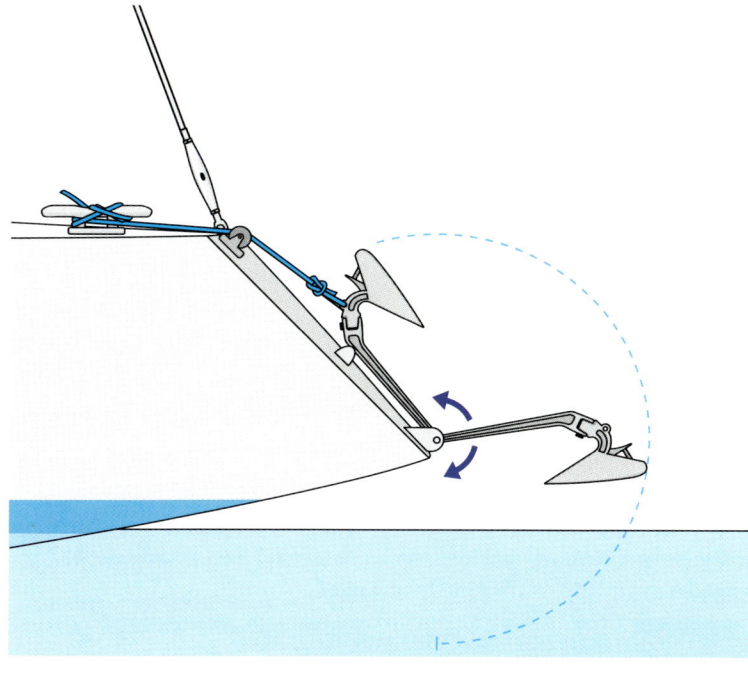

Heckankervor-
richtungen gibt es
wie Sand am Meer.
Ein modernes
Yachtheck kann mit
einer Klappvor-
richtung vor Schä-
den am Gelcoat
bewahrt werden

Die Kunst des Ankerns

ist und es einem Crewmitglied gelingt, eine der Vorleinen an einem Ring oder Poller an Land zu befestigen. Sobald alle Vorleinen erfolgreich belegt sind, kann man auch die Heckankerleine auf einer Klampe auf dem Achterdeck endgültig belegen.

Warum aber mit dem Bug zur Pier? Hafenkais sind in vielen Ländern beliebte Orte zum Promenieren der lokalen Bevölkerung. Auch wenn das Heck wahrscheinlich bequemer zum Ein- und Aussteigen ist, so bleibt doch die Privatsphäre in Cockpit und Kajütniedergang besser bewahrt, wenn das Boot mit dem Bug in Richtung der Kaimauer mit den promenierenden Spaziergängern liegt.

Sollten sich am Fuß der Kaimauer im Wasser Felsbrocken oder Unrat befinden, lässt sich so auch ein „Flirt" des Ruderblattes mit dem Grund vermeiden. Selbst bei Schwell ist es beruhigender, wenn das Vorschiff mit seinem geringen Tiefgang in Richtung Kaimauer zeigt und man das empfindliche Ruderblatt von der Gefahrenquelle am Fuß der Kaimauer möglichst weit entfernt in Richtung Hafenbecken weiß.

Seitlich ausgebrachte Anker

In überfüllten Häfen kann man sich seinen Liegeplatz nicht aussuchen und man bekommt vielleicht nur die letzte freie Lücke zugewiesen. Dabei kann es vorkommen, dass man längsseits an einer Kaimauer liegen muss, obwohl ein starker Wind das Boot gegen die Mauer drückt. Vor allem, wenn zusätzlich ein unangenehmer Schwell im Hafen aufkommt, kann es vorteilhaft sein, seitlich einen Anker mit dem Beiboot auszubringen. Diesen seitlich vom Schiff platzierten Anker kann man natürlich – wenn man genug Raum für dieses Manöver zur Verfügung hat – auch schon vor dem Anlegemanöver an der Kaimauer im Hafenbecken ausbringen. Dafür bringt man am besten sein Schiff parallel zur Kaimauer an der Stelle zum Stillstand, an der man den Anker gern werfen möchte. Nachdem der Anker an der Luvseite des Schiffes ausgebracht wurde, drückt der Wind das Schiff in Richtung Kaimauer. Sorgfältig muss die seitliche Ankerleine gefiert werden, bis das Schiff längsseits der Kaimauer zum Liegen gekommen ist. Um eine eventuelle Abdrift zu kompensieren, kann die Position mit der Hauptmaschine während dieses Manövers durch kleine Vorwärts- oder Rückwärtsschübe korrigiert werden. An der Kaimauer angekommen, braucht man nur noch die Vor- und Achterleinen sowie die Springs an Land zu belegen, um das Anlegemanöver erfolgreich abzuschließen. Der seitlich ausgebrachte Anker kann ebenfalls sehr nützlich sein, wenn man bei auflandigem Wind mit dem Schiff von der Kaimauer ablegen möchte. Dazu empfiehlt es sich, alle Landleinen auf Slip zu legen.

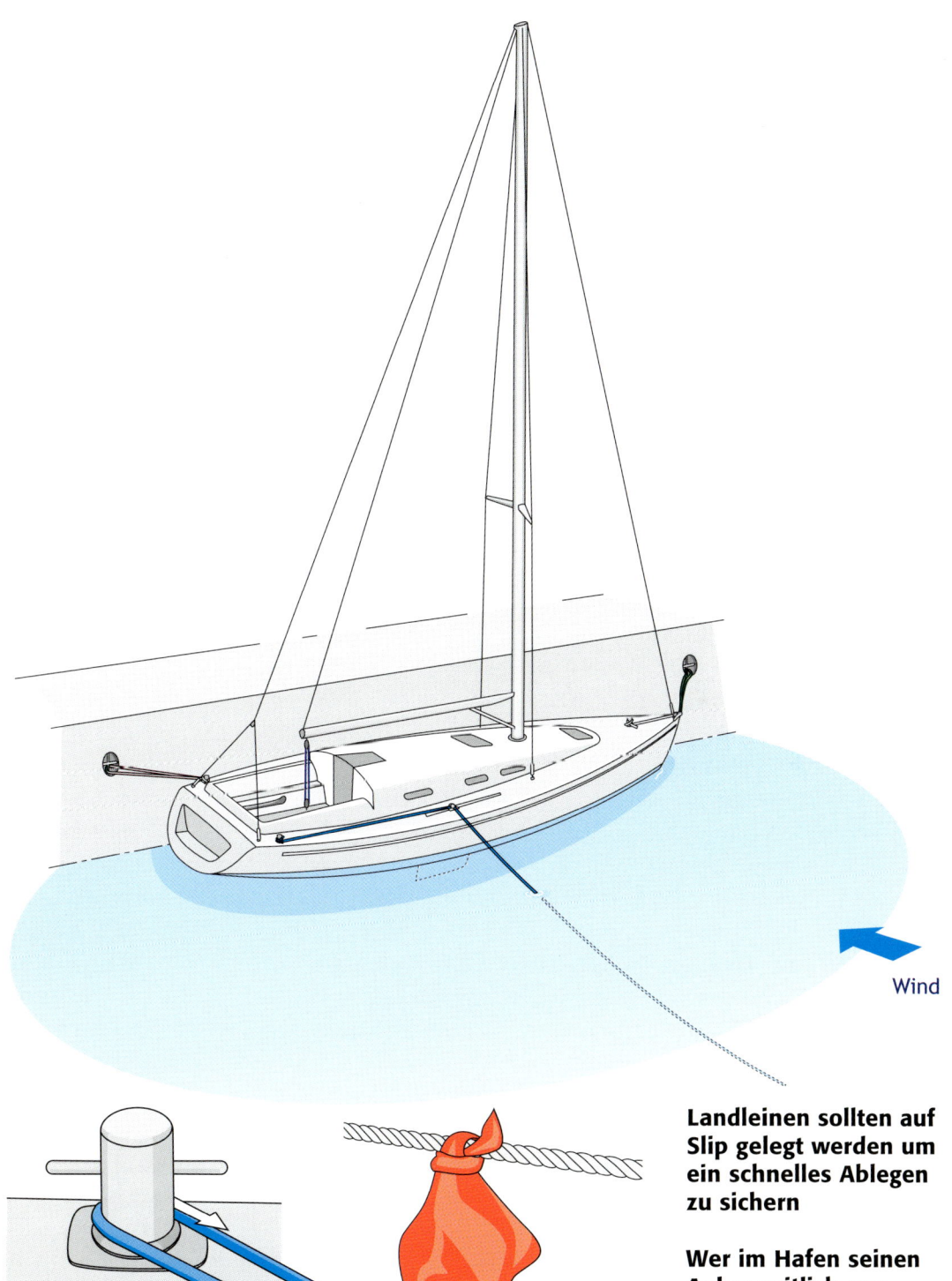

Wind

Landleinen sollten auf Slip gelegt werden um ein schnelles Ablegen zu sichern

Wer im Hafen seinen Anker seitlich ausbringt, sollte ein rotes Tuch zur Warnung stecken

177

Die Kunst des Ankerns

Gute Seemannschaft ist es, anderen Yachten, die in den Hafen einlaufen, um einen Liegeplatz zu finden, mit einem Stückchen rotem Tuch an der querab gespannten Ankerleine vor der von dem Ankergeschirr ausgehenden Gefahr zu warnen.

Um das Boot in einem bestimmten Winkel zum Wind im Hafen ausrichten zu können, kann man einen zusätzlichen Tampen an der querab gespannten Ankerleine verknoten, den man danach entweder vom Heck oder vom Bug des Schiffes aus festziehen kann, bis der gewünschte Winkel zum Wind erreicht ist. Natürlich ist diese Methode auch sinnvoll, wenn man sein Schiff in den Schwell im Hafen stellen möchte, um die Rollbewegungen des Rumpfes auf ein Minimum zu reduzieren.

Gegabelte Doppelanker

Falls für das Revier ein schwerer Sturm aufzieht, ist es sinnvoll, ein zweites Ankergeschirr zum Einsatz zu bringen. Sollte sich der Hauptanker losreißen oder gar die Verbindung brechen, kann ein zweiter Anker helfen, ein größeres Unglück zu verhindern. Hat man den ersten Anker nach einer der bereits beschriebenen Methoden ausgebracht, wird man unter Motor den zweiten Anker ausbringen, der sich auf gleicher Höhe mit dem ersten Anker in Windrichtung befinden sollte. Die Ankerverbindungen weisen einen ungefähren Winkel von 60 Grad zueinander auf, wenn das Boot zum Stillstand kommt: Anker und Schiff bilden ein gleichschenkliges Dreieck.

Um das zu erreichen, fahre man unter Motor in Zugrichtung des ausgebrachten Hauptankers. Nach halber Strecke fährt man 45 Grad zum Wind oder 90 Grad zur Verbindung, um den zweiten Anker zu werfen. Sollte der Hauptanker im Sturm driften oder gar losbrechen, hält der Zweitanker hoffentlich so lange, bis man Maßnahmen einleiten kann, um den Liegeplatz zu verlassen. Als erwünschten Nebeneffekt wird man bemerken, dass der Zweitanker die Schwoibewegungen des Schiffes vor Anker wirkungsvoll reduzieren kann.

Die Handlot-Methode

Man fahre unter Motor wenige Meter der Zugrichtung des ausgebrachten Hauptankers entgegen, um an dieser Stelle einen zweiten Anker zu werfen. Dieser Anker kommt einsatzbereit und sicherlich oftmals noch nicht eingegraben auf dem Meeresboden zum Liegen. Die Ankertrosse des zweiten

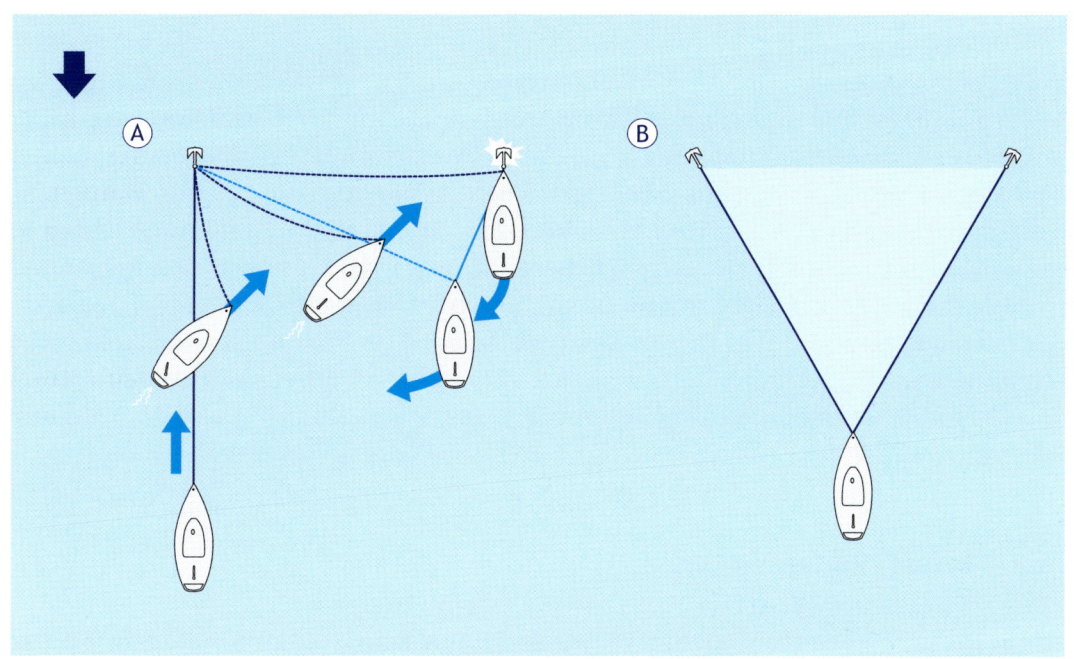

Gegabelte Doppelanker: Anker und Schiff bilden ein gleichschenkliges Dreieck

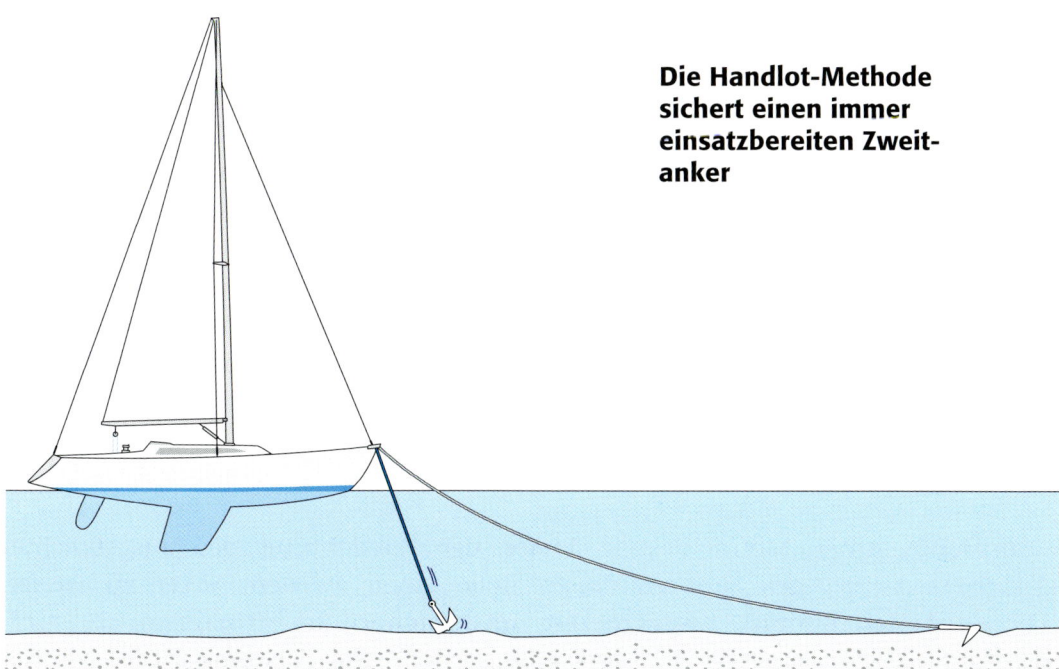

Die Handlot-Methode sichert einen immer einsatzbereiten Zweitanker

Die Kunst des Ankerns

Ankersgeschirrs soll dabei auf gleicher Höhe mit dem Vorsteven fast senkrecht im Wasser hängen, wie die Lotleine eines Handlots. Sobald das Schiff zu schwoien beginnt, bremst der zusätzlich ausgebrachte Anker die entstehenden Schwoibewegungen, indem er über den Meeresboden schleift. Gelingt es dem Zweitanker sogar, sich trotz der extrem kurzen Trosse einzugraben, dann können die Schwoibewegungen des Schiffes fast vollständig unterbunden werden. Sollte der Hauptanker unter stärkerer Belastung driften oder gar losbrechen, dann ist der Zweitanker bereits einsatzklar auf dem Meeresboden positioniert. Man braucht nur noch mehr Kette/Leine am zweiten Ankergeschirr zu stecken, um den verloren gegangenen Halt des Hauptankers sofort auffangen zu können.

Ankern im „Bahamas Style"

Diese Methode ähnelt stark der eben beschriebenen Methode der gabelförmig ausgebrachten Doppelanker. Mit dem Unterschied, dass die beiden Anker nicht in einem Winkel von 60 Grad zueinander unter Zug stehen, sondern in einem Winkel von 180 Grad. Diese Methode wird hauptsächlich auf Ankerplätzen angewandt, die Strömungen oder Winden aus entgegengesetzten Richtungen ausgesetzt sind (zum Beispiel Strömung durch Ebbe und Flut). Man kann beide Ankerleinen am Bug oder je eine Leine am Heck und eine am Bug des Schiffes belegen.

Verkopplung mehrerer Anker in Reihe

Diese Methode sollte man lieber vermeiden. Sie besteht darin, vor dem Hauptanker noch einen zweiten Anker mit einem Kettenvorläufer von zirka fünf Metern Länge zu befestigen. Ich habe auf diese Weise beinahe mein Schiff verloren. Da mein damaliger Hauptanker der „alten Generation" nicht hielt, brachte ich zusätzlich einen kleineren Plattenanker an. Statt das Haltevermögen zu verdoppeln, hat der zweite Anker es verschlechtert. Die Ankerleine hielt nur noch an dem kleineren der beiden Anker und mein Boot begann erneut zu driften. Theoretisch ist leicht anzunehmen, dass zwei Anker mehr halten als ein einzelner. Dieses ist nur richtig, wenn sich beide Anker ausreichend tief eingegraben haben. Egal welche Methode man anwendet, es gibt keine Garantie, dass sich beide ausreichend tief eingraben. Ganz im Gegenteil; sobald sich der erste Anker eingegraben hat, verhindert er, dass sich der zweite gleichfalls eingraben kann.

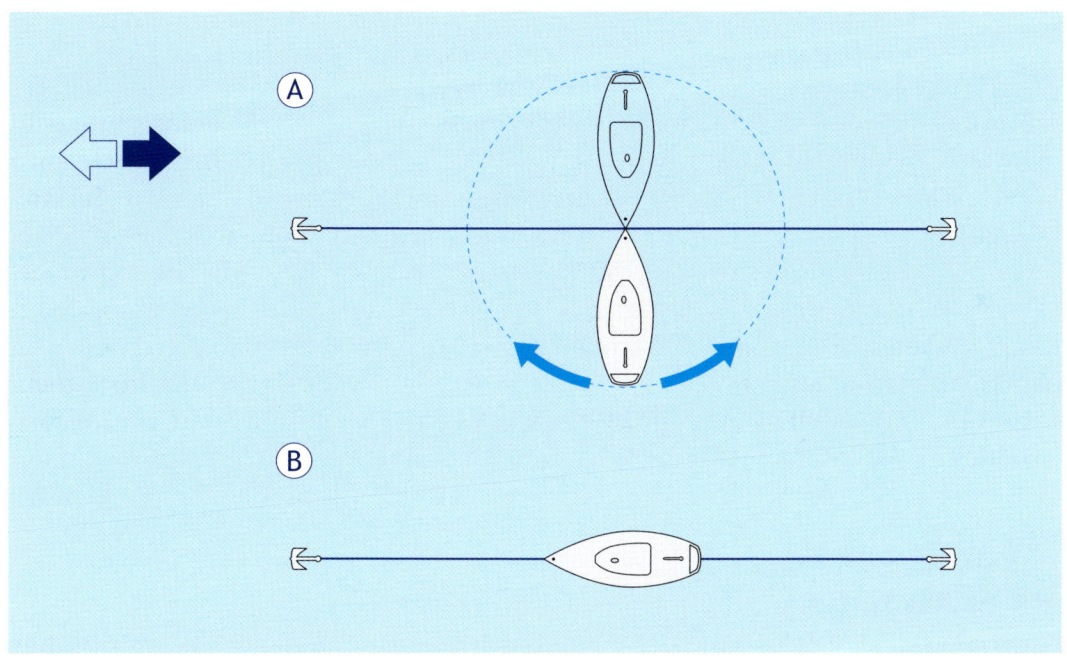

Ankern im Bahama-Sstyle

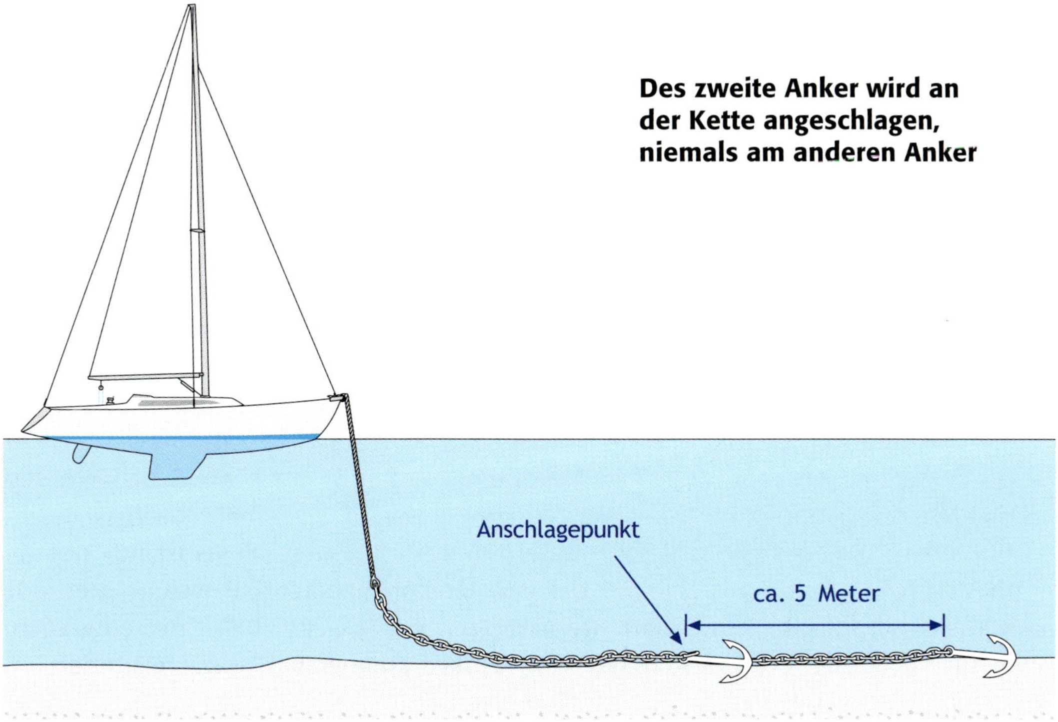

Des zweite Anker wird an der Kette angeschlagen, niemals am anderen Anker

Anschlagepunkt

ca. 5 Meter

Die Kunst des Ankerns

Leuten, die trotzdem zwei Anker miteinander verkoppeln wollen, möchte ich folgenden Rat geben:

• Nur Anker hintereinander koppeln, die in Typ, Größe und Gewicht identisch sind.

• Die Größe eines einzelnen Ankers sollte ausreichend sein, um das Boot auch alleine halten zu können.

• Die beiden Anker sollten mit einem fünf Meter langen Stück Ankerkette aneinander gekoppelt werden. Das Kettenstück des angekoppelten Ankers sollte auf gar keinen Fall am ersten Anker befestigt werden, sondern am Verbindungsstück zwischen Anker und Kettenvorläufer.

Man sollte nicht übersehen, dass Anker der „neuen Generation" ein eindeutig überlegenes Haltevermögen gegenüber den Ankern der „alten Generation" aufweisen und vor allen Dingen sich nicht urplötzlich vom Meeresboden losreißen. Bei sehr starken Windböen beginnen sie leicht zu driften, verbleiben dabei aber tief im Meeresboden vergraben. Meiner Meinung nach ist es besser, mit einem einzigen guten Anker zu ankern, als zwei schlechte Anker hintereinander zu koppeln.

Ankern mit Mehrrumpfbooten

Bei gleicher Schiffslänge ist es schwieriger, mit einem Mehrrumpfboot zu ankern als mit einer Einrumpfyacht. Umso sorgfältiger hat die Auswahl des Ankergeschirrs zu erfolgen. Aufgrund des relativ hohen Freibordes in Kombination und einem flachen Unterwasserschiff neigen Mehrrumpfboote vor Anker sehr viel stärker zum Schwoien als Einrumpfyachten. Dieses Verhalten ist aus mehreren Gründen ganz besonders zu beachten:

• Wenn Sie mit Ihrem eigenen Mehrrumpfboot ankern oder mit Ihrer Einrumpfyacht in der Nähe eines Katamarans oder Trimarans ankern möchten, sollten Sie unbedingt den größeren Schwoikreis von Mehrrumpfbooten im Auge behalten.

• Obwohl auf Mehrrumpfbooten ganz besonders auf Gewichtsreduzierung in den Extrembereichen geachtet werden muss, ist es falsch, das Ankergeschirr zu klein auszulegen. Die ausgeprägten Schwoibewegungen bewirken sehr starke Lateralkräfte am Schaft des Ankers, was wiederum dort zu starker Torsionsbelastung führt. Es ist sinnvoll, einen größeren Anker auszuwählen, um die Haltekraft zu verbessern. Genauso wichtig ist eine erhöhte Widerstandsfähigkeit gegenüber Torsionskräften.

• Da Mehrrumpfboote höhere Lateralkräfte auf den Anker ausüben, ist es besonders wichtig, keine Plattenanker zu verwenden, da dieser Ankertyp unter starker Zugkraft besonders dazu neigt, seine Platten senkrecht zum Meeresboden zu stellen.

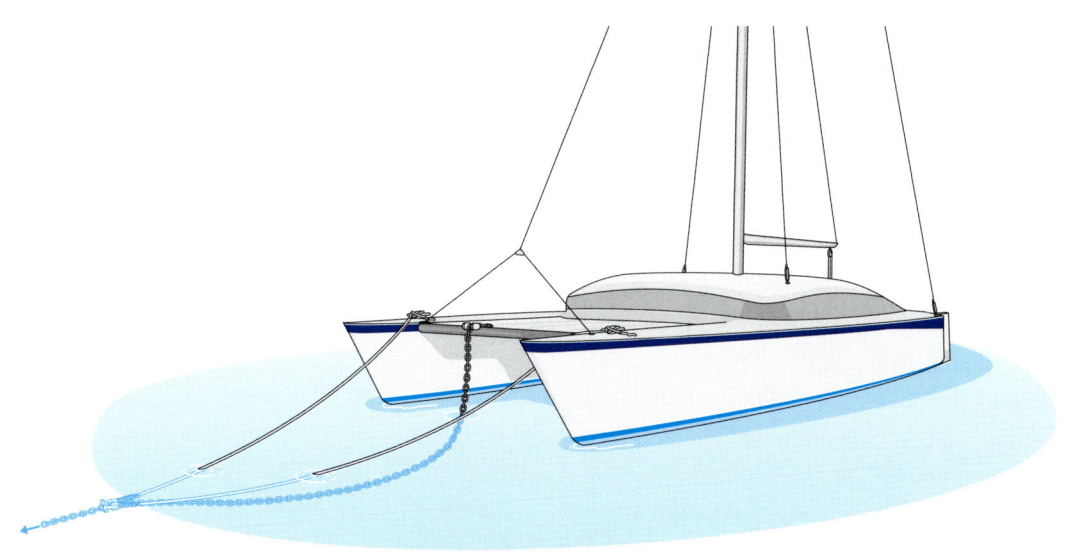

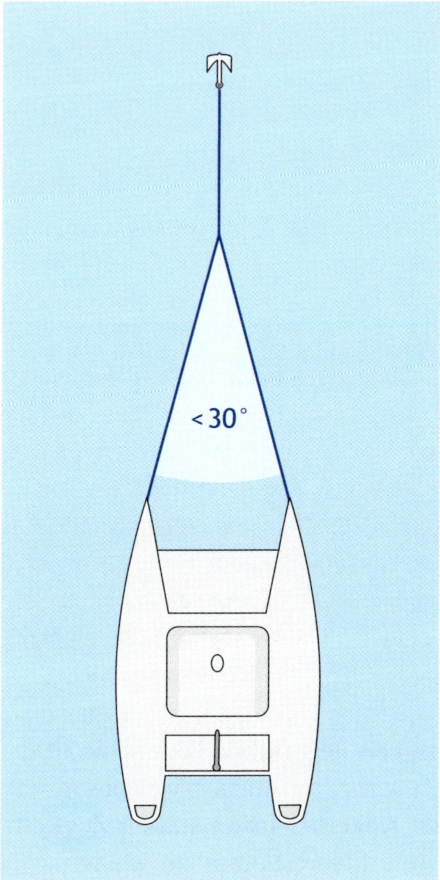

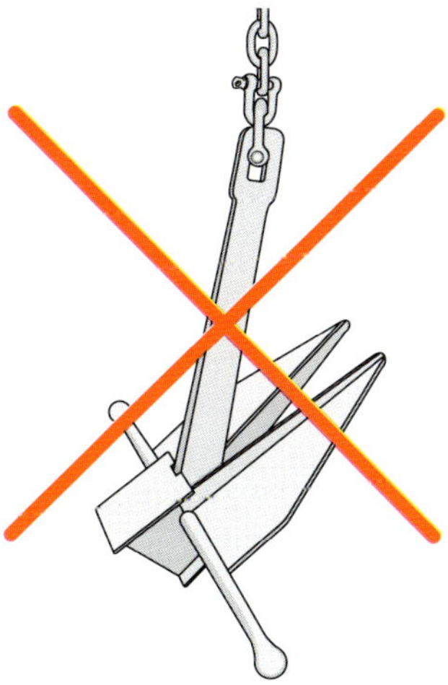

**Katamaran vor
Anker mit Hahnepot**

**Möglichst keinen
Plattenanker ver-
wenden**

**Der Winkel des
Hahnepots sollte
mindestens 30 Grad
betragen**

**Durch das verstärkte
Schwoien muss der
Anker mehr Tor-
sionskräfte aufneh-
men können**

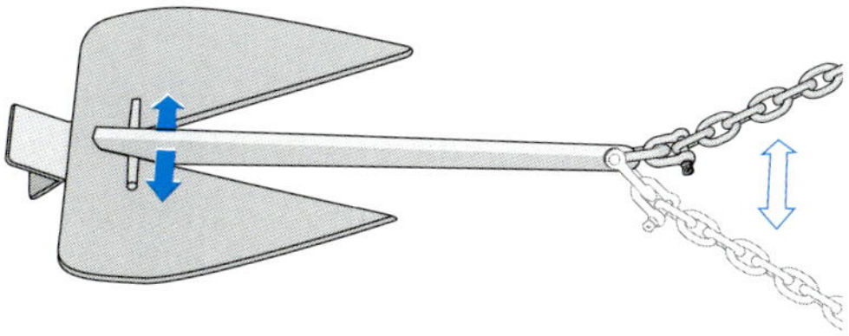

< 30°

183

Die Kunst des Ankerns

Egal ob sich der Kettenkasten in einem der beiden Rümpfe eines Katamarans befindet (recht selten) oder in der Nähe des Mastfußes, beim Ankern ist es notwendig, die Zugkraft des Ankers auf beide Rümpfe gleichmäßig zu verteilen. Ein doppelter Kettenhaken, wie in dem Kapitel „Ankerzubehör" ausführlich beschrieben, eignet sich hervorragend, um die Zugkraft der Ankerkette vom vorderen Beam auf die beiden Rümpfe zu verteilen. Je länger die verwendeten Leinen, desto stärker ist der positive Effekt auf die unerwünschten Schwoibewegungen. Bei Verwendung einer Ankerleine fixiert man die zweite Leine mittels eines Stoppersteks. Die dabei entstehende V-förmige Gabelung (Hahnepot) sollte nach Möglichkeit so dimensioniert sein, dass der Winkel zwischen den beiden Leinen weniger als 30 Grad beträgt. Diese geometrische Kraftverteilung kann die Neigung eines Katamarans zum Schwoien vor Anker deutlich verringern.

Ankern in Schärengewässern

Wer in den Schärengarten segelt, wird wohl nichts mit Ratschlägen wie „felsigen Grund meiden" anfangen können. Der Ankergrund ist fast immer felsig, egal wo man seinen Anker werfen möchte. Deshalb muss die Ankerausrüstung aufgerüstet werden. Unseemännische Dinge wie Fäustel (Vorschlaghammer), Schärenanker, Klippenanker und Steineisen, Felsnägel und Felshaken kommen in die Backskiste. Zusätzlich sind drei lange Landleinen von mindestens 30 Metern an Bord zu nehmen. Ein Heckanker wird zur Pflicht. Das Ankermanöver wird wie bereits mehrfach beschrieben durchgeführt. Zusätzlich werden an Land die Nägel, Haken oder „Anker" eingeschlagen. Diese tragen einen Ring, durch den die Landleinen belegt werden. Mindestens in einer Leine sollte ein Karabinerhaken eingespleißt sein, um an einer eventuell vorhandenen Boje festmachen zu können. Ganz aufmerksam muss die Windrichtung schon vor dem Anfahren einer Schäre beobachtet werden, da in den Schären der Wind fast immer abgelenkt wird. Oft reicht das tiefe Wasser bis an die Felsen. Wer will, kann also direkt „längseits" gehen, muss aber aufpassen, dass Felsvorsprünge unter Wasser oder Muschelkolonien nicht das Schiff beschädigen.

Ankern mit kleinen Wasserfahrzeugen, Jollen, Beibooten, Jetski etc...

„Alle Wasserfahrzeuge müssen mit einem Anker oder einem wirkungsvollen Haken und einer ausreichend langen Kette oder Leine ausgerüstet sein, um sie verankern zu können."

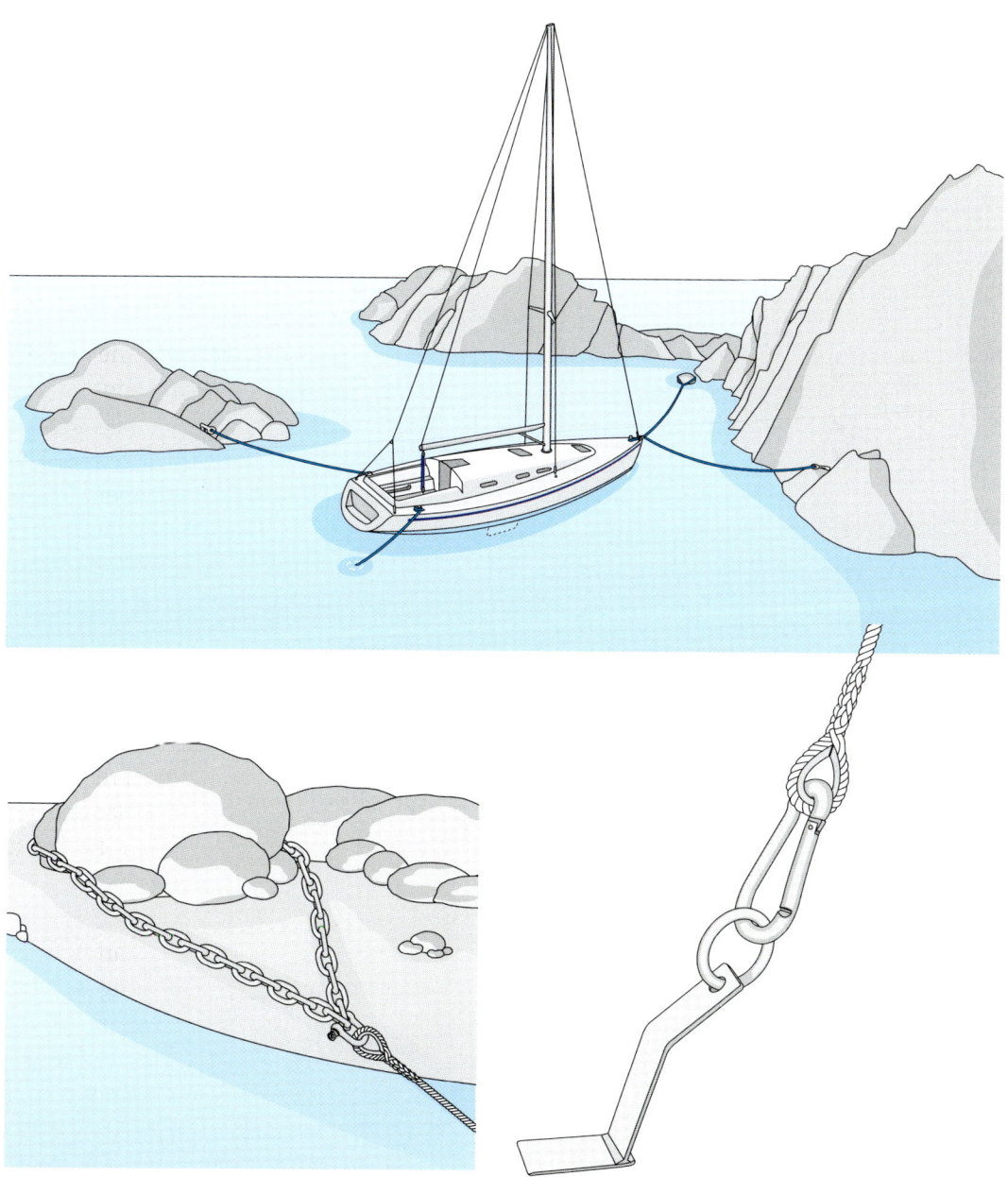

Oft fehlen auf kargen Felsen selbst Bäume. Wer zusätzlich etwas Kette gestaut hat, kann diese einfach um einen Felsbrocken legen und mit der Leine verbinden. Die Leine sollte dort, wo sie auf nackten Fels aufliegt, zusätzlich gegen Schamfilen gesichert werden

Die Ankerausrüstung für Schären erinnert stark an Bergsteigergeschirr. Der Fachhandel bietet unterschiedliche Arten von Felsnägeln – meist mit D- oder O-Ringen für die Leinenbefestigung – an, die mit einem schweren Hammer (Fäustel) in den Fels oder Felsspalten getrieben werden

Die Kunst des Ankerns

Dieser Satz im Gesetz ist klar und entstand aus Sorge um die Sicherheit. Es ist bedauerlich, dass die Betonung „wirksam" weitläufig keine Beachtung findet. Ein Klappdraggen ist keinesfalls „wirksam" und andere Billiganker haben ausschließlich dekorative Funktionen an Bord. Zumindest auf Beibooten haben sie nichts zu suchen.

Wer neugierig auf Land und Leute ist, wird seine Yacht oft verlassen, um einen Landausflug zu unternehmen. Vielleicht entscheidet man sich aber bei auffrischendem Wind um und möchte die Nacht lieber an Bord verbringen. Murphy's Gesetzen folgend weht mittlerweile ein starker ablandiger Wind. Schnell springt man ins Beiboot, legt ab und nach ein paar Metern gibt der Außenborder seinen Geist auf. Zum Glück sind ja noch zwei Paddel im Boot! Mit hastigen Ruderschlägen nimmt man wieder Fahrt auf. Und schon bricht eines der alten Holzpaddel. Mit nur einem Paddel versucht man, das vor Anker liegende Schiff zu erreichen. Aber Wind und Wellen sind stärker und treiben das Gummiboot an der Yacht vorbei aufs offene Meer. Was nun? Es ist relativ unwahrscheinlich, dass es gelingt, den Außenborder bei Dunkelheit und Sturm mit dem Notwerkzeug zu zerlegen, zu reparieren und wieder zusammenzusetzen. Es bleibt eigentlich nur noch die Möglichkeit, den Anker zu werfen. Wenn man Glück, hat hält der Beibootanker und man kann froh sein, wenn man nach einer unvergesslichen miserablen Nacht im Beiboot, nicht weit von der gemütlichen Koje des ankernden Schiffes entfernt, frierend in der Morgendämmerung von einem barmherzigen Fischer aufgelesen wird. Um nicht in eine ähnliche Situation zu geraten, verwende ich in meinem Beiboot eine proportional verkleinerte Version meines Hauptankergeschirrs.

Tripleinen

Ankern ist schön und gut, man sollte sich aber auch Gedanken machen, wie das teure Gewicht am besten wieder aus dem Meeresboden herausgezogen werden kann. Da das Risiko besteht, dass sich der Anker verhakt, sollte in Erwägung gezogen werden, mit Tripleine (Bojereep) zu ankern. Die meisten Anker haben dafür im hinteren Teil eine Befestigungsmöglichkeit, um eine nicht schwimmfähige dünne Leine zu fixieren, an der man den Anker mit dem Hinterteil zuerst aus eventuellen Zwangslagen befreien kann.

Tripleinen haben nicht nur Vorteile, sondern auch ein paar Unannehmlichkeiten. Man sollte sie nur verwenden, wenn die Gefahr besteht, dass sich der Anker an einem Felsbrocken, einem Wrack oder einer Grundkette im Hafen verhaken könnte.

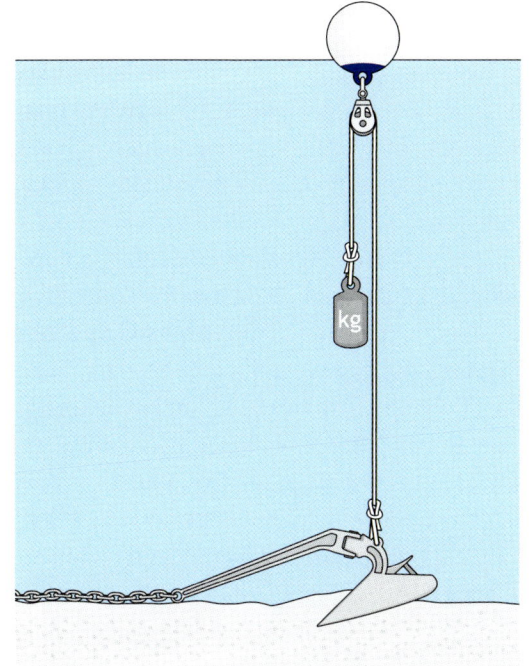

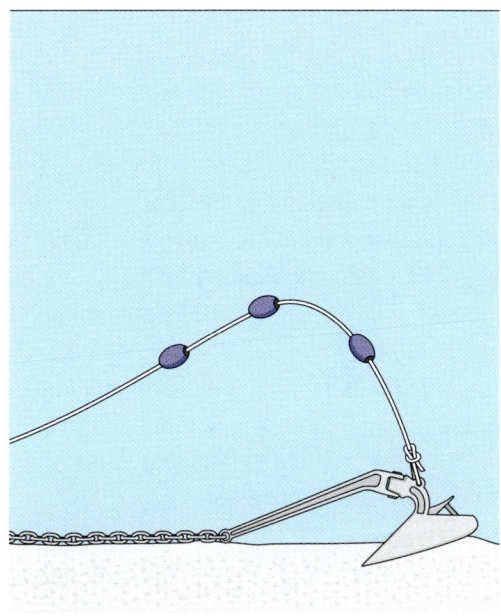

Tripleine mit Block und Gewicht zum Ausgleich der Wasserstände

Tripleine mit Schwimmkörpern, wie sie in der Fischerei verwendet werden

Das lose Ende dieser Tripleine ist mit einem Schäkel in den Kettenvorlauf eingeschäkelt. Die Leine darf aber nicht zu straff sein, damit sie den Anker nicht versehentlich rückwärts über den Meeresboden ziehen kann

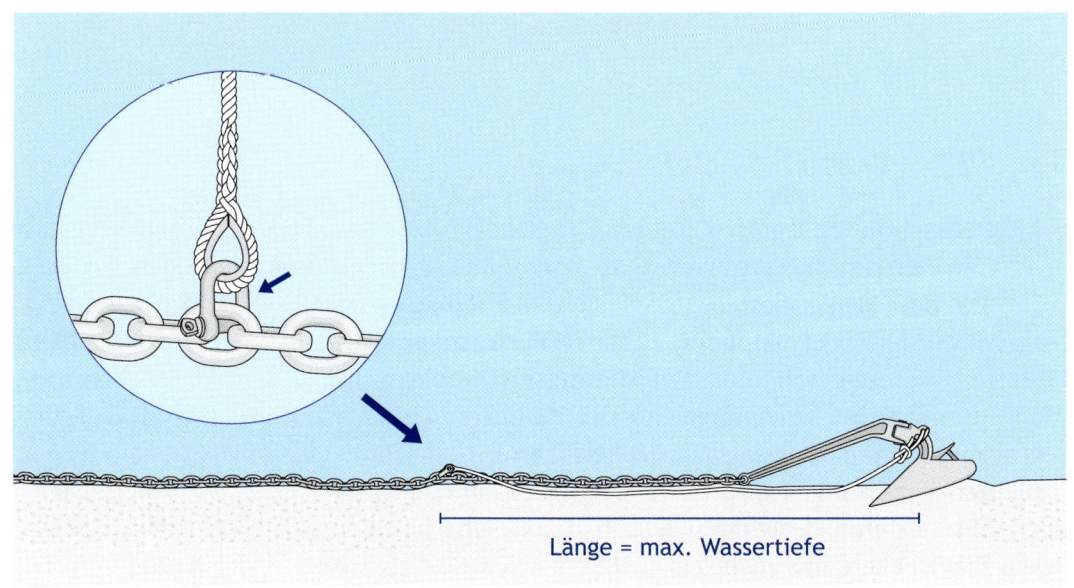

Länge = max. Wassertiefe

Die Kunst des Ankerns

Es ist relativ einfach, ein Ende der Tripleine an der dafür vorgesehenen Stelle des Ankers zu befestigen. Was mit dem anderen Ende der Leine gemacht werden soll, ist leider nicht ganz so offensichtlich:

• Sollte das andere Ende auf dem Vorschiff in der Nähe der Ankerwinde belegt werden? Dazu benötigt man eine Leine, die etwas länger als die Ankerleine ist und sich daher sehr leicht mit Anker und Ankerkette vertörnen kann.

• Es ist auch möglich, eine schwimmfähige Boje (Fender) an der Lose der Tripleine zu verknoten, wobei darauf zu achten ist, die Länge der Tripleine genau der Wassertiefe anzupassen. Lässt man zu viel Lose, wird die Tripleine leicht zum Spielball von Wind und Strömung. Gerät die Tripleine zu kurz, verschwindet die Boje unter der Wasseroberfläche und ist nur sehr schwer wiederzufinden.

• Wer eine Tripleine für unverzichtbar hält, sollte sie über einen Block laufen lassen, der an der Boje oder dem Fender befestigt ist. Die Gesamtlänge der Leine wird um die Hälfte der Wassertiefe verlängert, durch den Block geschoren und mit dem losen Ende an ein kleines Gewicht geknotet. So wird der Wasserstand ausgeglichen und die Boje schwimmt in etwa über dem Anker. Der Handel hält auch Ankerbojen bereit, die einen integrierten Aufrollmechanismus für ein 20-Meter-Gurtband haben. Sie werden in einer speziellen Halterung an der Reling gefahren.

• Es lauern aber noch weitere Gefahren: Beim Manövrieren im Hafen kann sich die Tripleine leicht in der Schraube eines anderen Schiffes verfangen. Entkommt sie dieser Gefahr, kann man beim Einholen durchaus das Glück haben, den Anker des Nachbarschiffes aus dem Wasser zu fischen. In einer Flaute kann das Schiff über die Tripleine treiben und sich mit dem Ruder oder dem Propeller verfangen. Kommt wieder Wind auf, wird durch die Zugkraft der Leine der Anker hinten angehoben und kann ausbrechen.

• Die beste Lösung ist es meines Erachtens, die Länge der auf dem Ankerplatz maximal zu erwartenden Wassertiefe anzupassen und das lose Ende mit einem Schäkel in den Kettenvorlauf einzuschäkeln, wobei aber darauf geachtet werden sollte, die Leine nicht zu straff zu spannen, damit sie den Anker nicht versehentlich rückwärts über den Meeresboden zieht. Mit ausgebrachter Trosse vor Anker liegend befindet sich der Schäkel wahrscheinlich unter der Wasseroberfläche. Beim Einholen der Ankerkette sollte die an der Ankerkette festgeschäkelte Tripleine rechtzeitig aus der Tiefe auftauchen. Wenn die Ankerkette fast senkrecht vom Bug herunterhängt, braucht nur der Schäkel von der Ankerkette entfernt zu werden, um den Anker vollständig, und – wenn nötig mithilfe der Tripleine – aus dem Ankergrund herauszuziehen.

• Wie bereits erwähnt, besteht auch bei einer kürzeren Tripleine die Gefahr, dass sie sich um Anker und Ankerkette herumwickeln kann. Um dies zu verhindern, kann man auf den ersten zwei Metern hinter dem Anker Schwimmkörper befestigen, wie sie Fischer an ihren Netzen verwenden. Man sollte sich aber unbedingt auf die ersten zwei Meter beschränken; sonst besteht die Gefahr, dass die Leine in den Aktionsbereich der Schiffspropeller aufschwimmt.

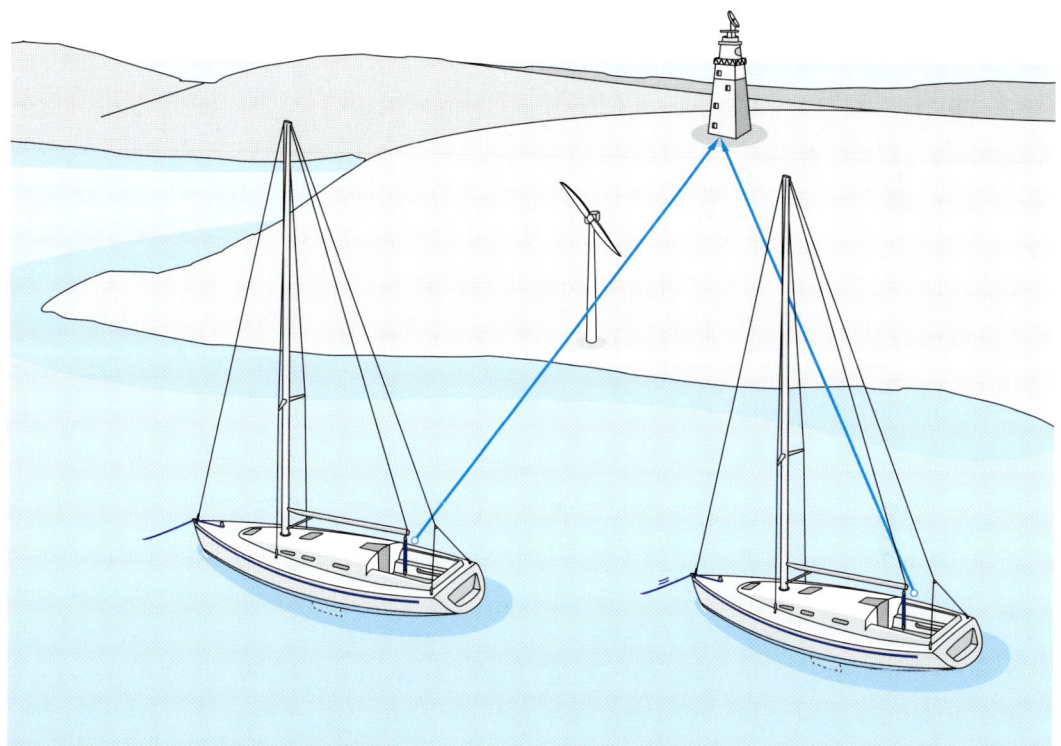

Prüfen, ob der Anker hält

Die erste Methode zu überprüfen, ob der Anker hält, besteht darin, zwei Landmarken (Bäume, Laternenpfähle, Strommasten, Türme etc.) zu peilen und diese Peilung über einen Zeitraum hinweg zu verfolgen. Wenn die Peilungen sich nicht mehr verändern, kann man davon ausgehen, dass der Anker gegriffen hat und das Boot keine Fahrt mehr macht. Es ist sinnvoll, den Kurs des Bootes zu beobachten, bei dem die Peilungen genommen wurden. Sollte sich der Kurs des Bootes durch weit schweifende Schwoibewegungen stark verändern, muss man damit rechnen, dass sich die Peilungen ebenfalls verändern, obwohl sich der Anker bereits tief in den Meeresboden eingegraben hat. Diese Methode lässt sich bei Dunkelheit nicht erfolgreich anwenden, wenn keine geeigneten Lichtquellen mit konstanter

Die Kunst des Ankerns

Position für Peilungen zur Verfügung stehen oder thermisch bedingte Windrichtungs-
änderungen den Kurs und die Schwoirichtung des Bootes stark beeinflussen. Oft
sind die Entfernungen zu den Landmarken allerdings sehr gering und die
Messungen dadurch ungenau.

• Es ist auch möglich, einen zweiten Anker nach der Handlot-Methode auszubringen und dessen Ankerkette ein Stückchen über das Vordeck zu führen. Falls
der Anker beginnen sollte zu driften, wird der Skipper durch die rumpelnden
Vibrationen der Kette gewarnt.

• Ein Echolot mit einer Tiefenalarm-Funktion kann zur Überwachung der Position
vor Anker verwendet werden. Der Meeresboden auf Ankerplätzen ist meistens ein
wenig abschüssig. Deshalb kann bei entsprechend programmierten Minimal- und
Maximalwerten der Wassertiefe die Alarmfunktion zur Überwachung der Position
des Schiffes vor Anker eingesetzt werden.

• Die hohe Genauigkeit moderner GPS-Empfänger mit nur wenigen Metern
Abweichung erlaubt es, diese Geräte zur Kontrolle der Schiffsposition vor Anker
einzusetzen. Bei entsprechender Programmierung meldet sich der Positionsalarm,
sobald der Anker eine programmierbare Distanz abgedriftet ist. Noch raffinierter
arbeitet ein Ankeralarm (zum Beispiel Anker-Alert). Das Gerät meldet Bewegungen
des Ankers, nicht der Yacht, wie ein GPS. Voraussetzung ist allerdings ein Trans-
ponder, der Anker und Kette verbindet und per Ultraschall Signale an den Empfän-
ger sendet. Wer sein Geschirr damit bestücken möchte, sollte sich vorher über
die Bruchlasten informieren.

• Natürlich können alle mit einem Radargerät an Bord dies auch dazu verwenden,
den Standort des Schiffes vor Anker zu überwachen. Aufgrund des relativ hohen
Stromverbrauches einiger Geräte ist das jedoch nur bedingt im Dauerbetrieb zu
empfehlen.

Signale

Für Boote unter sieben Metern Gesamtlänge schreibt der Gesetzgeber vor Anker
keinerlei Signale vor, außer wenn sich diese innerhalb betonnter Fahrwasser
befinden. Tagsüber müssen alle Wasserfahrzeuge über sieben Metern Gesamtlänge
einen schwarzen Ball mit 30 Zentimetern Durchmesser hoch über Deck an einer
gut sichtbaren Stelle setzen und bei Nacht ein weißes Licht, was von allen
Richtungen aus gut erkennbar ist (siehe Kapitel „Kollisionsverhütungsregeln, Regel
30"). Auf dem Ausrüstungsmarkt sind weiße Rundumlichter erhältlich, die mit einer
Solarzelle und einer integrierten Batterie ausgerüstet sind. Tagsüber wird die Batterie

Hylas, die Segelyacht des Autors ankert mit gut sichtbar gesetztem Ankerball

mit der Solarzelle aufgeladen und bei Einbruch der Dunkelheit schaltet ein automatischer Schalter das Licht ein. In der Morgendämmerung wird das Licht automatisch ausgeschaltet, um einen neuen Ladezyklus zu beginnen. Das ist sehr nützlich, wenn man sein Boot für ein paar Tage ohne Besatzung vor Anker liegen lassen möchte oder wenn sich ein wohlverdienter Landausflug unbeabsichtigt in die Länge gezogen hat… (Siehe Kapitel „Ankern mit kleinen Wasserfahrzeugen"). Ankerbälle sind als Steckmodelle aus schwarzem Kunststoff erhältlich oder als aufblasbare Bälle aus Weich-PVC.

Lichten des Ankers

Lichten des Ankers unter Motor: Wie bereits in Kapitel „Ankerwinden" beschrieben, sollte man seine Ankerwinde nicht damit belasten, diese Schwerstarbeit allein zu vollbringen. Mit seeklarem Schiff und Segeln, die bereit zum Setzen sind, sollte der Motor gestartet werden. Der Rudergänger im Cockpit fährt mit langsamer Fahrt voraus, um in Zugrichtung der Ankerleine mit dem Schiff Fahrt aufzunehmen. Das mit der Bedienung der Ankerwinde betraute Crewmitglied auf dem Vorschiff sollte nach Möglichkeit verantwortlich für die notwendigen Kommandos des

Die Kunst des Ankerns

gesamten Ankermanövers sein. Beim beginnenden Einholen von Leine und Kette ist wichtig, dass beide problemlos in den Kettenkasten hineingleiten können und die Kettennuss fest mit der Kupplung der Ankerwinde eingekuppelt ist. Die Geschwindigkeit und die Geräusche der Ankerwinde sind ein guter Indikator, ob die wirkenden Zugkräfte größer oder kleiner werden. Starke Zugkräfte auf der Achse der Ankerwinde sollte man möglichst vermeiden.

Sobald die Ankerkette so weit eingeholt ist, bis das letzte Stück senkrecht im Wasser hängt, wird sich der Anker wahrscheinlich ohne Schwierigkeiten aus dem Meeresboden herauslösen lassen. Wenn er sich nur oberflächlich eingegraben hat, kann man meistens ohne Unterbrechung den Einholvorgang des gesamten Ankergeschirrs vollenden.

Anker der „neuen Generation" haben, wie erwähnt, ein erhöhtes Haltevermögen gegenüber älteren Ankern. Sollte eine starke Windböe erhöhte Zugkraft auf die Ankerleine ausüben oder der Anker Schwierigkeiten haben, sich aus dem Ankergrund zu befreien, dann sollte keinesfalls mit ununterbrochen laufender Ankerwinde versucht werden, ein Ausbrechen zu erzwingen. Genau im Gegenteil: Es ist sinnvoller, die Ankerwinde zu stoppen, um die Kette mit dem Kettenstopper blockieren zu können. Eine Portion Geduld zusammen mit den Bewegungen des Schiffes und einer fast vertikal im Wasser gespannten Ankerkette bewirken fast immer, dass sich der Anker aus dem Meeresboden herauslöst. Jetzt kann mit dem Einholen der restlichen Verbindung fortgefahren werden. Besteht der Ankergrund aus Schlick, ist der Anker wahrscheinlich schmutzig und es ist hilfreich, mit dem im Wasser hängenden Anker Fahrt aufzunehmen, um ihn mithilfe der Strömung zu reinigen, bevor er endgültig auf seine Ruheposition im Bugbeschlag eingeholt werden kann. Sobald der Anker seine Ruheposition erreicht hat, sollte er mit einer speziell angefertigten Haltevorrichtung oder einem Stück Tau fixiert werden. Damit die Kette in der Ruheposition auf keinen Fall unter Spannung steht, ist es sinnvoll, die Ankerwinde wieder etwas vorwärts laufen zu lassen. Zuletzt sollte mit dem Hauptschalter der Stromkreislauf unterbrochen werden, um das Ankermanöver abzuschließen.

Für die Reinigung von Kette und Anker gibt es diverse Vorrichtungen bis zur Reinigungsmaschine, die auf eine vorhandene Halterung für den Buganker montiert wird und mit Spritzdüsen bestückt ist. An einer feuerverzinkten Ankerkette mit rauer Oberfläche bleibt entsprechend mehr Schmutz haften als an der glatten Oberfläche einer VA-Kette. Wer aber gleich beim Ankerlichten kräftig mit einem Schrubber seine Kette putzt, lässt Schlick, Ton und Seegras dort, wo es hingehört: im Wasser.

Ankerauf im „Bahamas Style"

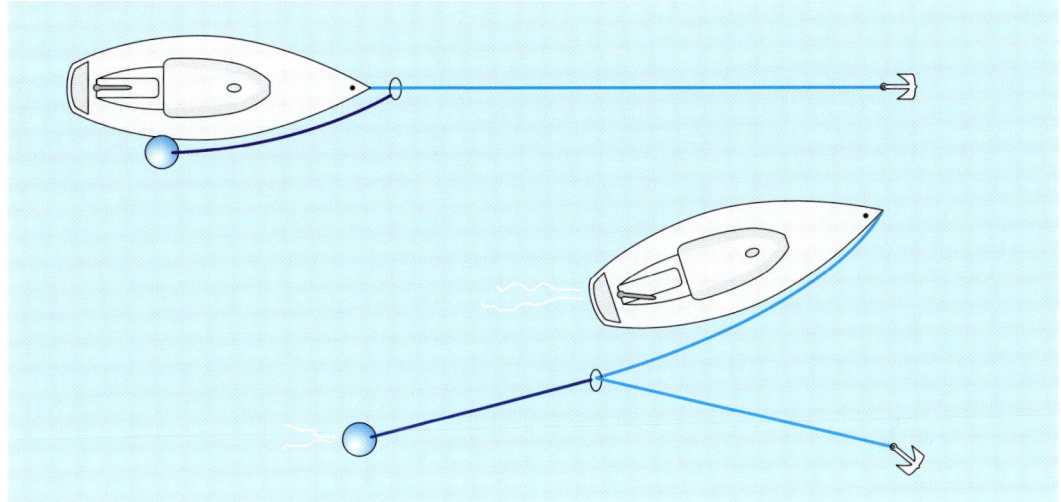

Ankerauf im „Bahamas Style"

Diese Technik ist besser für kleine und mittelgroße Wasserfahrzeuge sowie für Fischer- und Motorboote geeignet. Sie erlaubt es, den Anker ohne große Anstrengung einzuholen, auch wenn keine Ankerwinde an Bord zur Verfügung steht. Eine große Boje oder ein Fender wird mit einem Stück Tau an einem Metallring befestigt, durch den die Ankerleine geführt wird. Um den Anker einzuholen, braucht man nur die Boje über Bord zu werfen und langsam mit dem Boot Fahrt aufzunehmen. Die Auftriebskraft bewirkt, dass die Boje an der Ankerleine entlangrutscht, bis sie auf Höhe des Ankers angelangt ist. Der Anker gräbt sich nun langsam aus und die Boje hebt ihn sanft an die Wasseroberfläche. Boje und Anker lassen sich jetzt relativ leicht zusammen einholen und vollständig an Deck verstauen.

Wenn der Anker festsitzt

Es ist ziemlich selten, manchmal aber kommt es vor, dass ein Anker am Meeresgrund festhängt und es nicht gelingt, ihn einzuholen. In solch einem Fall sollte man zuerst versuchen, genau herauszufinden, warum sich der Anker nicht von der Stelle rührt. Sitzt er unter einem Felsbrocken oder an einem Wrack fest, dann ist der Moment gekommen, endlich die Tripleine einzusetzen, die dieses Mal sicherlich aus Vorsicht am Anker befestigt wurde ... Wenn keine Tripleine vorhanden ist, kann es zuweilen ausreichen, mit dem Motor leichten Zug in Querrichtung auf den Anker auszuüben. Aber nicht zu heftig ziehen, denn der Schaft der meisten Ankertypen ist nicht für starke Kräfte quer zur Zugrichtung ausgelegt. Sollte sich der Erfolg noch immer nicht eingestellt haben und keine

Die Kunst des Ankerns

Schnorchelausrüstung an Bord einsatzbereit sein, brauchen Sie trotzdem nicht zu verzagen: Um die möglichst senkrecht hängende Ankerkette herum hänge man den größten auffindbaren Schäkel oder eine Schlaufe aus einem Stück Ankerkette, die mit dem Ende einer Tripleine verbunden wird. Schäkel oder Kettenschlaufe werden nun mithilfe der Tripleine an der Kette entlang möglichst bis über den Schaft des Ankers nach unten abgelassen. Danach sollte die gesamte Ankerleine vollständig über Bord gefiert werden, nachdem an ihrem Ende ein großer Fender befestigt wurde. Mithilfe der Tripleine versuchen Sie nun den Anker in einem Winkel von 180 Grad zur ursprünglichen Zugrichtung unter Motor herauszuziehen. Es ist nicht notwendig, zu diesem Zweck das Beiboot zu Wasser zu lassen, da der benötigte Kraftaufwand sehr viel höher ist als der maximal erreichbare in einem Beiboot.

Falls sich das Ankergeschirr leider unterhalb der schweren Ankerkette eines imposanten Kajütkreuzers befinden sollte, der nur kurze Zeit nach Ihnen auf dem Ankerplatz eintraf, kann eine andere Methode angewandt werden: Ihre Ankerwinde, ob elektrisch oder manuell mit Ratschenantrieb, wird wahrscheinlich ausreichen, den Anker trotz der schweren Nachbarkette einzuholen. Es ist aber so gut wie sicher, dass sich die fremde Kette beim Einholen in Ihrem Anker verfangen wird. Endlich ist der Moment gekommen, den an Bord befindlichen Klappdraggen einzusetzen, auch wenn dieses meiner Meinung nach sein einziger Sinn und Zweck ist. Befestigen Sie eine Tripleine an der dafür vorgesehenen Stelle des Draggens, versuchen Sie die in Ihrem Hauptanker hängende Kajütkreuzerkette zu greifen und ein kleines Stück anzuheben. Belegen Sie nun die Ankerleine des Klappdraggens an Deck. Sobald Ihr Hauptanker ein klein wenig herabgelassen wird, sollte er sich mit Neptuns Hilfe von Nachbars Kette lösen und es Ihnen ermöglichen, das Ankergeschirr vollständig einzuholen. Ihr Boot wird nunmehr durch den Klappdraggen vom Anker Ihres Nachbarn gehalten, wodurch Sie ausreichend Zeit haben, Ihren Hauptanker seeklar im Bugbeschlag zu befestigen. Um sich von Nachbars Kette endgültig zu befreien, braucht nur noch die Tripleine des Klappdraggens unter Zug gesetzt zu werden, um die Ankerleine entsprechend zu entlasten, damit die schwere Nachbarkette aus den Flunken des Draggen herausrutschen kann. Für das Klarieren von „Ankersalat" hat auch der Handel einiges zu bieten. Angeboten werden „Ankerretter" und „Kettenfanghaken". Man sollte aber auch die Möglichkeit des „Klarierens unter Wasser" mit einbeziehen. Ist das Wasser klar, kann man mit einem Schnorchel abtauchen, um eine Leine an die Kette zu stecken und diese dann aus der Gefahrenzone des eigenen Ankergeschirrs ziehen. Im schmutzigen Hafenbecken oder wenn die Kette im Schlick liegt, ist ein Taucher gefragt.

Strandung

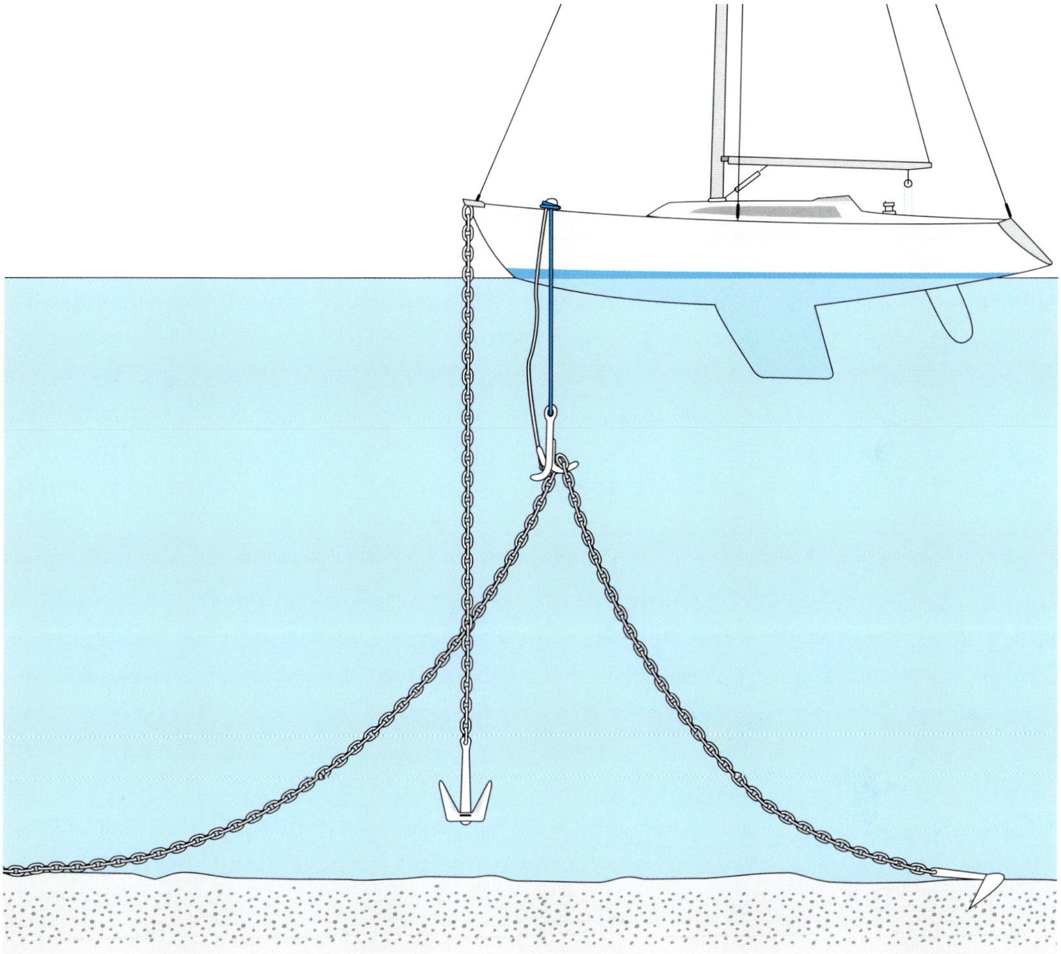

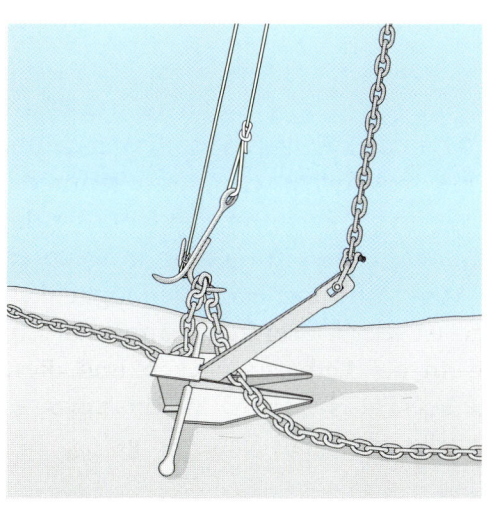

Ist der Anker unter der Kette
eines anderen Ankerliegers
begraben, hat man viele Möglichkeiten ihn zu befreien

Ein Draggen hebt die Kette des
anderen Ankerliegers, um die
eigene Kette zu befreien

Die Kunst des Ankerns

Dies ist ein unbeabsichtigter Unfall, durch einen Navigationsfehler entstanden, oder weil man sich bei der Wasserstandsberechnung in einem Tidengewässer geirrt hat. Im Falle einer Strandung ist es entscheidend, die zu ergreifenden Maßnahmen auf die natürlichen Gegebenheiten der Tide (Wasserstand, Strömung etc.) abzustimmen. Wenn das Unglück zu Beginn der Flut passiert, reicht es fast immer aus, einfach zu warten, bis der Wasserspiegel ausreichend gestiegen ist, um das Boot wieder von der Untiefe freizubekommen. Bei Ebbe und mit fallendem Wasserstand stellt sich das Problem auf ganz andere Weise. Falls die Situation durch hohe Wellen weiter verschärft wird, muss so schnell wie möglich reagiert werden. Ist das Boot mit relativ geringer Geschwindigkeit aufgelaufen und kommen Wind und Wellen aus einer günstigen Richtung, kann es ausreichen, sofort mit der Maschine kräftig rückwärts zu geben, um das Boot wieder freizubekommen. Beim Rückwärtslaufen der Maschine sollte bedacht werden, dass durch die Strömung am Propeller Schlick und Algen vom Meeresboden aufgewirbelt werden können. Nach einer Weile Dauerbetrieb kann der Kühlwasserfilter verstopfen und anschließend die Hauptmaschine überhitzen, was in Momenten wie diesen, in denen man auf die Maschine ganz besonders angewiesen ist, das Abenteuer noch sehr viel unangenehmer gestalten kann.

Im gegenteiligen Fall, wenn Wind und Strömung das Schiff auf die Untiefe drücken, können mit dem bordeigenen Ankergeschirr Erfolg versprechende Rettungsmaßnahmen ergriffen werden. Im Beiboot sollte der Hauptanker des Schiffes mit einem Kettenvorläufer und einer langen Ankerleine verbunden und so weit wie möglich ins tiefe Wasser gebracht werden. Dabei ist es hilfreich, das Boot so leicht wie möglich zu machen, indem man zum Beispiel Ankerketten über Bord hängt und die Wassertanks vollständig leerpumpt.

Sobald das Hauptankergeschirr ausgebracht und einsatzbereit ist, sollte ein zweiter Anker querab zur Längsrichtung des Bootes platziert und die daran befestigte Ankerleine mit dem Spinnakerfall verbunden werden. Mit diesem zweiten Ankergeschirr kann man den Schiffsrumpf krängen, um den Tiefgang zu verringern. Auf Grund der geometrischen Verhältnisse ist dieser Trick aber nur für Kielyachten empfehlenswert und durchführbar, auf Katamaranen und Kimmkielern hätte er wahrscheinlich geringe Erfolgsaussichten.

Nun stellt sich zu guter Letzt die entscheidende Frage, ob die Muskelkraft an den Winschkurbeln ausreicht, um den „Kahn aus dem Dreck" zu ziehen. Ja, die Yacht auf dem nebenstehenden Foto kam ohne fremde Hilfe, unter Einsatz des eigenen Ankergeschirrs, beim nächsten Hochwasser wieder frei.

Trockenfallen

Eine starke Querströmung im engen Fahrwasser zwischen Bell Island und Cambrige Key in den Exumas erwischte mich beim träumen am Ruder. Zum Glück hatten wir gutes Ankergeschirr an Bord. Vor den Schaulustigen taten wir so, als ob unser „Trockenfallen" geplant war

Die Kunst des Ankerns

Hier handelt es sich im Gegensatz zur Strandung um ein freiwilliges Manöver. Auf Kielyachten braucht man dazu mindestens zwei feste Seitenstützen und selbst dann ist es nicht leicht und auch nicht ungefährlich. Katamarane, Trimarane, Kimmkieler und Yachten mit Hubkiel sind dazu sehr viel besser geeignet. In jedem Fall ist es sinnvoll, die Stelle, an der man sein Boot trockenfallen lassen möchte, bei Niedrigwasser genau zu untersuchen, bevor man riskiert, den schweren Bootsrumpf dort hinzulegen. Im weichen Hafenschlick können sich Wrackteile oder Metallschrott verstecken, ein Sandstrand kann spitze Felsbrocken verbergen. Man sollte eine Stelle aussuchen, die möglichst flach, homogen und frei von gefährlichen Fremdkörpern ist. Strände sind gewöhnlich in Richtung Meer etwas abschüssig und das Boot sollte daher am besten im rechten Winkel zum Strand trockenfallen. Die gewählte Stelle sollte geschützt vor Schwell und brechenden Wellen sein, die in den meisten Fällen bis an den Strand herankommen. Sobald der Wasserspiegel sinkt und das Boot gerade eben den Grund berührt, kann es von den Wellen unter Umständen mit starken Stößen auf Grund geworfen werden. Um dies zu vermeiden, kann man mit geringer Fahrt (ein bis zwei Knoten) auf den Strand fahren, um am Ufer im Sand abzustoppen, ohne dabei den Rückwärtsgang der Maschine zu verwenden, damit der Rumpf sofort fest zum Liegen kommt. Zu allererst sollten sorgfältig mithilfe des Tidenkalenders und der örtlichen meteorologischen Wasserstandsvorhersage die Wasserstände für die ausgesuchte Stelle vorausberechnet werden, nicht zu vergessen, dass sich der Wasserspiegel besonders stark zwischen der dritten und der vierten Stunde eines zwölfstündigen Tidenzyklus verändert. Am Anfang in der ersten und zum Schluss in der zwölften Stunde schwankt der Wasserspiegel am geringsten.

Zum vorausberechneten Zeitpunkt, an dem man sich mit dem Schiff trockenfallen lassen möchte, sollte man sich im rechten Winkel zur Küstenlinie dem Strand nähern. Ein Heckanker mit Kettenvorläufer und langer Ankerleine sollte so weit wie möglich achteraus gesetzt werden, bevor man mit ein bis zwei Knoten Geschwindigkeit auf dem Strand aufläuft. Es ist dabei wichtig, den Motor rechtzeitig auszuschalten, da selbst Yachten mit Kimmkielen Gefahr laufen, Sand oder Schlick mit dem Kühlwassereinlass anzusaugen, der dann den Kühlkreislauf der Maschine blockieren könnte. Das Schiff sollte ohne Unterstützung der Maschine allein im Sand abstoppen. Bei sehr niedrigen Wellen kann man sich auch dem Strand nähern und das Boot im flachen Wasser aufstoppen, zusätzlich einen Anker über den Bug in Richtung Land ausbringen, um danach einfach abzuwarten, bis der Wasserspiegel gefallen ist.

In umgekehrter Richtung sollte die Heckankerleine so schnell wie möglich mit

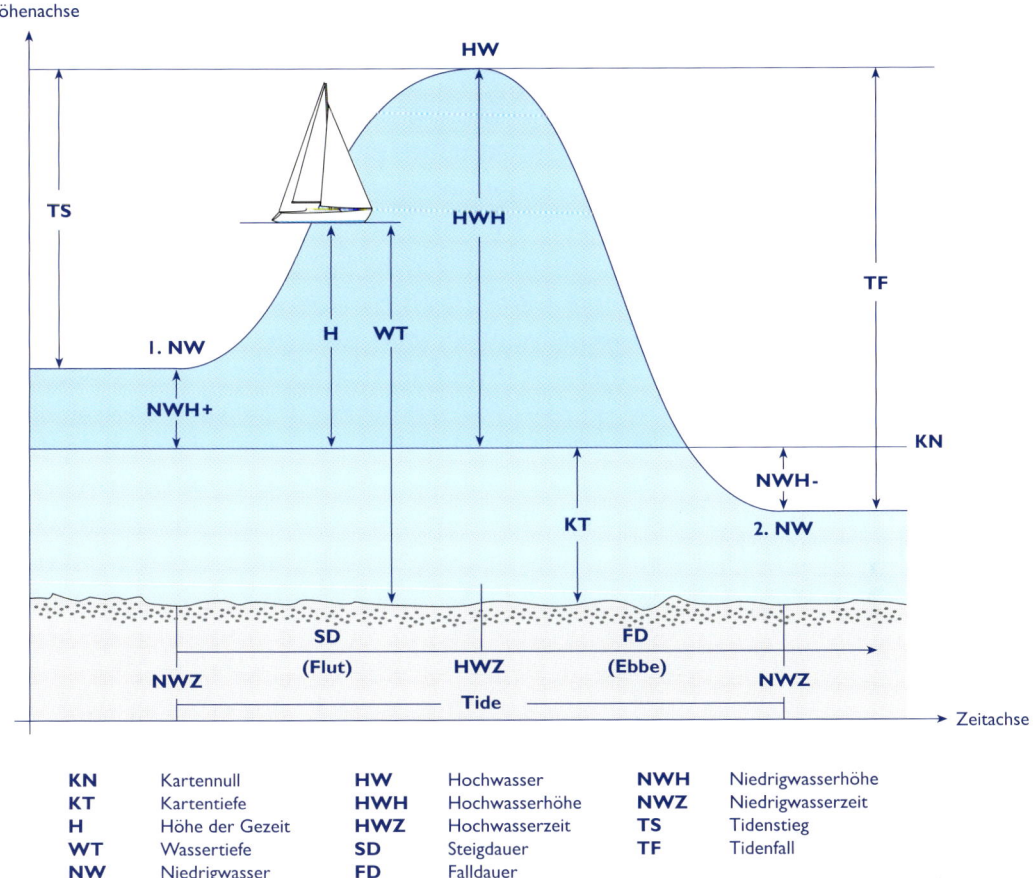

Höhenachse

KN	Kartennull	HW	Hochwasser	NWH	Niedrigwasserhöhe
KT	Kartentiefe	HWH	Hochwasserhöhe	NWZ	Niedrigwasserzeit
H	Höhe der Gezeit	HWZ	Hochwasserzeit	TS	Tidenstieg
WT	Wassertiefe	SD	Steigdauer	TF	Tidenfall
NW	Niedrigwasser	FD	Falldauer		

Altbewährt: Die „Zwölferregel"

Viele Segler an der Nordseeküste bedienen sich zur Überschlags-Berechnung der Gezeiten auch immer noch der bewährten „Zwölferregel". Diese Faustformel dient zur Abschätzung der Entwicklung der Höhe der Gezeit im Verlauf eines Zeitraumes von sechs Stunden nach Hochwasser (HW) oder nach Niedrigwasser (NW). Dazu ermittelt man zunächst den Betrag des Tidenhubs – für die Zeit nach HW den Tidenfall (TF) und für die Zeit nach NW den Tidenstieg (TS) – und teilt diesen in 12 Teile. Die anschließende Gezeitenberechnung erfolgt dann anhand folgender Grundannahmen:

Das Wasser ...
• ... fällt in der 1. und 6. Stunde nach HW um 1/12 des TF
• ... fällt in der 2. und 5. Stunde nach HW um 2/12 des TF
• ... fällt in der 3. und 4. Stunde nach HW um 3/12 des TF
• ... steigt in der 1. und 6. Stunde nach NW um 1/12 des TS
• ... steigt in der 2. und 5. Stunde nach NW um 2/12 des TS
• ... steigt in der 3. und 4. Stunde nach NW um 3/12 des TS

Die Kunst des Ankerns

der Winsch eingeholt werden. Sobald das Boot bei auflaufendem Wasser zu schwimmen beginnt, sollte es unverzüglich ins tiefe Wasser gezogen werden.

Ein kleiner Ankerknigge

Die schönsten Ankerplätze ähneln besonders während der Ferienzeit mehr und mehr einer maritimen Veranstaltung. Damit Ankerplätze nicht zum Schlachtfeld von „Seegefechten" werden, ist es wichtig, dass jeder die Rechte der anderen respektiert. Die Regeln beim Ankern sind eigentlich klar und einfach:
Wer als letzter auf einem Ankerplatz ankommt, muss sich allen bereits vor Anker liegenden Schiffen anpassen. Dies bedeutet, dass das zuletzt angekommene Boot seinen Ankerplatz so wählen muss, dass es die Schwoibereiche der anderen Boote nicht verletzt; das gilt für alle Windrichtungen. Ein Boot, dessen Anker sich losreißt und dessen Crew gezwungen ist, den Anker neu zu setzen, verliert seine Rechte und muss sich allen anderen unterordnen.
Dieser kleine Ankerknigge soll sich aber nicht nur auf Schwoikreise und Haltevermögen beschränken. Um Konflikte gar nicht erst entstehen zu lassen, sollten alle Aktivitäten, durch die sich Nachbarn gestört fühlen könnten, möglichst vermieden werden: das Starten eines Dieselgenerators um sechs Uhr morgens; Fahrten im Beiboot mit hoher Geschwindigkeit und entsprechendem Wellenschlag; Ruhestörung durch laut knatternden Außenbordmotoren oder Jetski; lautes Singen, Schreien oder den persönlichen Musikgeschmack mit dem ganzen Ankerfeld teilen zu wollen.

Ankern und Umweltschutz

Das Meer gehört allen, und wir genießen und schätzen sein klares, sauberes Wasser, in dem wir so gerne ankern. Alles in unserer Macht stehende sollte getan werden, um es zu schützen und zu erhalten.
Einige idyllische Ankerbuchten sind gefährdet und bereits für ankernde Sportboote gesperrt worden. Dabei denke ich zum Beispiel an Oluz Deniz in der Südtürkei, eine wunderschöne Bucht, die nur durch eine schmale Passage mit dem Meer verbunden ist. Wir sind dafür verantwortlich, dass diese einzigartigen Plätze in ihrer ursprünglichen Schönheit erhalten bleiben.
Auf der gesamten Distanz, die ein Anker auf dem Meeresboden zurücklegt, bevor er sich dort eingraben kann, hinterlässt er tiefe Spuren, die noch nach langer Zeit sichtbar sind. Viel schlimmer ist es aber, dass außerdem kleine Pflanzensprösslinge

Andere Länder, andere Sitten: In tropischen Breiten ankert man in angemessener Entfernung und lässt dem Nebenlieger möglichst etwas Privatsphäre. In nordischen Breiten liebt man es geselliger. Nicht selten finden sich Schiffe zum Päckchen zusammen. In kleinen Buchten hat man so keine Probleme mit den Schwoikreisen

Die Kunst des Ankerns

aus dem Meeresboden herausgerissen werden und es sehr lange dauert, bis diese wieder nachwachsen können. Auf Korallenböden zerstören Anker alle Korallen in ihrer Furche auf irreparable Weise. Man sollte aus diesem Grund vorsorglich darauf achten, einen Ankertyp zu verwenden, der sich schnell eingraben kann und möglichst wenig driftet.

Zusätzlich zum Anker schleift die Ankerkette über den Meeresboden mit mindestens genauso stark ausgeprägter Zerstörungskraft. Kettenvorläufer, die so kurz wie möglich gehalten werden, in Kombination mit einem „pneumatischen Ruckdämpfer" (siehe Kapitel: „Ankerleine-Ankerkette") erlauben es, die durch die Ankerkette hervorgerufenen Zerstörungen auf ein Minimum zu beschränken. Soweit auf dem Ankerfeld vorhanden, sollte man die Möglichkeit nutzen, an permanent im Meeresboden verankerten Mooringbojen festzumachen.

Beim Einholen des Ankers sollten Leine, Kettenvorläufer und Anker sorgfältig von allen Fremdkörpern (zum Beispiel giftige Algen) gereinigt werden, um diese nicht auf dem nächsten Ankerplatz einzuschleppen. Genauso wie auf dem offenen Meer, sollte besonders auf Ankerplätzen darauf geachtet werden, keine giftigen oder schwer biologisch abbaubaren Flüssigkeiten wie Diesel, Benzin, Motoröl oder auch Pflanzenöl ins Wasser einzuleiten. Verpackungen und Abfälle sollten an Bord vorübergehend lagern, um sie dann sorgfältig in den an Land bereit gestellten Containern entsorgen zu können. Abwässer, schwarz oder grau, sollten in den dafür vorgesehenen Schmutzwassertanks an Bord gelagert werden, bis sie an einer der vorhandenen Pumpstationen oder auf hoher See abgepumpt werden können.

Oluz Deniz in der Südtürkei, eine wunderschöne Bucht im Mittelmeer

Zwischen den karibischen Inseln
haben sich viele Dauerlieger
permanente Anker auf den
Grund gelegt

Permanente Anker

Permanente Anker

Permanente Anker

Es kann durchaus sein, dass Sie immer an der gleichen Stelle ankern, weil sich eine gut geschützte Ankerbucht in Ihrer Nähe befindet und sie sonst jedes Mal das gleiche Ankermanöver fahren müssten. Ein permanent am Meeresboden installiertes Ankergeschirr eignet sich bestens für einen Dauerliegeplatz. Man kann es aus mehreren Ankern zusammenbauen oder einen schweren Betonklotz an der ausgewählten Stelle versenken.

Vor der Installation eines permanenten Ankers ist es unverzichtbar, die Rechtslage zu klären und alle notwendigen Genehmigungen bei den zuständigen Behörden einzuholen. Es muss damit gerechnet werden, dass eine offizielle Genehmigung nur unter schwierigen Auflagen erteilt wird.

Der Vorteil eines aus mehreren Ankern bestehenden Ankergeschirrs ist, ohne weiteres als ein temporäres Ankergeschirr angesehen zu werden. Unter Umständen entfällt ein offizielles Genehmigungsverfahren.

Permanentes Ankergeschirr mit sternförmig angeordneten Ankern

Diese Konstruktion besteht aus mindestens drei einzelnen Ankern mit Ankerketten, die im 120-Grad-Winkel (bei drei Ankern) zueinander angeordnet werden. Alle Ketten sind in der Mitte an einem zentralen Ring befestigt, der wiederum mithilfe einer soliden Ankerleine an einer schwimmfähigen Boje befestigt ist. Der Hauptvorteil dieses Systems liegt in der Gewichtseinsparung. Das Haltevermögen wird nicht durch das Eigengewicht sichergestellt, sondern durch den Widerstand, den die Oberfläche der im Meeresboden vergrabenen Anker der Zugrichtung entgegensetzt. Selbst wenn man die in Frage kommenden Anker stark überdimensioniert, zum Beispiel drei Anker mit einem Gewicht von je 30 Kilogramm, steigt das Gesamtgewicht auf nur 90 Kilogramm. Ein vergleichbarer Betonklotz mit einem Gewicht von 90 Kilogramm hält aber im Vergleich nicht einmal ein drei Meter langes Dinghy bei 50 Knoten Windgeschwindigkeit. Die Gewichtseinsparung verringert den Wartungsaufwand des Ankergeschirrs, ohne dass es notwendig wird, einen schwimmenden Kran mit dem Aussetzen des Mooringblockes aus Beton beauftragen zu müssen. Wenn nötig, ist es sehr einfach, drei Anker einzuholen, um das Ankergeschirr an eine andere Stelle zu verholen. Der Qualitätsstandard des sternförmigen Permanent-Ankergeschirrs hängt direkt von der Wirksamkeit der einzelnen Anker ab. Bevor man an den Ankern spart, sollte man den Anschaffungspreis der Anker einerseits mit dem Wert des Bootes vergleichen und andererseits

Links: Korkenzieher- anker lassen sich von Hand in den Meeres- boden drehen

Rechts: Der Pilzanker eignet sich gilt für weiche Gründe

mit den Herstellungs- und Wartungskosten eines mehrere Tonnen wiegenden Betonblocks, der ein vergleichbares Haltevermögen aufweist sowie mit den jährlichen Kosten eines Hafenliegeplatzes.

Korkenzieheranker

Diesen Anker schraubt man bei Niedrigwasser von Hand in den Meeresboden. Es ist ebenfalls eine Version erhältlich, die von einem Ponton aus im Meeresboden verschraubt werden kann. Das Haltevermögen dieses Ankertyps ist exzellent, sobald er tief im Meeresboden verschraubt worden ist.

Pilzanker

Dieser Ankertyp braucht einen vergleichsweise langen Zeitraum, um sich tief genug eingraben zu können, denn er ist dabei auf die Kraft seines Eigengewichtes angewiesen. Sobald er sich tief eingegraben hat, widersetzt sich seine konkave Oberfläche der Zugkraft der Ankerkette. Diesen Anker kann man nur auf Meeresböden erfolgreich verwenden, die weich genug sind, um ihn in sich eindringen zu lassen.

Permanente Anker

Pyramidenanker

Pyramidenanker

Dieser Anker basiert auf dem selben Prinzip wie der Pilzanker. Die auf dem äußeren Rand lastende Gewichtskraft bewirkt, dass sich der Anker mit der Zeit tiefer und tiefer eingräbt. Sobald er sich in ausreichender Tiefe befindet, widersetzt sich die Oberfläche der Zugkraft des Ankers. Ein weicher Meeresboden ist für das Eingraben des Ankers vorteilhaft.

Diverse Anker

Es gibt noch weitere Vorrichtungen, die man verwenden kann, um eine Mooringleine auf Felsgrund oder Korallenriffen permanent zu befestigen. Die Installation sollte man eher professionellen Wasserbaufirmen überlassen, weil Löcher in harten Boden gebohrt werden müssen, die mit großen Expansionsdübeln versehen, die entsprechende Haltevorrichtung aufnehmen. Alternativ können aber auch riesige Kippdübel verwendet werden, deren kleinere Version aus dem Hausbau allgemein bekannt ist.

Mooringblöcke aus Beton

Anders als mit Ankern, bei denen der Angriffswinkel der Leine möglichst geringer als acht Grad sein sollte, versucht man bei Mooringblöcken den Schwoiradius so klein wie möglich zu gestalten und verkürzt die Ankerleine, bis sie fast in vertikaler Richtung durch das Wasser verläuft. Ebenfalls im Gegensatz zu Ankern steht, dass das Haltevermögen von Mooringblöcken fast direkt proportional zu ihrem Eigengewicht ist (Je schwerer, desto besser halten sie.) Da die Zugkraft in nahezu vertikaler Richtung wirkt, ist die maximale Zugkraft fast identisch mit der Gewichtskraft des Mooringblockes. Die Blöcke sollten bei der Fertigung nach Möglichkeit so geformt werden, dass die am Meeresboden anliegende Oberfläche und die damit entstehende Saugwirkung, die den Mooringblock zusätzlich auf dem

Meeresboden hält, größtmöglich ist. Die entstehende Saugkraft ist im Schlick besonders hoch, während sie auf hartem Sand oder auf Steinen kaum vorhanden ist. Je tiefer sich ein Mooringblock im Boden eingraben kann, desto besser ist auch sein Haltevermögen.

Mooringblöcke und -bojen werden normalerweise an geschützten Stellen installiert. Ausgelegt werden sie deshalb so, dass Stürme mit einer Windstärke von neun Beaufort (45 Knoten) unbeschadet überstanden werden können. Um das notwendige Gewicht eines Mooringblockes berechnen zu können, ist es unbedingt notwendig, die Dichte des verwendeten Baumaterials, das heißt dessen reales Gewicht unterhalb der Wasseroberfläche, zu beachten. Das Gewicht von Stahl reduziert sich im Vergleich mit Luft unter Wasser auf nur 86, Beton 55 und Steine 64 Prozent.

Die Tabelle zeigt die wirkenden Zugkräfte als Funktion der Bootsgröße (siehe auch „Krafteinwirkungen auf das Ankergeschirr") und die benötigte Menge Beton unter Wasser, um einer vertikal ansetzenden Zugkraft zu widerstehen. Das Volumen der Mooringblöcke ist auf die Verwendung von armiertem Stahlbeton berechnet (Bei nur leicht armiertem Stahlbeton sollten die Werte mit 1,25 multipliziert werden.).

Schätzung der durchschnittlichen Krafteinwirkung auf Moorings

Äußere Abmessungen (Meter)			Kraft (DaN)		
Länge über alles	Breite Motoryacht	Breite Segelyacht	Windstärke 9 (45 Knoten)	Gewicht des Betons in kg	Volumen in Kubikmeter
4,50	1,80	1,50	225	410	0,164
6,00	2,40	2,20	325	590	0.236
7,50	2,75	2,40	445	810	0.324
9,00	3,35	2,75	635	1.115	0.446
10,50	3,95	3,00	820	1.490	0.596
12,00	4,26	3,35	1.100	2.000	0.800
15,00	5,00	3,95	1.450	2.635	1,055
18,00	5,50	4,50	1.800	3.270	1.300
21,00	6,00	5,20	2.500	4.545	1.820
25,00	6,70	5,80	3.250	5.910	2.365

Permanente Anker

Wenn Sie wollen, dass Ihr Mooringblock einen Hurrikan unbeschadet übersteht, ist es ratsam die in der Tabelle gegebenen Werte zu vervierfachen.

Um Wartungsarbeiten zu vereinfachen, kann es sinnvoll sein, mehrere Mooringblöcke mittlerer Größe, anstelle eines einzigen großen Mooringblockes, zu verwenden. Genauso wie bei sternförmig angeordneten Ankern sollten die Mooringblöcke auch sternförmig mit schweren Ketten ausgerüstet werden, die alle zusammen in der Mitte an einem gemeinsamen Ring befestigt werden. Falls die Mooringblöcke in einem Tidengewässer oder auf einem Platz mit wechselnder Strömungsrichtung eingesetzt werden sollen, ist es sinnvoll, zwei Mooringblöcke oder sogar zwei Gruppen von Mooringblöcken auszubringen. Genau wie beim Ankern im „Bahama Style" wird das Boot zwischen den beiden Mooringbojen festgemacht. Sollte eine der beiden Mooringleinen auf klassische Weise mit dem Mooringblock verbunden sein, dann ist es offensichtlich, dass die Mooringboje des zweiten Blockes ebenfalls mit der Hauptmooringleine verbunden werden muss.

Mooringleine

Die Mooringleine sollte keinesfalls an Bord des Bootes eingeholt werden und braucht daher auch nicht besonders leicht dimensioniert zu werden, um Gewicht zu sparen. Dagegen ist es vorteilhaft, alle Elemente des gesamten Mooringgeschirrs überdimensional auszulegen, damit sie möglichst lange widerstandsfähig gegen Abnutzungserscheinungen bleiben. Ein Mooringgeschirr kann mehrere Kettenstücke enthalten. Die Kettenstücke, die mehrere Blöcke mit einem zentralen Ring verbinden, sollten so stark wie möglich dimensioniert werden. Die vom zentralen Ring zur Mooringboje führende Kette sollte eineinhalbmal die Länge der Wassertiefe betragen und ebenfalls möglichst stark ausgelegt sein, um mindestens die Gewichtslast des Mooringblockes tragen zu können. Diese Kette wird mit einem galvanisierten Schäkel an einer sekundären Kette befestigt, die eine Stufe kräftiger als die Ankerkette Ihres Bootes sein sollte (Für eine 10-Millimeter-Ankerkette nimmt man 12 oder 13 Millimeter.). Sie sollte genauso lang sein wie die maximale Wassertiefe plus Freibord des Schiffes bis zur Mooringboje.

Alle Elemente des gesamten Mooringgeschirrs sollten so dimensioniert werden, dass die maximal zulässige Arbeitslast mindestens der Gewichtskraft des Mooringblockes entspricht. Dieses gilt natürlich auch für die Mooringboje. Ihre Auftriebskraft sollte mindestens der doppelten Gewichtskraft der Sekundärkette entsprechen. Ideal ist, eine Boje mit einem integrierten Mittelrohr zu verwenden, durch das die Sekundärkette geführt wird. Ist dies nicht möglich, ist es unverzichtbar, die Kräfte

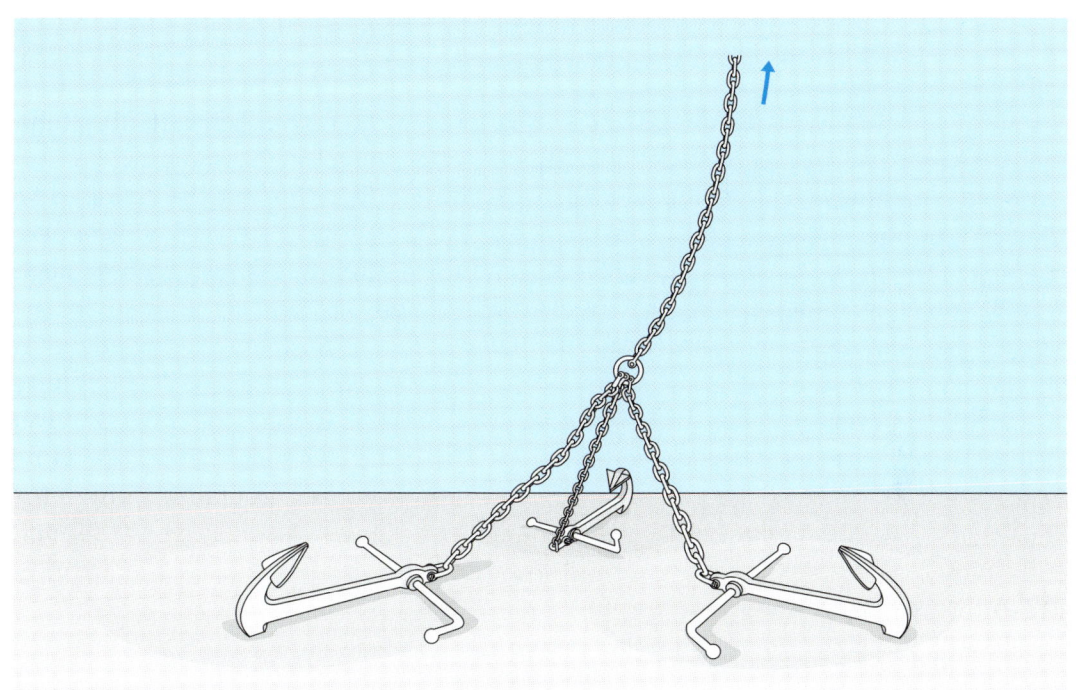

Mooringgeschirr mit sternförmig platzierten Stockankern

Mooringgeschirr aus gegossenen Betonblöcken

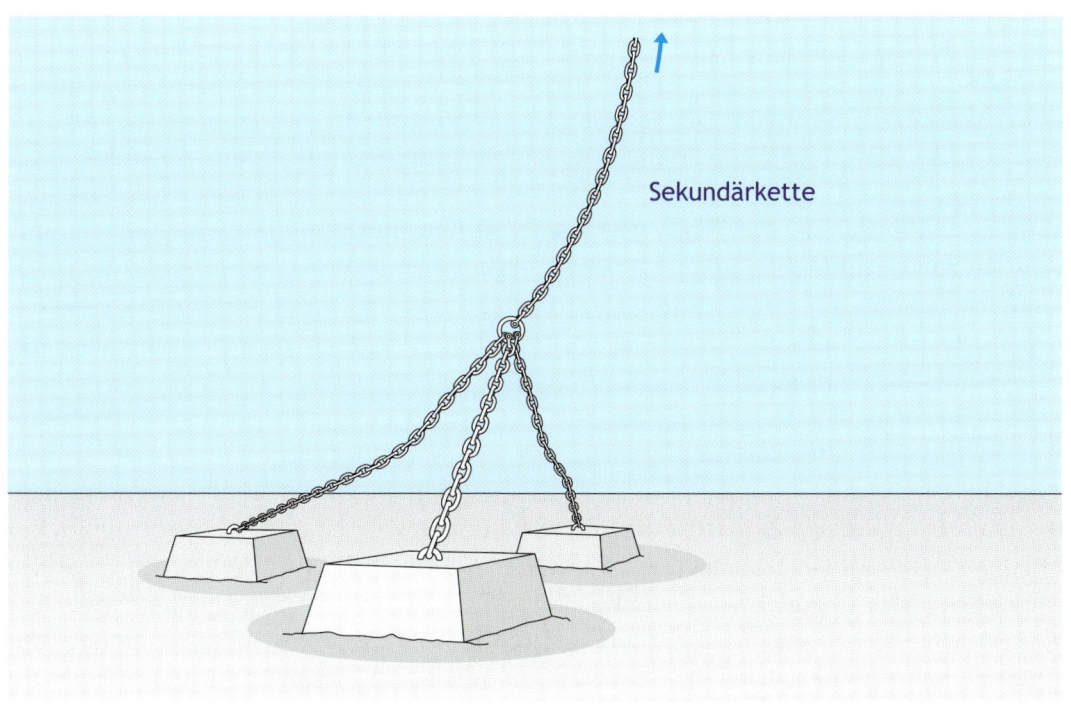

Sekundärkette

Permanente Anker

des oberen Festmachringes der Boje durch eine stabile Stahlachse auf die Mooringkette zu übertragen. Die Bojenachse muss ebenfalls mindestens für die maximale Arbeitslast der Kette ausgelegt werden.

Die schwere Kette zwischen Mooringblock und der Sekundärkette steht bei normalen meteorologischen Verhältnissen nicht unter Spannung und im Falle eines schweren Sturmes dämpft ihr Eigengewicht die Ruckbewegungen des Mooringgeschirrs.

Herstellung eines Mooringblockes

Sobald das benötigte Gewicht und Volumen berechnet (oder aus der Tabelle entnommen) wurden, kann man mithilfe stabiler Holzplanken beginnen, eine Gussform für den Mooringblock zu bauen. Bei der Formgebung sollte man versuchen, die nach unten gerichtete Oberfläche so groß wie möglich zu gestalten, um den Saugeffekt zu erhöhen. Im Schlick wird dieser Saugeffekt besonders ausgeprägt sein und es kann sich auszahlen, auf der Unterseite der Form mithilfe eines kleinen Sandhaufens und einer Plastikfolie eine leichte Wölbung zu realisieren.

Auf Sandböden ist der Saugeffekt quasi gleich null und man kann stattdessen eine pyramidenförmige Einbuchtung auf der unteren Seite des Mooringblocks formen, damit er sich leichter eingraben kann. Zur Armierung des Betons können mindestens zwei geschweißte acht Millimeter starke Moniereisengitter und ein sehr schwerer omega-förmiger Stahlbügel zum Befestigen der Mooringkette in der Form eingegossen werden.

Aufgrund des großen Volumens des benötigten Mooringblockes ist es am besten, wenn man sich den Beton fertiggemischt per LKW anliefern lässt, um ihn direkt in die bereitstehende Mooringform schütten zu lassen. Wenn möglich, sollte der gegossene Beton in der Form festgerüttelt werden. Zwei bis drei Tage dauert die Aushärtung des Betonblocks, wenn möglich aber eine ganze Woche (Die theoretische Trockenzeit beträgt 28 Tage.).

Transport und Installation eines Mooringblockes

Die ideale Lösung ist, diese schwierige Aufgabe einer Spezialfirma mit den notwendigen Hebevorrichtungen und Kränen zu überlassen. Wenn der Mooringblock nicht zu schwer ist und man ihn vorausschauend am Strand in der Nähe des

Eine Mooring ist ideal für Ankerplätze in ökologisch sensiblen Revieren

Mooringfeldes konstruiert hat, ist es möglich, ihn bei Niedrigwasser so nahe wie möglich ans Ufer zu ziehen und eine ausreichende Anzahl 200-Liter Fässer an ihm zu befestigen. Bei steigendem Wasser sollte der Betonblock zusammen mit den leeren Metallfässern aufschwimmen können. Nun braucht der Block nur noch mit einem Dinghy an die gewünschte Stelle geschleppt zu werden, um ihn dort zu versenken.

An Orten mit ausgeprägtem Tidenhub kann ein bei Niedrigwasser am Ufer platzierter Mooringblock bei ansteigendem Wasserspiegel von einem Boot unter Verwendung eines kräftigen Taues direkt mit dem Vorsteven aufgegabelt werden, um ihn danach an der gewünschten Stelle versenken zu können.

Treib- und Schleppanker

Wenn die Wellen brechen, wird es riskant. Um entsprechend reagieren zu können, muss die Yacht steuerfähig bleiben

Treib- und Schleppanker

Treibanker und Schleppanker

„Nordwest 8, im Laufe der Nacht 9 bis 10 auf Nord drehend ..." Die näselnde Stimme aus dem Lautsprecher des Kurzwellenempfängers bestätigte unsere Beobachtungen. Ein Tiefdruckgebiet hatte sich verstärkt und zog langsam auf uns zu. Wir hatten zuerst die Genua eingerollt und zwei Reffs ins Großsegel gebunden, dann die Genua komplett gestrichen, um die Sturmfock zu setzen. Kurz darauf mussten wir das Großsegel erneut verkleinern. Ein paar Stunden später wurde der Sturm so stark, dass wir zuerst das Großsegel vollständig streichen mussten und schon bald wurde sogar die Segelfläche der Sturmfock zu groß. Vor Topp und Takel liefen wir mit dem Windmesser an der 55-Knoten-Marke klebend die immer wilder schäumenden Wellenberge hinab.

Windstärke 10 bis 11 kannten wir bisher nur aus der Literatur. Die riesigen Brecher liefen immer chaotischer um uns herum und es wurde immer schwerer, das Boot unter Kontrolle zu halten damit es nicht querschlagen konnte. Mithilfe unseres Mastes versuchten wir die Wellenhöhe zu schätzen: Zwischen zehn und zwanzig Metern hoch türmte sich die See um uns herum. Viel schlimmer aber waren die zunehmenden Kreuzseen. Wenn es jetzt nur ein einziges Mal nicht gelingen sollte auszuweichen, würden wir von einem der gefährlichen Brecher seitlich erwischt und im günstigsten Fall die erste Eskimorolle mit unserem Segelboot fahren. Im ungünstigsten Fall: Ole Hoop.

In eine solche Situation kann jeder geraten, egal mit welcher Aufmerksamkeit man die Wetterberichte und Pilot Charts studiert. Welche Strategie sollte man am besten verfolgen?

Die Technik der Treibanker ist praktisch so alt wie die Seefahrt unter Segeln selbst. Wenn man einen Eimer, einen Segeltuchsack oder eine lange Leine vom Bug aus ausbringt, dann kann man damit die Abdrift des Bootes verringern und es in Kursrichtung des Windes und der Wellen ausgerichtet halten. Über das Heck achteraus ausgebracht, bremst man mit einem Schleppanker die Geschwindigkeit des Schiffes ab und stabilisiert sein Steuerverhalten.

Treibanker

Sie bestehen entweder aus einem kegel- oder fallschirmähnlichen Gebilde und erlauben Yachten, abstoppen zu können, um ein Problem zu lösen oder eine Reparatur bei stabilisiertem Schiffsverhalten durchzuführen, auch wenn die meteorologischen Bedingungen keineswegs Besorgnis erregend sind. Bei Sturm kann man mit einem Treibanker den Bug des Schiffes in Richtung des Windes und der

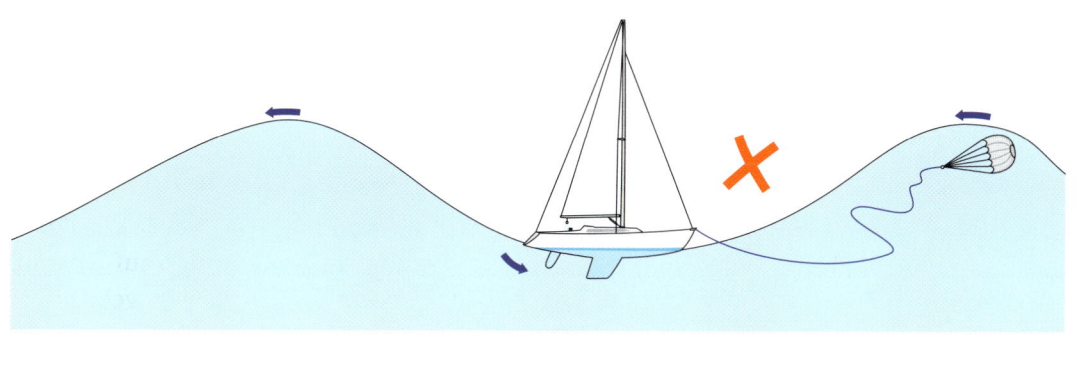

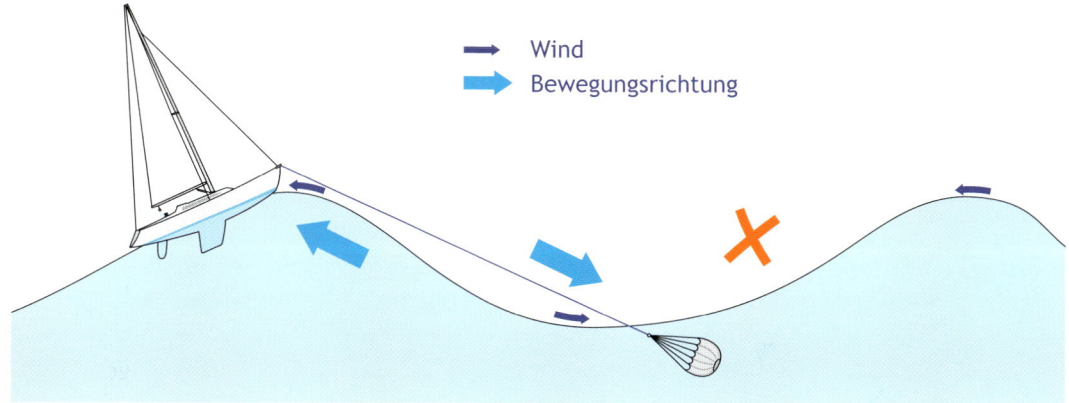

Wind

Bewegungsrichtung

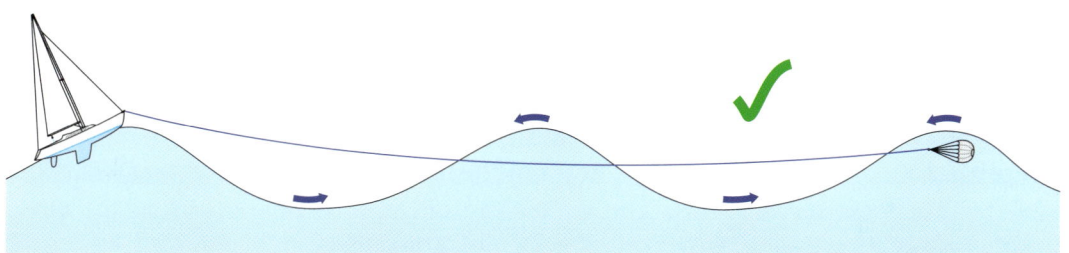

Fallschirmanker   **Galerider (Schleppanker)**

Treib- und Schleppanker

Wellen ausrichten und die Driftgeschwindigkeit bis unter einen halben Knoten abbremsen. Wenn die Wellenkämme nicht brechen, sollte alles leicht zu überstehen sein. Fangen die Wellen im Sturm aber an zu brechen, kann sich die Situation dramatisch verschlechtern. Anstelle eines sich auf und ab bewegenden Wasserspiegels rollen brechende Wellen mit bis zu 25 Knoten Geschwindigkeit über die Wasseroberfläche, wobei sie einen Aufpralldruck von einigen zig Tonnen pro Quadratmeter entwickeln können.

Das Problem kann sich zusätzlich verschlimmern: Wie beim klassischen Ankern neigen Boote vor Treibankern zum Hin- und Herschwoien. Somit kann man sich leicht in der Lage befinden, seitlich von einem riesigen Brecher erwischt zu werden. Für einen Katamaran ist es genauso erforderlich wie beim klassischen Ankern, einen Hahnepot von beiden Rümpfen ausgehend zu setzen, der V-förmig gespannt die Treibankerleine mit den beiden Rümpfen verbindet. Diese Möglichkeit besteht auf einem Monohull leider nicht. Deshalb kann es hilfreich sein, ein kleines dreieckiges Stützsegel am Achterstag oder ein stark gerefftes Besansegel auf einer Ketch zu setzen, um den Bug des Schiffes möglichst direkt in Windrichtung ausgerichtet zu halten.

Eine weitere interessante Methode ist, das Boot konstant auf einem Kurs zu halten, der leicht von der Windrichtung abweicht. Dazu befestigt man einen Treibanker mit einem V-förmig verlaufenden Hahnepot. Eine Leine des Hahnepots sollte am Vorsteven befestigt werden und die zweite an einer stabilen Klampe in Längsrichtung mittschiffs an der Seite. Bei der Abdrift des Schiffes mit dem Wind entsteht hinter dem rückwärts treibenden Rumpf Kielwasser, das eine beruhigende Wirkung auf die sich vor dem Schiff brechenden Wellen ausübt.

In welcher Entfernung vom Boot sollte ein Treibanker ausgebracht werden? Ganz generell ist es empfehlenswert, Treibanker in 100 Metern oder in ungefähr einer zwölffachen Schiffslänge Entfernung vom Schiff (man sollte den größeren der beiden Werte bevorzugen) zu platzieren. Um den Aufpralldruck der brechenden Wellen abzuschwächen, sollte die Länge der Treibankerleine so justiert werden, dass sich Treibanker und Boot „in Phase", also zusammen auf den Kämmen zweier verschiedener Wellenberge befinden.

Der Wind allein kann bei Sturmstärke Kräfte hervorrufen, die der Gewichtskraft einer Tonne entsprechen. Bis zu einer Schiffslänge von 10 Metern sollte man eine Treibankerleine von 12 Millimetern Durchmesser verwenden, 16 Millimeter bis 14 Meter Schiffslänge und 20 Millimeter Leinendurchmesser bis zu 18 Metern Schiffslänge. Treibankerleinen sollten sehr sorgfältig an einer zusätzlich verstärkten Stelle auf dem Vorschiff belegt werden. Dabei ist es sehr wichtig, die Leine vor Schamfilen zum Beispiel am Bugbeschlag zu schützen. Die Schutzvorrichtung der

Treibankerleine muss natürlich zusammen mit dem Treibanker gesetzt werden, was in Anbetracht der miserablen meteorologischen Bedingungen fast unmöglich erscheint. Vor Treibanker liegend, treibt das Boot weiterhin ab, wobei das Risiko besteht, durch chaotische Wellenschläge das Ruder und die Ruderanlage zu beschädigen. Um dies zu verhindern, muss das Ruderblatt in Mittelstellung fixiert werden.

Wie groß und wie stabil sollte ein Treibanker dimensioniert sein? Kein Treibanker ist in der Seefahrtsgeschichte zu stabil konstruiert worden. Ein Durchmesser, der ungefähr einem Drittel der Schiffslänge entspricht, scheint ein guter Kompromiss bei der Dimensionierung zu sein. Genau wie bei einer klassischen Ankerleine sollte die Leine des Treibankers in weit schweifenden Schlaufen an Deck ausgelegt werden (Bei Sturm und an Deck stürzenden Wellenbrechern versteht sich!). Danach sollte der Treibanker über Bord ausgebracht werden, wobei man die Leine langsam fieren und unter Kontrolle behalten muss. Durch ein möglichst kontinuierliches Abbremsen am Poller auf dem Vorschiff lässt sich der starke Ruck durch plötzliches Öffnen des Treibankers mit sich straffender Leine vermeiden.

Das Einholen eines Treibankers nach erfolgreichem Einsatz ist nicht ganz so einfach, wie es vielleicht auf den ersten Blick erscheint. Eine vor dem Ausbringen installierte Tripleine kann das Manöver erleichtern, man geht allerdings das Risiko ein, dass diese sich beim Ausbringen mit der Treibankerleine vertörnt. Sobald der Sturm vorüber ist und die Wetterbedingungen sich verbessert haben, kann man genauso gut unter Motor langsam voraus fahren und die Treibankerleine wie bei einem klassischen Ankermanöver langsam, aber sicher einholen.

Schleppanker

Es erscheint mir persönlich logischer, das Boot im Sturm in Richtung der Abdrift auszurichten und deshalb lieber die Technik des Schleppankers anzuwenden. Bei offenen und bei Booten mit schlecht geschütztem Achtercockpit ist diese Einschätzung allerdings fraglich. Schleppanker erlauben es, die Bootsgeschwindigkeit wirksam zu verringern, damit man nicht aus Versehen, nachdem man einem riesigen Brecher erfolgreich ausgewichen ist, mit seinem Boot in das dahinter liegende Wellental „hineinfällt". Außerdem schwächen sie die Neigung des Bootes ab, von einer auf die andere Seite zu schwoien.

Natürlich können Heckanker auch mit einem Hahnepot an zwei V-förmig geführten Leinen befestigt werden, die man bei Bedarf so justieren kann, dass das Boot in einem konstanten Winkel zu den Wellen und dem Wind gehalten wird. Es gibt mehrere Typen von Schleppankern, die aus einer Art Korb oder in Konusform hergestellt werden. In der Fischerei werden ähnliche Konstruktionen auch zum Ausbringen der Netze verwendet.

Treib- und Schleppanker

Schleppanker nach Jordan

Eine interessante Neuerung vereint zwei bereits bekannte Konzepte. Sie wurde von dem amerikanischen Ingenieur Donald Jordan entwickelt, und in Zusammenarbeit mit der US-Coast-Guard erfolgreich getestet. Ein Jordan-Schleppanker besteht aus einer großen Anzahl kleiner Kegel, die konzentrisch um eine lange Leine herum befestigt sind. Für mein Boot (12 Meter Länge, 14 Tonnen Verdrängung) sind es nicht weniger als 140 Kegel, die in Abständen von 50 Zentimetern auf der Schleppleine angebracht sind. Die Bremswirkung dieser Kegel ist verblüffend groß und sie reduzieren die Geschwindigkeit des Bootes auf Werte unterhalb eines Viertelknotens. Klassische Schleppanker können besonders bei chaotisch aufge- wühltem Seegang bewirken, dass die Schleppankerleine plötzlich lose im Wasser hängt, um sich kurz danach umso straffer unter Spannung zu setzen. Wie man sich leicht vorstellen kann, führen diese ruckartigen Belastungen mit großer Wahrscheinlichkeit zu Beschädigungen. Bei dem Jordan-Schleppanker ist dies nicht der Fall. Ein Stück Ankerkette am Ende befestigt, zieht die lange Schleppleine schräg nach unten in die Tiefe und hält sie unter konstantem Zug. Durch die große Anzahl an Kegeln wird bewirkt, dass sich immer eine ausreichend hohe Anzahl von Kegeln im Einsatz befindet, womit die Entstehung unerwünschter ruckartiger Bewegungen verhindert wird. Die Bremskraft des Schleppankers hält das Heck des Schiffes relativ konstant in Richtung der Wellen und des Windes, wobei es etwas Fahrt voraus macht. Bei brechenden Wellen läuft man keine Gefahr, querzuschlagen oder abrupt in ein Wellental „hineinzufallen".

Der Hauptvorteil gegenüber klassischen Schleppankern liegt eindeutig darin zu verhindern, dass die Schleppleine bei chaotischem Seegang in einem Wellental plötzlich nicht mehr unter Zug steht und sich das Boot gefährlich in Querrichtung zu den brechenden Wellen drehen kann, wo es sich in einer besonders verletzlichen Position befindet. Schleppanker, und ganz besonders Jordan-Schleppanker, halten mit ihren Bremskegeln Boote im Sturm auf Kurs und verhindern, dass die achteraus geschleppte Leine an Spannung verliert. Durch die hohe Anzahl von Bremskegeln ist es beim Jordan-Schleppanker überflüssig, die Länge der ausgebrachten Leine so zu justieren, dass Boot und Schleppanker „in Phase" zusammen über die Wellenkämme reiten. Die Jordan-Bremskegel befinden sich auch ohne ein zusätz- liches Justieren der Schleppleine immer im richtigen Abstand zueinander.

Für Segler, die sich einen Jordan-Schleppanker selbst anfertigen möchten, steht im Internet eine Bauanleitung. Diese enthält auch eine Abwicklung der Bremskegel aus Segeltuch. Klicken Sie sich rein: **www.palstek.de**

Schleppanker aus Leine (oben) und Jordan-Schleppanker mit Segeltuchtaschen

Seemannschaft:
Nachts ist ein
Ankerlicht Pflicht.

Richtlinien, Regeln und Gesetze

Richtlinien, Regeln und Gesetze

Oft sind die Regeln älter als die Schiffe

Ausrüstung nach Tabellen

Die gültigen Leitlinien des Germanischen Lloyd (GL) für den Yacht- und Bootsbau werden neuerdings nur noch in englischer Sprache veröffentlicht. Unter „Chapter 3, Section 1 Hull Structures, G. 1.3 Anchors" werden folgende Richtlinien aufgestellt:

The anchor weights listed in Tables F.1, F.2 apply to „high holding power" anchors. The following types of anchors have so far been accepted as anchors with high holding power: Bruce, CQR (plough) anchor, Danforth anchor, D´Hone anchor, Heuss special anchor, Pool anchor, Kaczirek bar anchor.

A stock anchor may be used if its weight is 1,33 times that in the table.[..]

1.3.2 The weight of each individual anchor may deviate up to ± 7% from the stipulated value, provided the combined weight of the two anchors is not less than the sum of the stipulated weights.

Warum ist ein Stockanker nach GL zulässig, wenn er haargenau 1.33 mal so viel wiegt wie der Tabellenwert zum Beispiel eines Bügelankers? Warum darf das Gewicht eines einzelnen Ankers genau ± 7 Prozent abweichen, wenn das Gesamtgewicht der beiden Anker nicht unterschritten wird? Fragen, auf die ein Skipper keine Antwort findet.

Gewichtsvorschriften des Germanischen Lloyd				
Schiffsgewicht	Hauptanker	Zweitanker	Kettendurchmesser	Trossenmesser
0,5 t	5,0 kg	–	–	12 mm
1.0 t	7,5 kg	–	–	14 mm
1,5 t	8,7 kg	–	–	14 mm
2,0 t	10,5 kg	9,0 kg	6 mm	16 mm
3,0 t	12,0 kg	10,0 kg	6 mm	18 mm
4,0 t	13,0 kg	10,5 kg	6 mm	18 mm
5,0 t	13,5 kg	11,0 kg	7 mm	18 mm
6,0 t	15,0 kg	13,0 kg	7 mm	18 mm
8,0 t	17,0 kg	15,0 kg	8 mm	20 mm
12,0 t	21,0 kg	18,0 kg	8 mm	22 mm
17,0 t	25,0 kg	21,0 kg	9 mm	22 mm
23,0 t	29,0 kg	25,0 kg	10 mm	22 mm

Obwohl seit sehr vielen Jahren allgemein und insbesondere auch beim Germanischen Lloyd bekannt sein sollte, dass das Haltevermögen von Ankern nicht aus ihrem Eigengewicht abgeleitet werden kann, wird auch im *„Chapter 3, Annex F, Table F.1 and Table F.2 – Anchors, anchor chains and lines of motor craft"* weiterhin diese irrelevante physikalische Größe zur Klassifizierung verwendet. Dies erscheint nicht besonders sinnvoll zu sein. Das Eigengewicht eines Ankers hat genau wie auch das Eigengewicht eines Skippers nur minimalen Einfluss auf das Haltevermögen im Meeresboden.

Viel sinnvoller wäre es, anstatt des Gewichts die Haltekraft eines Ankers bei definierter Bodenbeschaffenheit als Klassifizierungsgröße zu verwenden. Zur Bestimmung eines echten „high holding power anchor" sollten aus Sicherheitsgründen außerdem das Eingrabevermögen sowie das Verhalten des Ankers bei Wechsel der Zugrichtung und auch bei Überschreitung seiner maximalen Haltekraft nicht aus dem Blickwinkel verloren werden.

Ankerhersteller, Yachtkonstrukteure und natürlich auch die betroffenen Skipper werden durch unsinnige Tabellen und Richtlinien fehlgeleitet, in dem seit Jahrzehnten festgefahrenen Denkschema zu verharren. Wir haben deshalb ernsthafte Bedenken, der Philosophie des Germanischen Lloyd blind zu folgen, und sträuben uns, das Ankergeschirr auf unseren eigenen Schiffen nach veralteten Richtlinien zu konzipieren.

Richtlinien, Regeln und Gesetze

Internationale Regeln von 1972 zur Verhütung von Zusammenstößen auf See
Kollisionsverhütungsregeln (KVR)

Teil C: Lichter und Signalkörper

Regel 30 Fahrzeuge vor Anker und auf Grund

a Ein Fahrzeug muss dort, wo es am besten gesehen werden kann, führen
 i im vorderen Teil ein weißes Rundumlicht oder einen Ball;
 ii an oder nahe dem Heck ein weißes Rundumlicht niedriger als
 das Licht nach Ziffer i.
b Ein Fahrzeug vor Anker von weniger als 50 Metern Länge darf anstelle der unter
 Buchstabe a vorgeschriebenen Lichter ein weißes Rundumlicht dort führen,
 wo es am besten gesehen werden kann.
c Ein Fahrzeug vor Anker darf auch die vorhandenen Deckslichter oder
 gleichwertige Lichter zur Beleuchtung des Decks einschalten; ist das Fahrzeug
 100 Meter und mehr lang, so ist es dazu verpflichtet.
d Ein Fahrzeug auf Grund muss die unter Buchstabe a oder b vorgeschriebenen
 Lichter führen und zusätzlich dort, wo sie am besten gesehen werden können,
 i zwei rote Rundumlichter senkrecht übereinander;
 ii drei Bälle senkrecht übereinander.
e Ein Fahrzeug von weniger als 7 Meter Länge vor Anker, das sich nicht in einem
 engen Fahrwasser, einer Fahrrinne oder auf einer Reede oder in der Nähe davon
 oder dort befindet, wo andere Fahrzeuge in der Regel fahren, braucht nicht
 die unter den Buchstaben a und b vorgeschriebenen Lichter oder den
 vorgeschriebenen Signalkörper zu führen.
f Ein Fahrzeug vor Anker von weniger als 12 Metern Länge auf Grund braucht
 nicht die unter Buchstabe d Ziffern i und ii vorgeschriebenen Lichter oder
 Signalkörper zu führen.

Teil D: Schall- und Lichtsignale

Regel 35 Schallsignale bei verminderter Sicht

Innerhalb oder in der Nähe eines Gebietes mit verminderter Sicht müssen am
Tage oder bei Nacht folgende Signale gegeben werden:
a Ein Maschinenfahrzeug, das Fahrt durchs Wasser macht, muss mindestens alle
 2 Minuten einen langen Ton geben.

b Ein Maschinenfahrzeug in Fahrt, das seine Maschine gestoppt hat und keine Fahrt durchs Wasser macht, muss mindestens alle 2 Minuten zwei aufeinander folgende lange Töne mit einem Zwischenraum von etwa 2 Sekunden geben.

c Ein manövrierunfähiges Fahrzeug, ein manövrierbehindertes Fahrzeug, ein tiefgangbehindertes Fahrzeug, ein Segelfahrzeug, ein fischendes Fahrzeug und ein Fahrzeug, das ein anderes Fahrzeug schleppt oder schiebt, muss anstelle der unter Buchstabe a oder b vorgeschriebenen Signale mindestens alle 2 Minuten drei aufeinander folgende Töne – lang, kurz, kurz – geben.

d Ein fischendes Fahrzeug vor Anker und ein manövrierbehindertes Fahrzeug, das bei der Ausführung seiner Arbeiten vor Anker liegt, müssen anstelle der unter Buchstabe g vorgeschriebenen Signale das unter c vorgeschriebene Signal geben.

e [..]

f [..]

g Ein Fahrzeug vor Anker muss mindestens jede Minute etwa 5 Sekunden lang die Glocke rasch läuten. Ein Fahrzeug von 100 und mehr Metern Länge muss die Glocke auf dem Vorschiff läuten und unmittelbar danach auf dem Achterschiff etwa 5 Sekunden lang den Gong rasch schlagen. Ein Fahrzeug vor Anker darf außerdem drei aufeinander folgende Töne – kurz, lang, kurz – geben, um einem sich nähernden Fahrzeug seinen Standort anzuzeigen und es vor einem möglichen Zusammenstoß zu warnen.

h Ein Fahrzeug auf Grund muss das Glockensignal und, soweit vorgeschrieben, das Glockensignal nach Buchstabe g geben sowie zusätzlich unmittelbar vor und nach dem raschen Glockenläuten drei scharf voneinander getrennte Glockenschläge. Ein Fahrzeug auf Grund darf zusätzlich ein geeignetes Pfeifensignal geben.

i Ein Fahrzeug von weniger als 12 Metern Länge braucht die oben erwähnten Signale nicht zu geben, muss dann aber mindestens alle 2 Minuten ein anderes kräftiges Schallsignal geben.

j [..]

Richtlinien, Regeln und Gesetze

Seeschifffahrtsstraßen-Ordnung – (SeeSchStrO)

Fünfter Abschnitt: Ruhender Verkehr

§ 32   Ankern

1   Das Ankern ist im Fahrwasser mit Ausnahme auf den Reeden verboten. Dies gilt nicht für manövrierbehinderte Fahrzeuge nach Regel 3 Buchstabe g Ziffer i und ii der Kollisionsverhütungsregeln. Außerhalb des Fahrwassers ist das Ankern auf folgenden Wasserflächen verboten:
   1. an engen Stellen und in unübersichtlichen Krümmungen
   2. in einem Umkreis von 300 Metern von schwimmenden Geräten, Wracks und sonstigen Schifffahrtshindernissen und Leitungstrassen sowie von Warnstellen, Kabeln und Rohrleitungen,
   3. bei verminderter Sicht in einem Abstand von weniger als 300 Metern von Hochspannungsleitungen,
   4. in einem Abstand von 100 Metern vor und hinter Sperrwerken,
   5. vor Hafeneinfahrten, Anlegestellen, Schleusen und Sielen sowie in den Zufahrten zum Nord-Ostsee-Kanal,
   6. innerhalb von Fähr- und Brückenstrecken sowie
   7. an Stellen und innerhalb von Wasserflächen, die nach § 60 Abs. 1 bekannt gemacht sind.
2   Der Gebrauch des Ankers für Manövrierzwecke gilt nicht als Ankern. Im Bereich der in Absatz 1 Nr. 2 und 4 bezeichneten Wasserflächen ist auch der Gebrauch des Ankers verboten.
3   Auf nach § 60 Abs. 1 bekannt gemachten Reeden dürfen nur die Fahrzeuge ankern, denen nach der Zweckbestimmung der Reede das Liegen dort gestattet ist.
4   Auf einem in der Nähe des Fahrwassers oder auf einer Reede vor Anker liegenden Fahrzeug oder außergewöhnlichen Schwimmkörper sowie auf Fahrzeugen, für die nach Absatz 3 das Ankerverbot nicht gilt, muss ständig Ankerwache gegangen werden. Das gilt nicht für Fahrzeuge von weniger als 12 Metern Länge auf den nach § 10 Abs. 4 bezeichneten Wasserflächen.

Anlage I: Schifffahrtszeichen

Abschnitt I – Sichtzeichen

A. Gebots- und Verbotszeichen

A.8   Ankerverbot

Verbot in einem Abstand von weniger als 300 Metern beiderseits der Linie, die die Tafeln verbindet oder die die Verlängerung der Verbindungslinie von Oberbake und Unterbake der Tafel an einem Ufer bildet, zu ankern und Anker, Trossen oder Ketten schleifen zu lassen (bei Entfernungs- und Streckenangaben nach Nr. 1 c der Vorbemerkung gelten diese Angaben anstelle des beiderseitigen Abstandes von 300 Metern):

Rechteckige weiße Tafeln mit rotem Rand, rotem Schrägstrich und umgekehrtem schwarzem Anker an beiden Ufern oder an einem Ufer eine rechteckige weiße Tafel mit rotem Rand, rotem Schrägstrich und umge- kehrtem schwarzem Anker und darüber eine weiße dreieckige Tafel mit rotem Rand – Spitze oben – als Unterbake sowie dahinter eine Stange mit einer weißen dreieckigen Tafel mit rotem Rand – Spitze unten – als Oberbake

Richtlinien, Regeln und Gesetze

Schifffahrtsordnung Emsmündung

Regeln für das Stillliegen

Artikel 23 Ankern

1. Das Ankern ist im Fahrwasser mit Ausnahme auf den Reeden und den von der zuständigen Behörde festgelegten Wasserflächen verboten. Dies gilt nicht für manövrierbehinderte Fahrzeuge nach Regel 3 Buchstabe g Ziffer i und ii der Internationalen Regeln.
   Außerhalb des Fahrwassers ist das Ankern auf folgenden Wasserflächen verboten:
   1. an engen Stellen und in unübersichtlichen Krümmungen
   2. in einem Umkreis von 300 Metern von manövrierbehinderten Fahrzeugen, Wracks und sonstigen Schifffahrtshindernissen und Leitungstrassen sowie von Stellen, die durch die Schifffahrtszeichen E.5 des Abschnitts I des Anhangs 1 gekennzeichnet sind,
   3. an Stellen und innerhalb von Wasserflächen, die von der zuständigen Behörde festgelegt worden sind,
   4. vor Hafeneinfahrten, Anlegestellen, Sielen.
2. Das Schleppen des Ankers ist verboten. Im Bereich der in Absatz 1 Nr. 2 genannten Wasserfläche ist auch der Gebrauch des Ankers zu Manövrierzwecken verboten.
3. (aufgehoben)
4. Auf Reeden dürfen nur die Fahrzeuge ankern, denen nach der Zweckbestimmung der Reede das Liegen dort gestattet ist. Die Voraussetzungen werden von der zuständigen Behörde festgelegt.
5. Auf einem in der Nähe des Fahrwassers oder auf einer Reede vor Anker liegenden Fahrzeug oder Fahrzeug und Gegenstand im Sinne von Regel 24 Buchstabe g der Internationalen Regeln sowie auf Fahrzeugen, für die nach Absatz 4 das Ankerverbot nicht gilt, muss ständig Ankerwache gegangen werden. Das gilt nicht für Fahrzeuge von weniger als 12 Metern Länge auf den nach Artikel 6 Abs. 3 festgelegten Wasserflächen.

Anhang 1 Schifffahrtszeichen und Sichtzeichen der Fahrzeuge

Abschnitt I – Schifffahrtszeichen

A. Verbotszeichen

A.5   Ankerverbot

Verbot, in einem Abstand von weniger als 300 Metern beiderseits der Linie zu ankern, die die Tafeln verbindet, und Anker, Trossen oder Ketten schleifen zu lassen.

Binnenschifffahrtsstraßen-Ordnung – (BinSchStrO)

Vom 8. Oktober 1998

Erster Teil: Gemeinsame Bestimmungen für alle Binnenschifffahrtsstrassen

Kapitel 1: Allgemeine Bestimmungen

§ 1.01 Begriffsbestimmungen

In dieser Verordnung gelten als
[..]
14. „Kleinfahrzeug":
Ein Fahrzeug, dessen Schiffskörper, ohne Ruder und Bugspriet, eine Höchstlänge von weniger als 20 Metern aufweist, einschließlich Segelsurfbrett, Amphibienfahrzeug, Luftkissenfahrzeug und Tragflügelboot, ausgenommen
  - ein Fahrzeug, das gebaut oder eingerichtet ist, um andere Fahrzeuge, die nicht Kleinfahrzeuge sind, zu schleppen, zu schieben oder längsseits gekuppelt mitzuführen,
  - ein Fahrzeug, das zur Beförderung von mehr als zwölf Fahrgästen zugelassen ist,

Richtlinien, Regeln und Gesetze

- eine Fähre,
- ein Schubleichter sowie
- ein schwimmendes Gerät.

[..]

19. „stillliegend": ein Fahrzeug, ein Schwimmkörper oder eine schwimmende Anlage, die unmittelbar oder mittelbar vor Anker liegen, am Ufer festgemacht oder festgefahren sind.

[..]

Kapitel 2
Kennzeichen und Tiefgangsanzeiger der Fahrzeuge; Schiffseichung

§ 2.05 Kennzeichen der Anker

1. Schiffsanker müssen dauerhafte Kennzeichen tragen. Diese müssen mindestens entweder die Nummer des Schiffsattests oder Schiffszeugnisses und die Unterscheidungsbuchstaben der Schiffsuntersuchungskommission oder den Namen und Wohnort des Eigentümers des Fahrzeugs enthalten. Wird der Anker auf einem anderen Fahrzeug desselben Eigentümers verwendet, kann es bei der erstmaligen Kennzeichnung verbleiben.
2. Nummer 1. gilt nicht für Anker von Seeschiffen und Kleinfahrzeugen. Bei Seeschiffen reicht es aus, wenn der Anker mit dem Unterscheidungssignal des Schiffes gekennzeichnet ist.

Kapitel 3
Bezeichnung der Fahrzeuge

Titel B. Bezeichnung beim Stillliegen

§ 3.20 Bezeichnung der Fahrzeuge beim Stillliegen

1. Mit Ausnahme der Kleinfahrzeuge und der in den §§ 3.22 und 3.25 genannten Fahrzeuge müssen alle Fahrzeuge beim Stillliegen bei Nacht führen: ein von allen Seiten sichtbares weißes gewöhnliches Licht auf der Fahrwasserseite mindestens 3 Meter über der Ebene der Einsenkungsmarken.
2. Kleinfahrzeuge – mit Ausnahme der Beiboote – müssen beim Stillliegen bei Nacht führen: ein von allen Seiten sichtbares weißes gewöhnliches Licht auf der Fahrwasserseite.

3. Das in den Nummern 1 und 2 vorgeschriebene Licht braucht nicht geführt zu werden, wenn

   1. das Fahrzeug zu einer Zusammenstellung von Fahrzeugen gehört, die voraussichtlich nicht vor dem Ende der Nacht aufgelöst wird und die Fahrzeuge dieser Zusammenstellung auf der Fahrwasserseite das Licht nach Nummer 1 führen,

   2. sich das Fahrzeug völlig zwischen nicht überfluteten Buhnen befindet oder hinter einem aus dem Wasser ragenden Längswerk stillliegt oder

   3. das Fahrzeug am Ufer stillliegt und von diesem aus hinreichend beleuchtet ist.

   4. Sind Fahrzeuge an einer besonders dafür ausgewiesenen Stelle zusammengezogen, kann die zuständige Behörde in Sonderfällen einen Teil von ihnen von der Lichterführung nach den Nummern 1 oder 2 befreien.

§ 3.26 Zusätzliche Bezeichnung der Fahrzeuge, Schwimmkörper und schwimmenden Anlagen, deren Anker die Schifffahrt gefährden können, und ihrer Anker

1. Stillliegende Fahrzeuge, deren Anker so ausgeworfen sind, dass die Anker, Ankerkabel oder Ankerketten die Schifffahrt gefährden können, müssen außer den anderen nach dieser Verordnung vorgeschriebenen Lichtern bei Nacht führen: ein von allen Seiten sichtbares zusätzliches weißes gewöhnliches Licht etwa 1 Meter unter dem Licht nach § 3.20 Nr.1 oder, wenn zwei Stillliegelichter gesetzt sind, unter dem Licht, das dem Anker am nächsten liegt.

2. [...]

3. In den Fällen der Nummer 1 und 2 ist jeder dieser Anker mit einem gelben Döpper mit Radarreflektor zu bezeichnen.

4. Wenn die Anker, Ankerkabel oder Ankerketten schwimmender Geräte die Schifffahrt gefährden können, sind sie zu bezeichnen:

   o bei Nacht:

   > durch eine Tonne mit Radarreflektor und einem von allen Seiten sichtbaren weißen gewöhnlichen Licht;

   o bei Tag:

   > durch einen gelben Döpper mit Radarreflektor.

Richtlinien, Regeln und Gesetze

Kapitel 6 Fahrregeln

Abschnitt 1 Allgemeines

§ 6.18 Verbot des Schleifenlassens von Ankern, Trossen oder Ketten

1. Es ist verboten, Anker, Trossen oder Ketten schleifen zu lassen.
2. Das Verbot nach Nummer 1 gilt weder beim Treibenlassen, sofern dies gestattet ist, noch für kleine Bewegungen auf Liegestellen und Umschlagstellen sowie auf Reeden. Es gilt jedoch für derartige Bewegungen auf Strecken, die nach § 7.03 Nr.1 Buchstabe b durch das Tafelzeichen A.6 (Anlage 7) gekennzeichnet sind.

§ 6.31 Schallzeichen beim Stillliegen

1. Fahrzeuge und Schwimmkörper, die im Fahrwasser oder in dessen Nähe außerhalb der Häfen oder außerhalb der durch die zuständige Behörde bestimmten Liegestellen stillliegen, müssen bei Tag bei unsichtigem Wetter, sobald und solange sie das in § 6.32 Nr. 3 Buchstabe a, § 6.32 Nr.4 oder § 6.33 Nr.1 vorgeschriebene Schallzeichen eines herankommenden Fahrzeugs vernehmen, folgende Schallzeichen geben:
   a. wenn sie auf der talwärts gesehen linken Seite des Fahrwassers liegen, eine Gruppe von Glockenschlägen;
   b. wenn sie auf der talwärts gesehen rechten Seite des Fahrwassers liegen, zwei Gruppen von Glockenschlägen;
   c. wenn ihre Lage unbestimmt ist, drei Gruppen von Glockenschlägen.
   Im Falle des Buchstabens c muss das Zeichen auch bei Nacht gegeben werden.
2. Die Schallzeichen sind in Abständen von längstens einer Minute zu wiederholen.
3. Die Nummern 1 und 2 gelten nicht für geschobene Fahrzeuge in einem Schubverband. Bei gekuppelten Fahrzeugen gelten sie nur für eines der Fahrzeuge der Zusammenstellung.

234

Kapitel 7 Regeln für das Stillliegen

§ 7.01 Allgemeine Grundsätze für das Stillliegen

1. Unbeschadet anderer Bestimmungen dieser Verordnung müssen Fahrzeuge und Schwimmkörper ihren Liegeplatz so nahe am Ufer wählen, wie es ihr Tiefgang und die örtlichen Verhältnisse gestatten. Sie dürfen keinesfalls die Schifffahrt behindern. An Böschungen ist vorsichtig heranzufahren.
2. Unbeschadet der im Einzelfall von der zuständigen Behörde erteilten Auflagen muss der Liegeplatz für eine schwimmende Anlage so gewählt werden, dass die Fahrrinne für die Schifffahrt frei bleibt.
3. Stillliegende Fahrzeuge, Verbände von Schwimmkörpern sowie schwimmende Anlagen müssen so verankert oder festgemacht werden, dass sie ihre Lage nicht in einer Weise verändern können, die andere Fahrzeuge gefährdet oder behindert. Dabei sind insbesondere Wind- und Wasserstandsschwankungen sowie Sog und Wellenschlag zu berücksichtigen.
4. Soweit auf Schifffahrtskanälen und in Schleusenkanälen das Stillliegen erlaubt ist, müssen Fahrzeuge und Schwimmkörper festgemacht werden.

§ 7.02 Liegeverbot

1. Fahrzeuge und Schwimmkörper sowie schwimmende Anlagen dürfen nicht stillliegen:
   a. auf Schifffahrtskanälen und in Schleusenkanälen sowie auf den Abschnitten der Wasserstraße, für die ein allgemeines Stillliegeverbot besteht;
   b. auf den von der zuständigen Behörde bekannt gegebenen Strecken;
   c. auf den durch das Tafelzeichen A.5 (Anlage 7) gekennzeichneten Strecken, auf der Seite der Wasserstraße, auf der das Tafelzeichen steht;
   d. unter Brücken und Hochspannungsleitungen;
   e. in Fahrwasserengen im Sinne des § 6.07 und in ihrer Nähe sowie auf Strecken, die durch das Stillliegen zu Fahrwasserengen werden würden, und in der Nähe solcher Strecken;
   f. an den Einfahrten in und den Ausfahrten aus Häfen und Nebenwasserstraßen;
   g. in der Fahrlinie von Fähren;
   h. im Kurs, den Fahrzeuge beim Anlegen an Landebrücken und beim Abfahren benutzen;
   i. auf Wendestellen, die durch das Tafelzeichen E.8 (Anlage 7) gekennzeichnet sind;

j.   seitlich neben einem Fahrzeug, das das Tafelzeichen nach § 3.33 führt, innerhalb des Abstandes, der auf dem dreieckigen weißen Zusatzschild in Metern angegeben ist;

k.   auf den durch das Tafelzeichen A.5.1 (Anlage 7) gekennzeichneten Wasserflächen, deren Breite auf dem Tafelzeichen in Metern angegeben ist; die Breite bemisst sich vom Aufstellungsort des Tafelzeichens;

l.   auf den durch das Tafelzeichen E.17 oder E.22 (Anlage 7) gekennzeichneten Wasserflächen.

2. Auf den Abschnitten, auf denen das Stillliegen nach Nummer 1 Buchstabe a bis d verboten ist, dürfen Fahrzeuge und Schwimmkörper sowie schwimmende Anlagen nur auf den Liegestellen stillliegen, die durch eines der Tafelzeichen E.5 bis E.7 (Anlage 7) gekennzeichnet sind. Dabei sind die §§ 7.03, 7.04, 7.05, 7.06 zu beachten.

§ 7.03   Ankern

1. Fahrzeuge und Schwimmkörper sowie schwimmende Anlagen dürfen nicht ankern:

a. auf Schifffahrtskanälen und in Schleusenkanälen sowie auf den Abschnitten der Wasserstraße, für die ein allgemeines Ankerverbot besteht;

b. auf den Abschnitten auf denen das Ankern nach Nummer 1 Buchstabe a verboten ist, dürfen Fahrzeuge und Schwimmkörper sowie schwimmende Anlagen nur auf den Strecken ankern, die durch das Tafelzeichen E.6 (Anlage 7) gekennzeichnet sind, und nur auf der Seite der Wasserstraße, auf der das Tafelzeichen steht.

Zweiter Teil
Zusätzliche Bestimmungen für einzelne Binnenschifffahrtsstraßen

Kapitel 10 Neckar

§ 10.09   Ankern   (Keine besonderen Vorschriften)

§ 10.10   Stillliegen

1. Außerhalb der durch die Tafelzeichen E.5, E.6 oder E.7 (Anlage 7) bezeichneten Liegestellen dürfen nicht mehr als zwei Fahrzeuge nebeneinander stillliegen. Dies gilt auch auf den Wasserflächen, die Teile von Häfen oder Umschlagstellen sind.

2. Fahrzeuge dürfen im Schleusenbereich nur stillliegen und übernachten
   a. vor der Schleusung, wenn sie wegen Beendigung des Schleusenbetriebes nicht mehr geschleust werden,
   b. nach der Schleusung, wenn sie die nächste zu durchfahrende Schleuse nicht mehr vor Beendigung der Schleusenbetriebszeit erreichen können.

3. Trägerschiffsleichter dürfen außerhalb eines Verbandes nur an den von der zuständigen Behörde zugewiesenen Plätzen stillliegen. Die Vorschriften der §§ 7.01 und 7.08 bleiben unberührt.

4. Auf der Strecke von der Neckarmündung bis km 5,80 (Unterwasser der Schleusengruppe Freudenheim) ist das Stillliegen nur an den in Buchstabe a, b und c genannten Liegestellen sowie an den Landebrücken der Fahrgastschifffahrt unter den dort genannten Voraussetzungen erlaubt:
   a. für Fahrzeuge, die kein Zeichen nach § 3.14 führen müssen,
      - Liegestelle am linken Ufer von km 0,83 bis km 2,70,
      - Liegestelle am rechten Ufer von km 0,25 bis km 0,45 nur für Fahrzeuge, die in die Schleuse zum Industriehafen einfahren wollen, von km 0,83 bis km 3,00, im Schleusenbereich Freudenheim von km 5,25 bis km 5,50 für Talfahrer und von km 5,50 bis km 5,80 für Bergfahrer unter Berücksichtigung der Nummer 2,
   b. für Fahrzeuge, die kein Zeichen nach § 3.14 Nr.1 führen müssen,
      - Liegestelle am linken Ufer von km 0,10 bis km 0,55
      - Liegestelle am rechten Ufer im Schleusenbereich Freudenheim von km 5,00 bis km 5,25,
   c. für Fahrzeuge, die das Zeichen nach § 3.14 Nr.2 oder 3 führen müssen, werden die Liegestellen im Einzelfall von der zuständigen Behörde zugewiesen.

Richtlinien, Regeln und Gesetze

5. Die Liegestellen dürfen nur vom Ufer aus, ein Fahrzeug längsseits des anderen, belegt werden. Umschlaganlagen am Ufer müssen für den Verkehr der dort ladenden oder löschenden Fahrzeuge freigehalten werden.

6. Für das Stillliegen im Stadtgebiet Heidelberg gilt Folgendes:

    a. in der Wasserfläche am linken Ufer von km 24,50 (etwa 300 Meter oberhalb der Theodor-Heuss-Brücke) bis km 25,48 (oberhalb der Karl-Theodor-Brücke) zwischen der Fahrrinne und dem linken Ufer dürfen nur Fahrgastschiffe und Kleinfahrzeuge hineinfahren und dort stillliegen; das Gleiche gilt für die Wasserfläche am rechten Ufer von km 24,00 (unterhalb der Theodor-Heuss-Brücke) bis km 24,60 zwischen der Fahrrinne und dem rechten Ufer;

    b. die Genehmigung zum Stillliegen erteilt die Stadt Heidelberg;

    c. bei besonderen Veranstaltungen im Sinne des § 1.23 kann die zuständige Behörde anordnen, dass die in Buchstabe a umschriebene Wasserfläche oder Teile davon von Fahrzeugen, die an den Veranstaltungen nicht teilnehmen, für die Dauer der Veranstaltung geräumt werden.

Kapitel 11 Main
§ 11.09 Ankern   Keine besonderen Vorschriften
§ 11.10 Stillliegen
Für Kleinfahrzeuge kann die zuständige Behörde für bestimmte örtliche Bereiche das Stillliegen ohne die Nachtbezeichnung nach § 3.20 Nr.2 zulassen.

Kapitel 12 Main-Donau-Kanal
§ 12.09 Ankern
Anker dürfen nur auf folgenden Strecken benutzt werden:

    a. von der Abzweigung aus dem Main bis zum Trenndamm des Schleusenbereichs Bamberg (km 6,45),

    b. vom Hochwassersperrtor Neuses (km 21,81) bis zur Einmündung der Regnitz unterhalb der Schleuse Hausen (km 32,00),

    c. von der Einmündung der Altmühl (km 136,60) bis zur Umschlagstelle Riedenburg (km 149,80),

    d. vom Unterwasser der Schleuse Riedenburg (km 151,30) bis Essing (km 161,50),

    e. vom Unterwasser der Schleuse Kelheim (km 166,50) bis zur Einmündung in die Donau (km 170,78).

238

§ 12.10 Stillliegen
1. Das Stillliegen von unbemannten Kleinfahrzeugen ist verboten.
2. Für den Bereich der Wehrarme und Wehrstrecken kann die zuständige Behörde:
   a. Ausnahmen von Nummer 1 und
   b. das Stillliegen ohne die Nachtbezeichnung nach § 3.20 Nr.2 zulassen.

Kapitel 13 Lahn
§ 13.09   Ankern   Keine besonderen Vorschriften
§ 13.10   Stillliegen   Keine besonderen Vorschriften

Kapitel 14 Schifffahrtsweg Rhein-Kleve
§ 14.09   Ankern   Keine besonderen Vorschriften
§ 14.10   Stillliegen   Keine besonderen Vorschriften

Kapitel 15 Norddeutsche Kanäle
§ 15.09   Ankern   Keine besonderen Vorschriften
§ 15.10   Stillliegen   Keine besonderen Vorschriften
1. Kleinfahrzeugen ist das Stillliegen an einer Liegestelle ohne Erlaubnis der zuständigen Behörden nur bis zu drei Tagen gestattet.
2. Kleinfahrzeuge sollen möglichst nur an den Enden der Liegestellen stillliegen.
3. Die nach § 3.20 vorgeschriebenen Lichter brauchen nicht geführt zu werden, wenn das Fahrzeug an einer Liege- oder Umschlagsstelle außerhalb des durchgehenden Kanalprofils stillliegt.
4. Auf dem Datteln-Hamm-Kanal von der Hammer Eisenbahnbrücke (km 35,87) bis Schmehausen (km 47,20) ist das Laufenlassen der Schiffsschrauben während des Stillliegens verboten.
5. Wohnboote dürfen auf der Leda und Sagter Ems sowie auf dem Ems-Seitenkanal nur an den von der zuständigen Behörde dafür freigegebenen Stellen stillliegen.

Kapitel 16 Weserstromgebiet
§ 16.09   Ankern   Keine besonderen Vorschriften
§ 16.10   Stillliegen
Die nach § 3.23 vorgeschriebenen Lichter brauchen von Landebrücken der Fahrgastschifffahrt nicht geführt zu werden, wenn sich diese außerhalb der Fahrrinne befinden.

Kapitel 17 Elbe
§ 17.09   Ankern
(Siehe § 17.17 Nr.3)
§ 17.17 Durchfahren der Schleusengruppe Geesthacht

Richtlinien, Regeln und Gesetze

3. Abweichend von den §§ 7.02 und 7.03 ist das Liegen und die Benutzung der Anker im Schleusenkanal gestattet.

§ 17.10   **Stillliegen**   Keine besonderen Vorschriften

Kapitel 18 Ilmenau

§ 18.09   **Ankern**   Keine besonderen Vorschriften

§ 18.10   **Stillliegen**   Keine besonderen Vorschriften

Kapitel 19 Elbe–Lübeck-Kanal und Trave

§ 19.09   **Ankern**   Keine besonderen Vorschriften

§ 19.10   **Stillliegen**

Die nach § 3.20 vorgeschriebenen Lichter brauchen nicht geführt zu werden, wenn das Fahrzeug an einer Liege- oder Umschlagstelle außerhalb der durchgehenden Fahrrinne stilliegt.

Kapitel 20 Saar

§ 20.09   **Ankern**   **Das Ankern ist verboten**.

§ 20.10   **Stillliegen**

Das Stillliegen ist nur an den dafür ausgewiesenen Liegestellen zugelassen, dabei ist, sofern im Einzelfall nicht anders gekennzeichnet, die Benutzung der Liegestellen nur in einer Breite zulässig.

Kapitel 21 Spree-Oder-Wasserstraße,
Berliner und Brandenburger Wasserstraßen

§ 18.09   **Ankern**   Keine besonderen Vorschriften

§ 18.10   **Stillliegen**

1. Das Stillliegen an den mit Tafelzeichen E.5, E.6, oder E.7 (Anlage 7) gekennzeichneten Liegestellen in Kanälen ist nur in einer Schiffsbreite gestattet

2. Auf den innerstädtischen Wasserstraßen in Berlin, die durch die Schleusengruppe Plötzensee, die Schleusengruppe Charlottenburg, die Mühlendamm- und die Oberschleuse begrenzt werden, dürfen Fahrzeuge nur mit Erlaubnis der zuständigen Behörde länger als zwei Wochen stillliegen. Dies gilt nicht für Fahrgastschiffe an ihren genehmigten Liegeplätzen.

3. Auf Seen und seeartigen Erweiterungen findet § 7.01 Nr. 1 Satz 1 unter der Voraussetzung, dass die durchgehende Schifffahrt nicht behindert wird, keine Anwendung

Kapitel 22 Untere Havel-Wasserstraße und Havelkanal

§ 22.09   Ankern   Keine besonderen Vorschriften

§ 22.10   **Stillliegen**

Auf Seen und seeartigen Erweiterungen findet § 7.01 Nr. 1 Satz 1 unter der Voraussetzung, dass die durchgehende Schifffahrt nicht behindert wird, keine Anwendung.

Kapitel 23 Havel-Oder-Wasserstraße

§ 23.09   Ankern   Keine besonderen Vorschriften

§ 23.10   **Stillliegen**

Auf Seen und seeartigen Erweiterungen findet § 7.01 Nr. 1 Satz 1 unter der Voraussetzung, dass die durchgehende Schifffahrt nicht behindert wird, keine Anwendung.

Kapitel 24 Obere-Havel-Wasserstraße, Müritz-Havel-Wasserstraße und Müritz-Elde-Wasserstraße

§ 24.09   Ankern   Keine besonderen Vorschriften

§ 24.10   **Stillliegen**

1. Auf Seen und seeartigen Erweiterungen findet § 7.01 Nr. 1 Satz 1 unter der Voraussetzung, dass die durchgehende Schifffahrt nicht behindert wird, keine Anwendung.

2. Auf Abschnitten der Wasserstraßen mit einer Wasserspiegelbreite unter 40 Metern ist das Stillliegen verboten

Kapitel 25 Saale und Saale-Leipzig-Kanal

§ 22.09   Ankern   Keine besonderen Vorschriften

§ 22.10   **Stillliegen**   Keine besonderen Vorschriften

Kapitel 26 Grenzgewässer Oder, Westoder und Lausitzer Neiße

§ 22.09   Ankern   Keine besonderen Vorschriften

§ 22.10   **Stillliegen**

1. Das Anlegen und Stillliegen von Fahrzeugen und Schwimmkörpern ist nur an dem Ufer des Staates, in dem sie beheimatet sind, und an den für sie bestimmten und gekennzeichneten Liegestellen gestattet. Die Liegestellen werden im Verkehrsblatt des Bundesministeriums für Verkehr veröffentlicht.

2. Das Anlegen und Stillliegen von Fahrzeugen eines Drittstaates ist an den dafür bestimmten und gekennzeichneten Liegestellen am Ufer des Landes, das die

Richtlinien, Regeln und Gesetze

Zoll- und Grenzabfertigung bei Einfuhr durchführt, gestattet.

3. Fahrzeuge und Schwimmkörper können, wenn es aus betriebstechnischen Gründen oder wegen ungünstiger Fahrwasserbedingungen dringend erforderlich ist, auch außerhalb der festgelegten Liegestellen vorübergehend bis zu einer Dauer von acht Stunden stillliegen.

4. Ist ein länger dauerndes Stillliegen aus Gründen nach Nummer 3 an anderen als in Nummer 1 und 2 bestimmten Stellen erforderlich, sind unverzüglich die zuständigen Grenz-, Zoll- oder Polizeibehörden zu unterrichten.

Kapitel 27 **Peene und Warnow**
§ 22.09 **Ankern** Keine besonderen Vorschriften
§ 22.10 **Stillliegen** Keine besonderen Vorschriften

Quellennachweis

1. Bagnall-Wild Ralph – *Anchor Cables* – Practical Boat Owner – März 1998
2. Brel Albert – *La vérité sur la tenue de vos ancres* – Voiles Magazine – November 2001
3. Colin Armand - *Ancres Mouillages* – Ed. du Compas – 1961
4. Colin Armand – *Technique et emploi des ancres* – Ed. Maritime et d'Outre-mer – 1975
5. Day George – *The Great Anchor Debate* – Cruising World – April 1996
6. Delius Klasing – *KVR – SeeSchStrO* – 3.Ausgabe – 2003
7. Delius Klasing – Binnenschifffahrtsstraßen-Ordnung – 2. Auflage - 2001
8. Faulkner Adrian – *The Ace of Spades?* - Cruising World – Oktober 1998
9. Faulkner Adrian – *Does it dig in?* – Practical Boat Owner – July 1999
10. Fraysse Alain – *Equipements de Mouillage: Mythe & réalité* – Loisirs Nautiques – Januar und Februar 1998
11. Germanischer Lloyd – *Rules for Classification and Construction* – October 1st 2003
12. Grée Alain – Mouillage: „Equipement & Techniques" – Gallimard 1981
13. Hinz Earl – *Complete book of Anchoring & Mooring* – Cornell Maritime Press – 2001
14. Hinz Earl – *Sea anchors and Drogues* – Cruising World –- Safety at Sea
15. Jackson Tom and Vicky – *Right Church, wrong Pew* – Cruising World –- März 2002
16. Knox John – *Will my anchor hold?* – Practical Boat Owner – Juli 2002
17. Lamb Joe – *Use only as much chain as you need* – Practical Boat Owner – – November 2000
18. Lascelles Graham – *Choosing the right anchor size* – Practical Boat Owner – November 1998
19. *Le nouveau cours des Glénans* – Seuil - 1995
20. Pardley Lin and Larry – *Storm tactics* – Practical Boat Owner – August 1996
21. Perryman Niki – *Anchors & Anchoring* – Practical Boat Owner – Dezember 2000
22. Puech Alain – *Technique des ancres dans l'exploitation pétrolière en mer* – Ed. I.F.P. 1983
23. Roth Hal – *The case for an All-chain Rode* – Cruising World – April 1996
24. Salvage Michel – *Wholly Rollers* – Cruising World – 1999
25. *Sea Anchors & Drogues* – Practical Sailor – August 2000
26. Simon Alvah – *The Ties That Bind* – Cruising World – Oktober 1999
27. Shane Victor – *Drag Service Data Base (Documented Case Histories)* – Para Anchors International

Autoren

Alain Poiraud
www.hylas.ws

Alain Poiraud wuchs in Nantes an der französischen Atlantikküste auf und machte in mehreren multinationalen Konzernen Karriere als Ingenieur der Biomedizin. Sein Spezialgebiet war die Entwicklung von Blutgefäßimplantaten und künstlichen Herzen.

Als Jugendlicher segelte er zuerst mit „Vaurien"-Booten an der Atlantikküste, später mit 420ern auf dem Mittelmeer und schließlich auf Kielyachten in unterschiedlichen Revieren. Zweimal nahm er als Mannschaftsmitglied an der „Tour de France unter Segeln" teil.

Nachdem er seine Stahlketch HYLAS in eigenhändiger Arbeit fertiggestellt hatte, setzte Alain 1992 die Segel, um eine ausgedehnte Segelreise in entlegene Ecken des Mittelmeeres zu starten. Da besonders im Mittelmeer viele Ankerplätze mit Algen überwachsen sind, nutzte Alain die Herausforderungen der Praxis, um sehr umfangreiche Untersuchungen mit verschiedensten Ankertypen anzustellen.

Seine systematische Neugier führte zusammen mit einer großen Portion Kreativität zur Entwicklung einer neuen Technologie des Ankerns: Der „Spade" war geboren und gewann gleich mehrere internationale Wettbewerbe. Zum Beispiel 1999: Erster Platz unter den zehn besten nautischen Produkten der U.S.A; 2000: Designpreis „Dame 2000" auf der Messe in METS; 2001: erneut erster Platz unter den zehn besten nautischen Produkten der USA. Parallel ging der Spade in vielen internationalen Vergleichtests von Ankern als Testsieger hervor. Der „Océane"-Anker folgte im Jahr 2003 und baute auf den Erfahrungen mit dem Spade auf.

Erneut hat es Alain auf das Meer hinausgezogen. Zurzeit (Ende November 2004) befindet er sich mit seiner Ketch HYLAS auf einem Törn entlang der Küste von Südamerika.

Familie Ginsberg-Klemmt
www.pangaea.to

Achim Ginsberg-Klemmt ist passionierter Ingenieur und begeisterter „Weltuman-kerer". Aufgewachsen in Hamburg, begann seine Laufbahn als Blauwassersegler mit einem Bettlaken seiner Großmutter. Zum Schrecken seiner Mutter stach er als siebenjähriger Knirps mit seinem rahgetakelten Badeschlauchboot von Scharbeutz an der Ostsee aus in See. Nach dem Studium in Deutschland und Frankreich entwickelte er Software für ein opto-elektronisches Spektralphotometer, Automations-netzwerke, Roboter, sowie ein geophysikalisches Sonarsystem zur Navigation unter Wasser, Seevermessung und Kartographie. Mit einem CQR-Anker als Hochzeits-geschenk segelte Achim ab 1993 zusammen mit seiner Frau Erika auf der Stahlketch PANGAEA durch Mittelmeer und Atlantik in die Karibik. Entlang der amerikanischen Ostküste ging es weiter durch den Intracoastal Waterway zur Chesapeake Bay. Für den zweiten Abschnitt durch den Pazifik über Panama, Galapagos und Französisch Polynesien bis nach Hawaii kam ein Bruce als Hauptanker zum Einsatz.

Von ihrer Vision „Blauwassersegeln" ohne „auszusteigen" inspiriert, entwickelten die beiden die Pangaea's-Wandering-Website, die erste Internet-Website, die bereits 1998 mithilfe von Pactor II und Amateurfunk während der Seepassagen und beim „Weltumankern" im Südpazifik täglich aktuell gehalten wurde.

Wie weit und wie lange kann man eigentlich segeln, ohne „auszusteigen"? Mit der neuen PANGAEA, einer Dalu 47 Sloop von Meta, sind Erika und Achim seit Früh-jahr 2004 wieder auf großer Fahrt. Diesmal mit einer neuen Generation Ginsberg-Klemmts an Bord: Antonia und Ari. Ein Anker der neuen Generation, Pactor III und eine altbewährte Aries-Selbststeueranlage durften dabei nicht fehlen. Wer miterleben will, wohin die Reise der PANGAEA geht, der sollte ruhig mal auf der Internetseite vorbeischauen: www.pangaea.to

Größen und Einheiten

Kraft, Gewicht, Maße, Einheiten

Länge

1 inch (Zoll)	= 2.54cm
1 m	= 3.281ft (feet)
1 sm (Seemeile)	= 1854m = 10 Kabellängen
1 yd (Yard)	= 0,9144m = 3ft = 36 inch

Kraft:

Eine Masse von einem Kilogramm (kg) wird von der Schwerkraft der Erde mit mit 9,81 N angezogen. Diese Gewichtskraft der Masse berechnet sich nach der Formel $F = m * g$; mit $g = 9.81 m/s2$. Seit 1978 ist die Bezeichnung kp (1kp = 9.81N = 0.981 daN) nicht mehr zulässig, obwohl sie dennoch häufig verwendet wird. 1,02kp = 10N = 1daN

Eine Kraft von 1.000 daN entspricht also der Kraft aus einer Masse von 1.020 kg; 1kg entspricht 2,21 lb (pounds): 1 lb entspricht 0.454kg

Arbeit:

Arbeit = Kraft x Weg = Leitung x Zeit
1 J (Joule) = 1 N (Newton) x 1 m = 1 W(Watt) x 1s (sec)

Das Kleingedruckte

Wer gerne abseits ankert, sollte vorher gründlich das Kleingedruckte in seinem Versicherungsvertrag durchesen

Versicherungen

Es existieren keine allgemeingültigen Richtlinien aller Yachtversicherer was das Ankern betrifft. Die AVB (Allgemeinen Versicherungsbedingungen) variieren deutlich je nach Yachtversicherung oder Fahrtgebiet. Bei manchen Anbietern ist der Versicherungsschutz beim Ankern vor freier Küste kategorisch ausgeschlossen, andere Firmen erlauben maximal zwölf Stunden Liegezeit ohne Wache an Bord, während einige Firmen ihren Versicherungsnehmern nur wenige Einschränkungen abverlangen. Es ist daher empfehlenswert das Kleingedruckte Ihrer Versicherungsbedingungen genau zu studieren, bevor sie gut informiert in See stechen können. Dass das Haltevermögen von Ankern nicht von ihrem Eigengewicht abhängt, hat sich überraschenderweise bisher auch bei den Versicherungen noch nicht herumgesprochen. Der „richtige" Anker ist bei den meisten Medien und Vereinigungen immer noch einen ausreichend „schwerer". Sehr häufig werden die Ausrüstungsvorschriften des Germanischen Lloyds (GL) als Leitfaden für Empfehlungen herangezogen. Auch wenn die Ausrüstungsvorschriften nicht den physikalischen Gegebenheiten entsprechen, möchten wir Ihnen aus juristischen Gründen vorsichtshalber raten, sich bei der Auswahl ihres Ankergeschirrs danach zu richten. Es kann wenig schaden, lieber „eine Nummer größer" (und nicht schwerer) zu nehmen, um das nach GL geforderte Mindestgewicht einhalten zu können. Im Unglücksfall könnte Ihnen sonst ihre Versicherung „grob fahrlässiges" Verhalten zur Last legen, und den Versicherungsschutz verweigern.

Hersteller und Importeure

Hersteller und Importeure

Anker

Bügelanker	Kaczirek	Rotdornweg 15, 24124 Gettorf
		Telefon 0 43 46 - 63 47
Bügelanker, Edelstahl	Wasi	www.wasi.de
Britanya, Kobra, SOC	Platimo	www.plastimo.com
CQR, Delta	Lewmar	www.lewmar.com
FOB	FOB	www.fob.france.com
Fortress	Wichard	www.wichard.com
Jambo	Waltl	8054 Graz/Österreich
Spade, Océane	Poiraud	www.spade-anchor.com

Ankerwinden

Handankerwinden	Toplicht	www.toplicht.de
Elektrische	Lewmar	www.lewmar.com
	Leroy-Somer	
	Lofrans	www.lofrans.it
	Plastimo	www.plastimo.com
	Quick	www.eissing.com
	Engbo	www.engbo.no
	Muir	www.muir.com.au
Hydraulische	Kappis	www.kappis-nautic.de

Leinen, Gurtband

Bleileine	Liros	www.liros.com
Gurtbandrolle	Easyroll	www.easyroll.com

Spezielle Ausrüstung für das Ankergeschirr

Kettenschäkel	Wichard	www.wichard.com
Kettenmarker	Möbus	www.ankerkettenmarker.de
Kettenverbinder	Wasi	www.wasi.de

Ausrüster mit großer Auswahl an Ankern oder Zubehör

Anker, Ketten, Wirbel

Haase	www.haase-edelstahl.de
Haese	www.edelstahl-haese.de
Toplicht	www.toplicht.de
SVB	www.svb.de
Goiot	www.goiot.com
Heibec	www.heibec.de
Prasolux	www.prasolux.de
Niro Petersen	www.niro-petersen.de
Lankhorst/Hohorst	www.lankhorst-hohorst.de
Kaden	www.kaden-yachting.de
Marine-Technik	www.marinetechnik.ch
Sailtec	www.sailtec.de
Schwenkner	www.schwenkner.de

Technisches Magazin für Segler

Praxis für Bootseigner

Nr. 4/04
19. Jahr
Juli / August

C 2202 F
Deutschland € 5,10
Österreich € 5,90
Schweiz sfr 10,20

palstek

Refit auf Yachten:
- **Fenster auswechseln**
- **LEDs auf dem Prüfstand**

Klassiker:
- **Mosquito 88**
- **Sagitta 30**

Segeltechnik:
Vorsegeltrimm
nach Profilen

Navigation:
Grenzkurs-
berechnung

Test:
Puffin 47 MS
Hutting 48

Elektrolyse:
Warum
rostet VA?

Index

Index

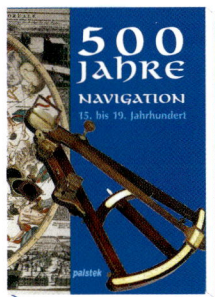
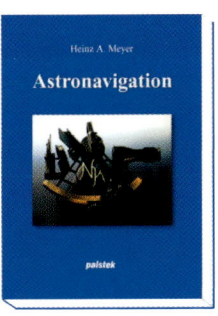

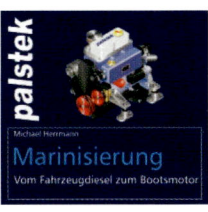
253

Index